普通高等学校"十三五"省级规划教材

应用型本科教育数学基础教材

Advanced Mathematics

高等数学
生化类
（第2版）

施明华　周本达◎主编

中国科学技术大学出版社

内 容 简 介

本书以培养具有较强的实践能力和创新意识的应用型人才为目的,共分 10 章,包括极限与导数,导数的计算技巧与应用,定积分,积分计算,定积分应用,微分方程,向量代数与空间解析几何,多元函数,无穷级数,MATLAB 简介及其在高等数学中的应用.每章都配有适量的习题,供学生练习,以巩固所学知识.本书淡化数学理论的推导,对高等数学的基本概念、基本理论和基本方法的阐述力求简明,详略得当,同时注重突出高等数学基本思想在生化类学科中的应用.

本书可作为生化类专业的高等数学教材,也可作为医学类专业的高等数学教材.

图书在版编目(CIP)数据

高等数学:生化类/施明华,周本达主编.—2 版.—合肥:中国科学技术大学出版社,2020.9(2024.7)

(应用型本科教育数学基础教材)

普通高等学校"十三五"省级规划教材

ISBN 978-7-312-05060-2

Ⅰ.高…　Ⅱ.①施… ②周…　Ⅲ.高等数学—高等学校—教材　Ⅳ.O13

中国版本图书馆 CIP 数据核字(2020)第 163826 号

高等数学：生化类

GAODENG SHUXUE：SHENGHUA LEI

出版	中国科学技术大学出版社 安徽省合肥市金寨路 96 号,230026 http://press.ustc.edu.cn https://zgkxjsdxcbs.tmall.com
印刷	安徽省瑞隆印务有限公司
发行	中国科学技术大学出版社
经销	全国新华书店
开本	710 mm×1000 mm　1/16
印张	21.25
字数	405 千
版次	2013 年 8 月第 1 版　2020 年 9 月第 2 版
印次	2024 年 7 月第 4 次印刷
定价	46.00 元

总　　序

　　1998 年以来,出现了一大批以培养应用型人才为主要目标的地方本科院校,且办学规模日益扩大,已经成为我国高等教育的主体,为实现高等教育大众化做出了突出贡献.但是,作为知识与技能重要载体的教材建设没能及时跟上高等学校人才培养规格的变化,较长时间以来,应用型本科院校仍然使用精英教育模式下培养学术型人才的教材,人才培养目标和教材体系明显不对应,影响了应用型人才培养质量.因此,认真研究应用型本科教育教学的特点,加强应用型教材建设,是摆在应用型本科院校广大教师面前的迫切任务.

　　安徽省应用型本科高校联盟组织联盟内 13 所学校共同开展应用数学类教材建设工作,成立了"安徽省应用型高校联盟数学类教材建设委员会",于 2009 年 8 月在皖西学院召开了应用型本科数学类教材建设研讨会,会议邀请了中国高等教育学著名专家潘懋元教授做应用型课程建设专题报告,研讨数学类基础课程教材的现状和建设思路.先后多次召开课程建设会议,讨论大纲,论证编写方案,并落实工作任务,使应用型本科数学类基础课程教材建设工作迈出了探索的步伐.

　　即将出版的这套丛书共计 6 本,包括《高等数学(文科类)》《高等数学(工程类)》《高等数学(经管类)》《高等数学(生化类)》《应用概率与数理统计》和《线性代数》,已在参编学校使用两届,并经过多次修改.教材明确定位于"应用型人才培养"目标,其内容体现了教学改革的成果和教学内容的优化,具有以下主要特点:

　　1. 强调"学以致用".教材突破了学术型本科教育的知识体系,降低了理论深度,弱化了理论推导和运算技巧的训练,加强对"应用能力"的培养.

　　2. 突出"问题驱动".把解决实际工程问题作为学习理论知识的出发点和落脚点,增强案例与专业的关联度,把解决应用型习题作为教学内容的有效补充.

3. 增加"实践教学".教材中融入了数学建模的思想和方法,把数学应用软件的学习和实践作为必修内容.

4. 改革"教学方法".教材力求通俗表达,要求教师重点讲透思想方法,开展课堂讨论,引导学生掌握解决问题的精要.

这套丛书是安徽省应用型本科高校联盟几年来大胆实践的成果.在此,我要感谢这套丛书的主编单位以及编写组的各位老师,感谢他们这几年在编写过程中的付出与贡献,同时感谢中国科学技术大学出版社为这套教材的出版提供了服务和平台,也希望我省的应用型本科教育多为国家培养应用型人才.

当然,开展应用型本科教育的研究和实践,是我省应用型本科高校联盟光荣而又艰巨的历史任务,这套丛书的出版,用毛泽东同志的话来说,只是万里长征走完了第一步,今后任重而道远,需要大家继续共同努力,创造更好的成绩!

2013 年 7 月

第 2 版前言

第 1 版自 2013 年 9 月出版后,受到众多好评,并被列选为安徽省"十三五"省级规划教材.为了更好地发挥省级规划教材的作用,我们对全书内容进行了修订和补充.

在修订过程中,保留了原教材的模块设置和风格,同时注意吸收当前教学改革中一些成功的举措,使得新版更适应当前教学需要.根据广大同行和读者在教学实践中的意见和建议,我们对第 1 版中存在的不足之处做了修订,并重点充实了无穷级数和微分方程的部分内容.

本书由施明华、周本达担任主编,张金波担任副主编,修订工作由皖西学院"高等数学:生化类"教材改革课题组全体成员完成.

在修订过程中得到安徽省质量工程项目"一流本科专业建设点——数学与应用数学"(NO:2018ylzy078)以及皖西学院教学研究重大项目"一流品牌专业建设与评价研究——以数学与应用数学专业为例"(NO:wxxy2019049)的资助,在此一并表示感谢!

本书难免存在疏漏不足之处,恳请广大专家、学者及读者批评指正.

编　者

2020 年 5 月

前　　言

"高等数学"是高等院校理工类本科各专业的一门重要基础课程.通过本课程的教学,可以培养学生具有一定的逻辑推理能力、抽象思维能力、自学能力及综合运用所学知识分析和解决实际问题的能力,并逐步形成创新意识和应用意识,为后继专业课程的学习提供坚实的数学基础.

为更好地培养具有较强的实践能力和创新意识的应用型人才,我们着手编写了本书.本书对高等数学的基本概念、基本理论和基本方法的阐述力求简明,详略得当,同时注重突出高等数学的基本思想在生化类学科中的应用.本书可作为生化类专业的高等数学教材,也可作为医学类专业的高等数学教材.

本书在编写中注意突出以下特点:

(1) 以"用"为标准,对教学内容进行适当取舍、扩充;通过适当的案例分析,展现建模的基本思想和过程,将数学建模思想渗透到教学内容中去.

(2) 书中的一些重要定理,如介值定理、链式法则等结论,反映了最基本的数学规律,为了便于读者接受,给出了直观原理解释或进行部分证明.书中尽量控制定理的数量和难度,以适应本书的既定任务.

(3) 本书力图把读者当成朋友,用通俗、浅显的语言叙述、讨论深刻的道理.

本书由皖西学院金融与数学学院编写.学院高度重视这项工作,成立了教材编写小组,赵建中教授任组长,周本达、施明华任副组长,邵毅任主审,具体分工如下:赵建中(第1章)、施明华(第2~4章)、岳芹(第5~6章)、王东明(第7章)、顾大勇(第8章)、宣平(第9章)、周本达(第10章)、沈南山(附录)、傅传秀(习题).

在本书编写过程中,我们得到了巢湖学院院长祝家贵的关心和支持,以及中国科学技术大学出版社的大力协助;宿州学院院长陈国龙对本书进行了审校,并提出了宝贵意见,在此一并感谢.另外,我们参考了国内外与高等数学相关的许多优秀著作,在此恕不一一列名致谢.由于编者水平有限,书中存在疏漏和错误在所难免,敬请各位专家、学者不吝赐教,欢迎读者朋友批评指正!

编　者

2013 年 3 月

目　　次

第 1 章　极限与导数

在许多实际问题中,需要从数量上研究变量的变化速度.如物体的运动速度、体温的变化率、化学反应速率及生物繁殖率等,所有这些在数学上都可归结为函数的变化率问题,即导数.本章将通过对迅雷软件下载速度问题的分析,引出高等数学中一个最重要的基本概念 —— 导数,通过建立求导数的运算公式和法则,从而解决有关变化率的计算问题.

1.1　如何测定速度

在中学我们研究了函数,函数的概念刻画了因变量随自变量变化的依赖关系,但是,对研究运动过程来说,仅知道变量之间的依赖关系是不够的,还需要进一步知道因变量随自变量变化的快慢程度,比如我国的卫星发射技术已进入世界先进行列,火箭升空过程中飞行速度的变化非常快,我们对它每时每刻的飞行速度都必须准确地把握,才能确保火箭准时进入预定的轨道.但是对物体的瞬时速度很难给出精确定义,例如,人们常说某名运动员到达终点的速度是 10 m/s;某物体落地一瞬间的速度为 20 m/s;迅雷软件在某时刻的下载速度是 20 KB/s…… 这些结论是如何得出的呢?如果把时间定格在某一时刻来研究速度似乎是矛盾的事情,因为把时间定格在某一时刻时物体是静止的.

在本节我们将要通过牛顿微分学来研究这一问题,该方法回避了某一时刻的概念,采用一个包含该时刻的小时间段来研究该问题.

下面我们用案例来讲解这一思想,假定例子中给出的数据是真实有效的.

1.1.1　平均下载速度与瞬时下载速度

例 1.1.1　表 1.1.1 记录了某电脑用户迅雷软件的下载数据量.

表 1.1.1 每分钟数据下载量

时间（min）	1	2	3	4	5	6
数据量（MB）	1	16	36	64	100	144

在求平均下载速度之前，我们首先给出其定义.

> 设 $S(t)$ 为电脑在 t 时刻的下载量，则在区间 $a \leqslant t \leqslant b$ 内的平均下载速度 $\bar{V} = \dfrac{S(b) - S(a)}{b - a}$.

解 据此我们可得用户在 $0 \sim 2$ 分钟时间段内的平均下载速度是 $8\,\mathrm{MB/min}$，在 $2 \sim 4$ 分钟时间段内的平均下载速度为 $24\,\mathrm{MB/min}$，所以我们可称用户电脑在 $2 \sim 4$ 分钟时间段内下载速度比 $0 \sim 2$ 分钟时间段内要快. 但是平均速度只能粗略地反映电脑的下载状态，并不能用来度量瞬时速度. 我们取时间段 $[2, 2 + \Delta t]$ 以及 $[2 - \Delta t, 2]$，分别在这两个时间段上观测用户的平均下载速度，$\Delta t (\Delta t > 0)$ 代表区间的长度. 如表1.1.2所示，随着 Δt 不断地减小，两个区间上的平均下载速度不断地接近，并且在精度为小数点后一位小数的情况下，我们可认为 2 分钟时的瞬时下载速度为 $16\,\mathrm{MB/min}$.

表 1.1.2 平均下载速度

区间	$[2, 2.1]$	$[1.9, 2]$	$[2, 2.01]$	$[1.99, 2]$
平均下载速度（MB/min）	16.4	15.6	16.04	15.96
区间	$[2, 2.001]$	$[1.999, 2]$	$[2, 2.000\,1]$	$[1.999\,9, 2]$
平均下载速度（MB/min）	16.004	15.996	16.000\,4	15.999\,6

1.1.2 平均下载速度与瞬时下载速度图示

当电脑的下载速度为匀速的时候，下载总量关于时间的函数是一条直线，如图 1.1.1 所示，$[a, b]$ 内的平均下载速度就是 a 点的瞬时下载速度，也就是直线的斜率. 而电脑下载速度不稳定时，其总下载量关于时间的图像是曲线. 例如，假定某次下载流量函数为 $S(t) = t^3 + 30t + 100$（t 为时间，单位：min；$S(t)$ 为下载总量，单位：KB），那么我们求 3 分钟时电脑瞬时下载速度的过程可用图1.1.2 $\sim$ 1.1.5 来刻画.

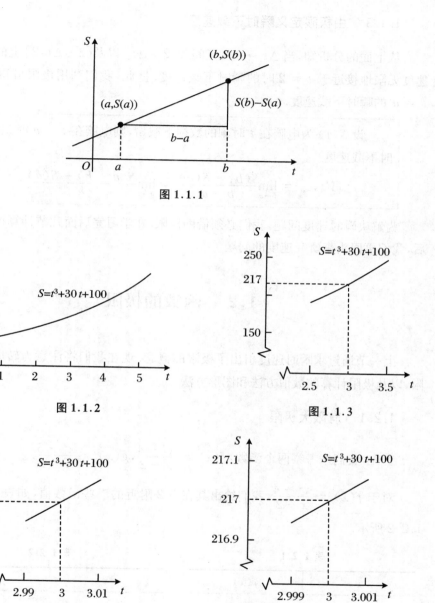

图 1.1.1

图 1.1.2

图 1.1.3

图 1.1.4

图 1.1.5

　　由图 1.1.2 ～ 1.1.5 可知,当包含 3 的时间段不断地缩小时,该时间段内的下载总量的函数越来越逼近一条直线,因此当时间段无限小时,我们可以把电脑在这一区间内的下载近似为定速下载,即可以用平均速度来代替这一时刻的瞬时速度.

1.1.3　由极限定义瞬时下载速度

从上面的分析知,当 $\Delta t \to 0$ 时区间 $[2,2+\Delta t]$ 以及 $[2-\Delta t,2]$ 上的平均下载速度无限地接近于 $t=2$ 时的瞬时下载速度. 据此,我们利用极限可得任意时刻 $t=a$ 的瞬时下载速度.

> 设 $S(t)$ 为电脑在 t 时刻的数据下载量,则电脑在 $t=a$ 时刻的瞬时下载速度
> $$V|_{t=a} = \lim_{b \to a}\frac{S(b)-S(a)}{b-a} = \lim_{h \to 0}\frac{S(a+h)-S(a)}{h}$$

为解决瞬时速度问题,我们必须借助极限. 在学习完后面几节计算极限的方法后,我们再回头来研究速度的问题.

1.2　函数的极限

上一节通过求瞬时速度引出了极限的概念. 现在我们将注意力转向一般的极限,以及极限计算的数值方法和图形方法.

1.2.1　有限大极限

首先,我们来考察两个函数: $f(x)=\dfrac{x^2-4}{x-2}, g(x)=\dfrac{x^2-5}{x-2}$.

对于 $f(x)=\dfrac{x^2-4}{x-2}$,我们给出其在点 2 附近的一些函数值,如表 1.2.1 和表 1.2.2 所示.

表 1.2.1

x	$f(x)$
1.9	3.9
1.99	3.99
1.999	3.999
1.999 9	3.999 9

表 1.2.2

x	$f(x)$
2.1	4.1
2.01	4.01
2.001	4.001
2.000 1	4.000 1

为方便描述,我们用 $x \to 2^-$ 表示 x 从 2 的左侧(即小于 2 的一侧)靠近 2.从表 1.2.1 和图 1.2.1 我们均可得出结论:当 x 无限靠近 $2(x < 2)$ 时,函数 $f(x)$ 的极限是 4,记为

$$\lim_{x \to 2^-} f(x) = 4.$$

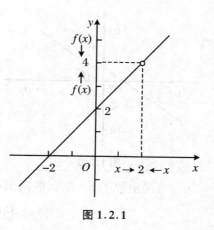

图 1.2.1

类似地,我们用 $x \to 2^+$ 表示 x 从 2 的右侧(即大于 2 的一侧)靠近 2.由表 1.2.2 和图 1.2.1 可得:当 x 无限靠近 $2(x > 2)$ 时,函数 $f(x)$ 的极限是 4,记为 $\lim\limits_{x \to 2^+} f(x) = 4.$

一般地,称 $\lim\limits_{x \to 2^-} f(x)$ 与 $\lim\limits_{x \to 2^+} f(x)$ 为单侧极限,因为 $\lim\limits_{x \to 2^-} f(x) = \lim\limits_{x \to 2^+} f(x) = 4$,故可称在 x 趋向 2 时,$f(x)$ 的极限为 4,记为 $\lim\limits_{x \to 2} f(x) = 4.$

通过上述分析,可见极限其实刻画了某点附近的性质,与该点真实的函数值无关,甚至与是否有定义也没有关联.在实际计算中,我们常通过对函数表达式化简,以方便地得出极限值.例如

$$\lim_{x \to 2} f(x) = \lim_{x \to 2} \frac{x^2 - 4}{x - 2} = \lim_{x \to 2} \frac{(x + 2)(x - 2)}{x - 2}$$
$$= \lim_{x \to 2} (x + 2) = 4$$

在上式求极限的过程中,我们约去了因子 $x - 2$,因为 $x \to 2$ 但 $x \neq 2$,故 $x - 2 \neq 0$.

下面我们再观察函数 $g(x) = \dfrac{x^2 - 5}{x - 2}$ 在 x 靠近 2 时的情况.

由表 1.2.3、表 1.2.4 以及图 1.2.2,我们可知

表 1.2.3

x	$g(x)$
1.9	13.9
1.99	103.99
1.999	1 003.999
1.999 9	10 003.999 9

表 1.2.4

x	$g(x)$
2.1	-5.9
2.01	-95.99
2.001	-995.999
2.000 1	$-9\ 995.999\ 9$

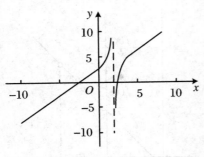

图 1.2.2

$$\lim_{x \to 2^-} g(x) \quad 与 \quad \lim_{x \to 2^+} g(x)$$

均不存在,因为 x 从 2 任意一侧靠近 2 时,$g(x)$ 不趋于任何数值,可表述为 x 趋向 2 时,$g(x)$ 的极限不存在,即 $\lim_{x \to 2} g(x)$ 不存在.

通过上面两个函数的分析,我们可给出如下结论:

设函数 $f(x)$ 在 a 的两侧有定义,那么

$$\lim_{x \to a} f(x) = L$$

表示当 x 充分靠近但不等于 a 时,$f(x)$ 的值无限接近一个确定的数值 L,且函数在某点极限存在,等价于在该点两侧极限均存在,即

$$\lim_{x \to a} f(x) = L(L \in \mathbf{R}) \quad \Leftrightarrow \quad \lim_{x \to a^-} f(x) = \lim_{x \to a^+} f(x) = L$$

例 1.2.1　求 $\lim\limits_{x \to -3} \dfrac{3x + 9}{x^2 - 9}$.

解　由图 1.2.3 可见,无论从 -3 的左侧还是右侧靠近 -3,$\dfrac{3x+9}{x^2-9}$ 均靠近 $-\dfrac{1}{2}$,因此 $\lim\limits_{x \to -3} \dfrac{3x+9}{x^2-9} = -\dfrac{1}{2}$.

例 1.2.2　求 $\lim\limits_{x \to 0} \dfrac{x}{|x|}$.

解　如图 1.2.4 所示,当 x 从 0 的左侧靠近 0 点时,$f(x) \to -1$;当 x 从 0 的右侧靠近 0 点时,$f(x) \to 1$.因此 $\lim\limits_{x \to 0} \dfrac{x}{|x|}$ 不存在.我们也可通过下面的方式计算:

$$\lim_{x \to 0^+} \frac{x}{|x|} = \lim_{x \to 0^+} \frac{x}{x} = 1 \quad (因为 x \to 0^+ 时,|x| = x)$$

$$\lim_{x \to 0^-} \frac{x}{|x|} = \lim_{x \to 0^-} \frac{x}{-x} = -1 \quad (因为 x \to 0^- 时,|x| = -x)$$

从而 $\lim\limits_{x \to 0^+} \dfrac{x}{|x|} \neq \lim\limits_{x \to 0^-} \dfrac{x}{|x|}$,因此 $\lim\limits_{x \to 0} \dfrac{x}{|x|}$ 不存在.

1.2.2　无穷大极限

例 1.2.3　研究极限 $\lim\limits_{x \to 0} \dfrac{1}{x^2}$ 的存在性.

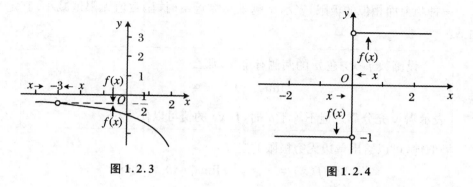

图 1.2.3　　　　　　　　　　图 1.2.4

解　当 $x \to 0$ 时,x^2 也趋于 0,因此 $\dfrac{1}{x^2}$ 会变得非常大(表 1.2.5).事实上,从图 1.2.5可见,当 $x \to 0$ 时,函数值 $f(x)$ 变得任意大,$f(x)$ 的值不趋向任何实数,因而 $\lim\limits_{x \to 0} \dfrac{1}{x^2}$ 不存在.但为了表示函数这种行为,我们常使用符号 $\lim\limits_{x \to 0} \dfrac{1}{x^2} = +\infty$.

表 1.2.5

x	± 1	± 0.5	± 0.2	± 0.1	± 0.05	± 0.001
$g(x)$	1	4	25	100	400	1 000 000

注 1.2.1　$\lim\limits_{x \to 0} \dfrac{1}{x^2} = +\infty$,并不表示我们把 ∞ 看成一个数,也不表示极限 $\lim\limits_{x \to 0} \dfrac{1}{x^2}$ 存在.这只是极限不存在的一种特殊表示方式,表示当 x 充分靠近 0 时,$\dfrac{1}{x^2}$ 变得任意大.

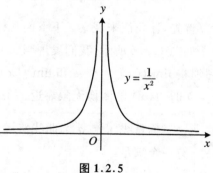

图 1.2.5

通常,我们用符号 $\lim\limits_{x \to a} f(x) = +\infty$ 表示当 x 越来越靠近 a 时,$f(x)$ 的值越来越大,读作"当 x 趋于 a 时,$f(x)$ 的极限为正无穷".

设函数 $f(x)$ 在 a 的两侧有定义,那么
$$\lim_{x \to a} f(x) = +\infty$$
表示当 x 充分靠近但不等于 a 时,$f(x)$ 的值可以任意大.

一种与上面相似的极限,表示 x 越来越靠近 a 时,函数值无限地减小.其定义如下:

设函数 $f(x)$ 在 a 的两侧有定义,那么
$$\lim_{x \to a} f(x) = -\infty$$
表示当 x 充分靠近但不等于 a 时,$f(x)$ 的值可以任意小.

类似地,可以给出单边无穷极限的定义:
$$\lim_{x \to a^-} f(x) = +\infty, \quad \lim_{x \to a^-} f(x) = -\infty$$
$$\lim_{x \to a^+} f(x) = +\infty, \quad \lim_{x \to a^+} f(x) = -\infty$$

例 1.2.4　计算 $\lim\limits_{x \to 3^+} \dfrac{2x}{x-3}$ 和 $\lim\limits_{x \to 3^-} \dfrac{2x}{x-3}$.

解　若 x 从 3 的右侧无限靠近 3,那么分母 $x-3$ 是一个很小的正数,并且无限靠近 0,分子 $2x$ 靠近 6.因此 $\dfrac{2x}{x-3}$ 是一个无限增大的正数,即 $\lim\limits_{x \to 3^+} \dfrac{2x}{x-3} = +\infty$.

类似地,有 $\lim\limits_{x \to 3^-} \dfrac{2x}{x-3} = -\infty$.

1.2.3　无穷大极限的几何含义

首先,让我们来观察一下下面几种极限的函数图像.

如图 1.2.6 所示,我们发现当 x 越来越靠近 a 的某一侧,函数的极限为无穷大(习惯将 $\lim f(x) = +\infty$ 和 $\lim f(x) = -\infty$ 统称为极限为无穷大,记为 $\lim f(x) = \infty$)时,$f(x)$ 的图像无限靠近一条垂直于 x 轴的直线 $x = a$.

称直线 $x = a$ 为曲线 $y = f(x)$ 的垂直渐近线,若下列条件至少有一个满足:
$$\lim_{x \to a} f(x) = +\infty, \quad \lim_{x \to a^-} f(x) = +\infty, \quad \lim_{x \to a^+} f(x) = +\infty$$
$$\lim_{x \to a} f(x) = -\infty, \quad \lim_{x \to a^-} f(x) = -\infty, \quad \lim_{x \to a^+} f(x) = -\infty$$

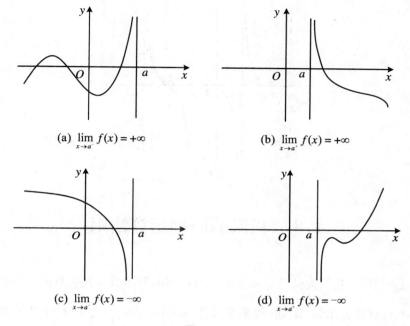

(a) $\lim\limits_{x \to a^-} f(x) = +\infty$　　　　　　　(b) $\lim\limits_{x \to a^+} f(x) = +\infty$

(c) $\lim\limits_{x \to a} f(x) = -\infty$　　　　　　　(d) $\lim\limits_{x \to a^+} f(x) = -\infty$

图 1.2.6

例如,y 轴是曲线 $y = \dfrac{1}{x^2}$ 的垂直渐近线,因为有结论 $\lim\limits_{x \to 0} \dfrac{1}{x^2} = +\infty$. 了解函数的垂直渐近线有助于我们描绘函数图像.

例 1.2.5　找出 $f(x) = \tan x$ 的垂直渐近线.

解　因为 $\tan x = \dfrac{\sin x}{\cos x}$,所以在 $\cos x = 0$ 处可能有垂直渐近线. 事实上,因为当 $x \to \left(\dfrac{\pi}{2}\right)^-$ 时,$\cos x \to 0^+$,$\sin x \to 1$,当 $x \to \left(\dfrac{\pi}{2}\right)^+$ 时,$\cos x \to 0^-$,$\sin x \to 1$,所以有

$$\lim_{x \to \left(\frac{\pi}{2}\right)^-} \tan x = +\infty$$

$$\lim_{x \to \left(\frac{\pi}{2}\right)^+} \tan x = -\infty$$

这表明直线 $x = \dfrac{\pi}{2}$ 是函数 $f(x) = \tan x$ 的一条垂直渐近线. 利用三角函数的周期性,显然可得 $x = (2n + 1)\dfrac{\pi}{2}(\forall n \in \mathbf{Z})$ 均是 $f(x) = \tan x$ 的垂直渐近线,如图 1.2.7 所示.

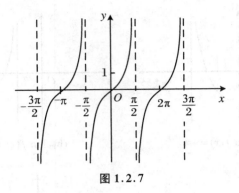

图 1.2.7

1.3　极限的四则运算法则

在上一节中,我们尝试计算函数值以及利用函数图像来观察判断极限值,但是主观判断有时也会出错. 例如,我们来考察极限 $\lim\limits_{x \to 0} \sin \dfrac{\pi}{x}$,利用科学计算器,我们得到

$$f(1) = \sin \pi = 0, \quad f\left(\frac{1}{2}\right) = \sin 2\pi = 0$$

$$f\left(\frac{1}{3}\right) = \sin 3\pi = 0, \quad f\left(\frac{1}{4}\right) = \sin 4\pi = 0$$

$$f(0.01) = \sin 100\pi = 0, \quad f(0.001) = f(0.000\,1) = 0$$

我们很容易猜测 $\lim\limits_{x \to 0} \sin \dfrac{\pi}{x} = 0$,但如果我们取 $x = \dfrac{2}{1+4n} (\forall n \in \mathbf{Z})$,则 $\sin \dfrac{\pi}{x} = 1$,这同 $\lim\limits_{x \to 0} \sin \dfrac{\pi}{x} = 0$ 矛盾. 事实上,如图 1.3.1 所示,$\sin \dfrac{\pi}{x}$ 的值在 -1 和 1 之间无限次地摆动,x 趋向 0 时,$f(x)$ 的函数值不趋向任意一个固定的函数值,所以 $\lim\limits_{x \to 0} \sin \dfrac{\pi}{x}$ 不存在.

本节我们将介绍极限的一些性质,称为**极限法则**,来可靠地计算极限.

四则运算法则　若$\lim\limits_{x \to a} f(x) = A, \lim\limits_{x \to a} g(x) = B$,则有:

(1) $\lim\limits_{x \to a} \left[f(x) \pm g(x) \right] = \lim\limits_{x \to a} f(x) \pm \lim\limits_{x \to a} g(x) = A \pm B$(加减法则);

(2) $\lim\limits_{x \to a} \left[f(x) \cdot g(x) \right] = \lim\limits_{x \to a} f(x) \cdot \lim\limits_{x \to a} g(x) = AB$(乘法法则);

(特别地,$\lim\limits_{x \to a} \left[cf(x) \right] = c \lim\limits_{x \to a} f(x).$)

(3) 设 $B \neq 0$,则有$\lim\limits_{x \to a} \dfrac{f(x)}{g(x)} = \dfrac{\lim\limits_{x \to a} f(x)}{\lim\limits_{x \to a} g(x)} = \dfrac{A}{B}$(除法法则).

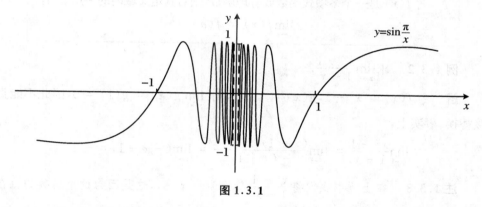

图 1.3.1

注 1.3.1　(1) 将上述公式中的 $x \to a$ 换成 $x \to a^+$ 或者 $x \to a^-$,结论仍然成立.

(2) 设 $g(x) = f(x)$,反复运用乘法法则,可得

$$\lim\limits_{x \to a} \left[f(x) \right]^n = \left[\lim\limits_{x \to a} f(x) \right]^n \quad (n \text{ 是正整数})$$

(3) 显然有$\lim\limits_{x \to a} c = c (\forall c \in \mathbf{R}); \lim\limits_{x \to a} x = a.$

(4) 今后求极限中,我们常使用技巧$\lim\limits_{x \to 0} f(x) = 0 \Leftrightarrow \lim\limits_{x \to 0} | f(x) | = 0$,这里不给出严格的证明过程.

例 1.3.1　计算下面的极限:

(1) $\lim\limits_{x \to 5} (2x^2 - 3x + 4)$; 　　　　　(2) $\lim\limits_{x \to 2} \dfrac{x^3 - 1}{x^2 - 5x + 3}.$

解　(1) $\lim\limits_{x \to 5} (2x^2 - 3x + 4) = \lim\limits_{x \to 5} (2x^2) - \lim\limits_{x \to 5} (3x) + \lim\limits_{x \to 5} 4$

$$= 2\lim_{x\to 5}(x^2) - 3\lim_{x\to 5}(x) + \lim_{x\to 5}4$$
$$= 2\times 5^2 - 3\times 5 + 4 = 39.$$

(2) $\displaystyle\lim_{x\to 2}\frac{x^3-1}{x^2-5x+3} = \frac{\displaystyle\lim_{x\to 2}(x^3-1)}{\displaystyle\lim_{x\to 2}(x^2-5x+3)} = = \frac{2^3-1}{2^2-10+3} = -\frac{7}{3}.$

注 1.3.2　如果我们设 $f(x) = 2x^2 - 3x + 4$,则有 $f(5) = 39$,函数 $f(x) = \dfrac{x^3-1}{x^2-5x+3}$ 在 2 点的函数值也为 $-\dfrac{7}{3}$,均为极限值.例 1.3.1 中的函数分别是多项式函数和有理函数,运用极限法则我们可以证明:对于这样的函数,直接替换总是可行的,我们将这个事实总结如下:

> 若 $f(x)$ 是一个多项式函数或有理函数,则对其定义域内的一点 a,有
> $$\lim_{x\to a}f(x) = f(a)$$

例 1.3.2　求 $\displaystyle\lim_{x\to 1}\frac{x^2-1}{1-x}$.

解　令 $f(x) = x^2-1$,$g(x) = 1-x$,则 $\displaystyle\lim_{x\to 1}g(x) = g(1) = 0$,因此不能直接替换.事实上,

$$\lim_{x\to 1}\frac{x^2-1}{1-x} = \lim_{x\to 1}\frac{(x-1)(x+1)}{-(x-1)} = \lim_{x\to 1}(-x-1) = -2$$

注 1.3.3　在上例中我们将 $\dfrac{x^2-1}{1-x}$ 替换为 $-x-1$,这是因为两个函数的值在 $x\neq 1$ 时完全相同.通常,如果 $x\neq a$ 时 $f(x) = g(x)$,那么 $\displaystyle\lim_{x\to a}f(x) = \lim_{x\to a}g(x)$.对于单侧极限的情况这也是成立的.

例 1.3.3　计算 $\displaystyle\lim_{h\to 0}\frac{(3+h)^2-9}{h}$.

解　$\displaystyle\lim_{h\to 0}\frac{(3+h)^2-9}{h} = \lim_{h\to 0}\frac{6h+h^2}{h} = \lim_{h\to 0}(6+h) = 6.$

以上我们学习了一些简单的直接求极限的方法,对于一些复杂的函数我们可通过下面的判定方法来确定其极限.

> **两边夹定理**　设对 $\forall x\in(c,d)$,有 $f(x)\leqslant g(x)\leqslant h(x)$.若对 $a\in(c,d)$,有
> $$\lim_{x\to a}f(x) = \lim_{x\to a}h(x) = L \quad (L\in\mathbf{R})$$
> 则 $\displaystyle\lim_{x\to a}g(x) = L.$

如图 1.3.2 所示,在 a 点附近,$g(x)$ 处于 $f(x)$ 以及 $h(x)$ 之间,因此很显然地得到:若 $\lim\limits_{x \to a} f(x) = \lim\limits_{x \to a} h(x) = L$,则 $\lim\limits_{x \to a} g(x) = L$.

例 1.3.4　求 $\lim\limits_{x \to 0} x^2 \sin \dfrac{1}{x}$.

解　由 $-1 \leqslant \sin \dfrac{1}{x} \leqslant 1$,可得 $-x^2 \leqslant x^2 \sin \dfrac{1}{x} \leqslant x^2$.显然 $\lim\limits_{x \to 0}(-x^2) = \lim\limits_{x \to 0} x^2$ $= 0$.根据两边夹定理可得 $\lim\limits_{x \to 0} x^2 \sin \dfrac{1}{x} = 0$,如图 1.3.3 所示.

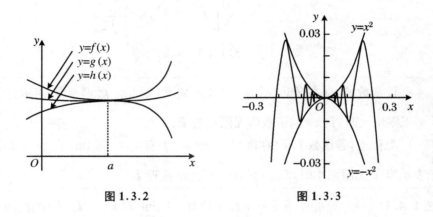

图 1.3.2　　　　　　　　　　　图 1.3.3

1.4　无穷远的极限

前面讨论的极限均是让 x 趋于一个确定的数.在本节我们让 x 沿坐标轴无限延伸以观察 y 是如何变化的.我们首先来考察函数 $f(x) = \dfrac{x^2 - 1}{x^2 + 1}$ 当 x 无限变大时的性质.

由表 1.4.1 和图 1.4.1 可知,当 x 变得越来越大时,$f(x)$ 的函数值越来越接近 1,借助极限符号表示为 $\lim\limits_{x \to +\infty} \dfrac{x^2 - 1}{x^2 + 1} = 1$.一般地,我们使用标记 $\lim\limits_{x \to +\infty} f(x) = L$ 来表示 x 变得越来越大时,$f(x)$ 的函数值越来越接近 L.

表 1.4.1

x	± 2	± 5	± 10	± 50	± 100	$\pm 1\,000$
$f(x)$	0.600 000	0.923 077	0.980 198	0.999 200	0.999 800	0.999 998

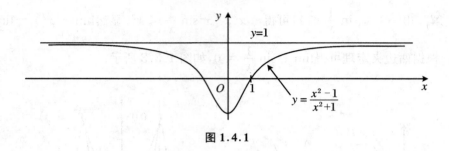

图 1.4.1

> 设函数 $f(x)$ 在区间 $(a, +\infty)$ 上有定义，则 $\lim\limits_{x\to +\infty} f(x) = L$ 表示当 x 无限增大时，$f(x)$ 的函数值无限接近 L.
>
> 类似地，若函数 $f(x)$ 在区间 $(-\infty, a)$ 上有定义，则 $\lim\limits_{x\to -\infty} f(x) = L$ 表示当 x 无限减小时，$f(x)$ 的函数值无限接近 L.

注 1.4.1　(1) $\pm\infty$ 并不是一个确定的数，但 $\lim\limits_{x\to +\infty} f(x) = L$，常读作"当 x 趋向于正无穷大时，$f(x)$ 的极限是 L"；$\lim\limits_{x\to -\infty} f(x) = L$，常读作"当 x 趋向于负无穷大时，$f(x)$ 的极限是 L".

(2) 为方便起见，我们常将 $x\to +\infty$ 和 $x\to -\infty$ 统一表达成 $x\to\infty$，因此有 $\lim\limits_{x\to\infty} f(x) = L \Leftrightarrow \lim\limits_{x\to +\infty} f(x) = L$ 且 $\lim\limits_{x\to -\infty} f(x) = L$.

(3) 上节中的四则运算法则对于 $x\to +\infty$ 以及 $x\to -\infty$ 仍然成立.

(4) 观察函数 $y = \dfrac{1}{x}$ 的图像（图 1.4.2），我们发现一个有趣的现象：当 x 趋向无穷大时，$\dfrac{1}{x}$ 的极限是 0；当 x 趋向 0 时，$\dfrac{1}{x}$ 的极限是无穷大.

一般地，当分母趋向无穷大，分子趋向某个常数时，整个分式趋于 0；当分母趋向 0，分子趋向某

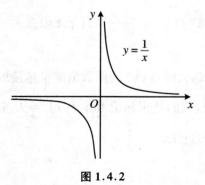

图 1.4.2

个非零常数时,整个分式趋向无穷大.

例 1.4.1　计算 $\lim\limits_{x\to\infty}\dfrac{x^2-1}{2x^2-x-1}$.

解　$\lim\limits_{x\to\infty}\dfrac{x^2-1}{2x^2-x-1}=\lim\limits_{x\to\infty}\dfrac{1-\dfrac{1}{x^2}}{2-\dfrac{1}{x}-\dfrac{1}{x^2}}=\dfrac{1}{2}$.

例 1.4.2　计算 $\lim\limits_{x\to\infty}\dfrac{3x^2-2x-1}{2x^3-x^2+5}$.

解　$\lim\limits_{x\to\infty}\dfrac{3x^2-2x-1}{2x^3-x^2+5}=\lim\limits_{x\to\infty}\dfrac{\dfrac{3}{x}-\dfrac{2}{x^2}-\dfrac{1}{x^3}}{2-\dfrac{1}{x}+\dfrac{5}{x^3}}=\dfrac{0}{2}=0$.

例 1.4.3　计算 $\lim\limits_{x\to\infty}\dfrac{2x^3-x^2+5}{3x^2-2x-1}$.

解　$\lim\limits_{x\to\infty}\dfrac{2x^3-x^2+5}{3x^2-2x-1}=\lim\limits_{x\to\infty}\dfrac{1}{\dfrac{3x^2-2x-1}{2x^3-x^2+5}}=\infty$.

注 1.4.2　例 1.4.1 ～ 例 1.4.3 其实表达的是有理函数在无穷远处极限的三种情况,可以总结为

$$\lim_{x\to\infty}\frac{a_0x^n+a_1x^{n-1}+\cdots+a_n}{b_0x^m+b_1x^{m-1}+\cdots+b_m}=\begin{cases}\dfrac{a_0}{b_0}, & \text{当 } n=m \text{ 时}\\[2mm] 0, & \text{当 } n<m \text{ 时}\\[2mm] \infty, & \text{当 } n>m \text{ 时}\end{cases}$$

例 1.4.4　计算 $\lim\limits_{x\to+\infty}(\sqrt{x^2+1}-x)$.

解　对 $\sqrt{x^2+1}-x$ 有理化,可得

$$\lim_{x\to+\infty}(\sqrt{x^2+1}-x)=\lim_{x\to+\infty}\frac{1}{\sqrt{x^2+1}+x}=\lim_{x\to+\infty}\frac{\dfrac{1}{x}}{\sqrt{1+\dfrac{1}{x^2}}+1}=\frac{0}{2}=0$$

例 1.4.5　计算极限 $\lim\limits_{x\to+\infty}\sin\dfrac{1}{x}$.

解　在求极限的运算中,我们常用变量替换的方式来化简.本题我们将引入一个辅助变量 $t=\dfrac{1}{x}$.因此

$$\lim_{x\to+\infty}\sin\frac{1}{x}=\lim_{t\to0^+}\sin t=0$$

1.4.1　无穷远极限的几何含义

继续观察图 1.4.2,我们发现 $x \to +\infty (x \to -\infty)$ 时,$y = \dfrac{1}{x}$ 的图像无限靠近

x 轴,即 $y = 0$.我们称 $y = 0$ 为函数 $y = \dfrac{1}{x}$ 的水平渐近线.

> 如果 $\lim\limits_{x \to +\infty} f(x) = L$ 或者 $\lim\limits_{x \to -\infty} f(x) = L$ 成立,则称直线 $y = L$ 为
> 曲线 $y = f(x)$ 的水平渐近线.

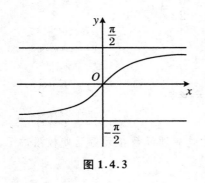

图 1.4.3

观察函数 $y = \arctan x$ 的图像(图 1.4.3),

直线 $y = -\dfrac{\pi}{2}$ 与 $y = \dfrac{\pi}{2}$ 均为 $y = \arctan x$ 的水

平渐近线,因为

$$\lim_{x \to +\infty} \arctan x = \frac{\pi}{2}, \qquad \lim_{x \to -\infty} \arctan x = -\frac{\pi}{2}$$

例 1.4.6　找出函数 $f(x) = \dfrac{\sqrt{2x^2 + 1}}{3x - 5}$ 的

渐近线.

解　计算得

$$\lim_{x \to +\infty} \frac{\sqrt{2x^2 + 1}}{3x - 5} = \lim_{x \to +\infty} \frac{\sqrt{2 + \dfrac{1}{x^2}}}{3 - \dfrac{5}{x}} = \frac{\lim\limits_{x \to +\infty} \sqrt{2 + \dfrac{1}{x^2}}}{\lim\limits_{x \to +\infty} \left(3 - \dfrac{5}{x}\right)} = \frac{\sqrt{2}}{3}$$

类似地,有 $\lim\limits_{x \to -\infty} \dfrac{\sqrt{2x^2 + 1}}{3x - 5} = -\dfrac{\sqrt{2}}{3}$.

因此 $f(x) = \dfrac{\sqrt{2x^2 + 1}}{3x - 5}$ 的水平渐近线为 $y = \dfrac{\sqrt{2}}{3}$ 和 $y = -\dfrac{\sqrt{2}}{3}$.

对于垂直渐近线,我们考察 $3x - 5 = 0$ 的情况,此时 $x = \dfrac{5}{3}$.下面我们来判断

$x = \dfrac{5}{3}$ 是否为函数的垂直渐近线.当 $x \to \dfrac{5}{3}$ 时,$3x - 5 \to 0$,但 $\sqrt{2x^2 + 1} \to \sqrt{59}/3$,

因此

$$\lim_{x \to (5/3)^+} \frac{\sqrt{2x^2 + 1}}{3x - 5} = +\infty$$

所以 $x = \dfrac{5}{3}$ 为函数的垂直渐近线.三条渐近线如图 1.4.4 所示.

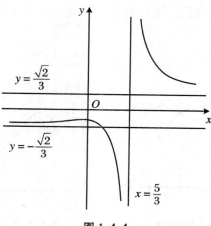

图 1.4.4

1.4.2　无穷远处的无穷大极限

记号 $\lim\limits_{x \to +\infty} f(x) = +\infty$ 表示当 x 趋向正无穷时,$f(x)$ 的值也无限增大.下面的符号表示相似的含义:

$$\lim\limits_{x \to -\infty} f(x) = +\infty, \quad \lim\limits_{x \to +\infty} f(x) = -\infty, \quad \lim\limits_{x \to -\infty} f(x) = -\infty$$

例 1.4.7　计算 $\lim\limits_{x \to +\infty} (x^2 - x)$.

解　我们不能直接用极限的减法法则来计算:$\lim\limits_{x \to +\infty} (x^2 - x) = \lim\limits_{x \to +\infty} x^2 - \lim\limits_{x \to +\infty} x = \infty - \infty$,因为 ∞ 不是一个确定的常数.但我们可以这样去解:

$$\lim\limits_{x \to +\infty} (x^2 - x) = \lim\limits_{x \to +\infty} x(x - 1) = \infty$$

因为 $x - 1$ 与 x 均变得任意大,它们的乘积也会变得非常大.

1.5　函数的连续性

在 1.3 节中我们发现,x 趋向 a 时函数的极限常直接等于函数在该点的函数值.函数的这种性质称为在 a 点连续.连续的数学定义与我们日常用语"连续"非常接近,例如,我们称某机器连续工作了 60 小时,即指该机器一刻不停地运行了 60 小时.在数学上,若函数图像在某点不间断(也就是说,画图像时,在这一点不能停笔),则称函数在该点连续.

为了便于大家理解,我们给出几种在 $x = a$ 点不连续的函数图像(图 1.5.1~图 1.5.4).

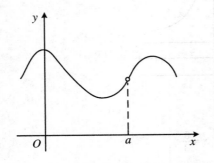

图 1.5.1 $f(x)$ 在 a 点没有定义

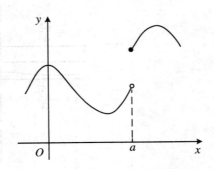

图 1.5.2 $f(x)$ 在 a 点极限不存在

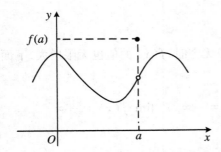

图 1.5.3 $f(x)$ 在 a 点极限不等于该点的函数值

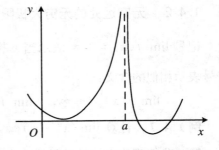

图 1.5.4 $f(x)$ 在 a 点极限不存在

函数在某点连续的严格定义如下:

> 称函数 $y = f(x)$ 在 $x = a$ 点连续,若 $f(x)$ 满足以下条件:
>
> (1) $f(x)$ 在 $x = a$ 点有定义;
>
> (2) $\lim\limits_{x \to a} f(x)$ 存在;
>
> (3) $\lim\limits_{x \to a} f(x) = f(a)$.
>
> 若三个条件中有一个不满足,则称函数 $y = f(x)$ 在 $x = a$ 点不连续.

注 1.5.1 (1)若函数在区间 I 内每一点都连续,则称函数在区间 I 上为连续函数;若函数在其定义域内每一点都连续,则称该函数为连续函数.

（2）对于区间端点，我们给出左连续和右连续的如下定义：称函数 $f(x)$ 在 a 点右连续，如果 $\lim\limits_{x\to a^+} f(x) = f(a)$；称函数 $f(x)$ 在 a 点左连续，如果 $\lim\limits_{x\to a^-} f(x) = f(a)$.

（3）若 $\lim\limits_{x\to a} g(x) = L$，函数 $f(x)$ 在点 L 连续，则有 $\lim\limits_{x\to a} f(g(x)) = f(\lim\limits_{x\to a} g(x)) = f(L)$. 熟悉这一结论可便于我们今后的学习.

例 1.5.1　讨论函数 $f(x) = \begin{cases} 1 + \cos x, & x < \dfrac{\pi}{2} \\ \sin x, & x \geqslant \dfrac{\pi}{2} \end{cases}$ 在 $x = \dfrac{\pi}{2}$ 处的连续性.

解　因为

$$f\left(\frac{\pi}{2}\right) = 1, \quad \lim_{x\to (\frac{\pi}{2})^+} f(x) = \lim_{x\to (\frac{\pi}{2})^+} \sin x = 1$$

$$\lim_{x\to (\frac{\pi}{2})^-} f(x) = \lim_{x\to (\frac{\pi}{2})^-} (1 + \cos x) = 1, \quad \lim_{x\to \frac{\pi}{2}} f(x) = f\left(\frac{\pi}{2}\right) = 1$$

所以函数在点 $x = \dfrac{\pi}{2}$ 处是连续的.

例 1.5.2　证明：函数 $f(x) = 1 - \sqrt{1 - x^2}$ 在区间 $[-1, 1]$ 上连续.

解　如果 $-1 < a < 1$，那么利用极限法则，有

$$\lim_{x\to a} f(x) = \lim_{x\to a}(1 - \sqrt{1 - x^2}) = 1 - \sqrt{1 - a^2} = f(a)$$

同样，在区间端点处也有 $\lim\limits_{x\to 1^-} f(x) = 1 = f(1)$，$\lim\limits_{x\to (-1)^+} f(x) = 1 = f(-1)$，因此 $f(x)$ 在 $[-1, 1]$ 上连续.

并不需要按照定义去一一验证函数的连续性，下面的结论往往更方便：

> 若函数 $y = f(x)$ 和 $y = g(x)$ 在 $x = a$ 点连续，c 是一个常数，那么下面的函数也在 a 点连续：
> $$f(x) + g(x), \quad f(x) - g(x), \quad f(x)g(x)$$
> $$\frac{f(x)}{g(x)}(g(x) \neq 0), \quad cf(x)$$

这些结论只需依据 1.3 节中相应的极限法则即可得到，同学们可以尝试课下证明. 现在的主要问题是如何给出一些已知的连续函数. 中学时我们熟悉的三角函数、幂函数、对数函数、指数函数，依据其函数图像没有间断，可判定这些函数在定义域内是连续的. 同时任何连续函数的反函数也是连续的（$f^{-1}(x)$ 与 $f(x)$ 的图像

关于直线 $y = x$ 对称,所以若 $f(x)$ 的图像没有间断点,则 $f^{-1}(x)$ 的图像也没有间断点),据此可得反三角函数也是连续的.

下面几种函数在其定义域内都是连续的:

多项式函数,　有理函数,　三角函数

反三角函数,　指数函数,　对数函数

例 1.5.3　函数 $f(x) = \dfrac{\ln x + \arctan x}{x^2 - 1}$ 在何处是连续的?

解　因为 $\ln x$ 在 $x > 0$ 时连续,$y = \arctan x$ 在 $(-\infty, +\infty)$ 上连续.因此 $\ln x + \arctan x$ 在 $(0, +\infty)$ 上连续.又 $x^2 - 1$ 是多项式函数,所以在 $(0, +\infty)$ 上也连续.因而函数 $f(x) = \dfrac{\ln x + \arctan x}{x^2 - 1}$ 在 $(0,1) \bigcup (1, +\infty)$ 上连续.

知道函数的连续性,可以方便我们计算函数极限.

例 1.5.4　计算 $\lim\limits_{x \to 1} \arcsin \dfrac{1 - \sqrt{x}}{1 - x}$.

解　因为反三角函数是连续函数,故有

$$
\begin{aligned}
\lim_{x \to 1} \arcsin \frac{1 - \sqrt{x}}{1 - x} &= \arcsin \lim_{x \to 1} \frac{1 - \sqrt{x}}{1 - x} \\
&= \arcsin \lim_{x \to 1} \frac{(1 - \sqrt{x})}{(1 + \sqrt{x})(1 - \sqrt{x})} \\
&= \arcsin \lim_{x \to 1} \frac{1}{1 + \sqrt{x}} \\
&= \arcsin \frac{1}{2} = \frac{\pi}{6}
\end{aligned}
$$

连续函数一个非常重要的性质是介值定理,描述如下:

假设 $f(x)$ 在闭区间 $[a, b]$ 上连续,N 是 $f(a)$ 和 $f(b)$ 之间的任意一个数.如果 $f(a) \neq f(b)$,则 (a, b) 内存在一个数 c,使得 $f(c) = N$.

如果我们将连续函数理解为图形上没有空洞或者不中断的函数,那么就很容易相信介值定理是正确的.用几何语言可以描述为:如果给定介于 $y = f(a)$ 和 $y = f(b)$ 之间的任意一条水平线 $y = N$,那么 $f(x)$ 的图像一定与其相交,并且至少有一个交点(图 1.5.5).

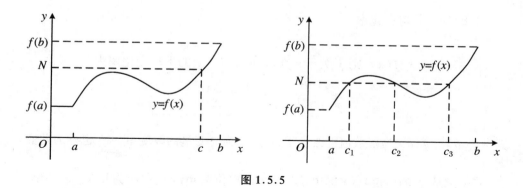

图 1.5.5

例 1.5.5　证明: $4x^3 - 6x^2 + 3x - 2 = 0$ 有一个介于 1 和 2 之间的根.

解　设 $f(x) = 4x^3 - 6x^2 + 3x - 2$, 则 $f(1) = -1 < 0, f(2) = 12 > 0$, 因此 0 介于 $f(1)$ 和 $f(2)$ 之间. 显然 $f(x) = 4x^3 - 6x^2 + 3x - 2$ 是连续函数, 利用介质定理, 在 1 和 2 之间存在一个数 c, 使得 $f(c) = 0$, 也就是说, $4x^3 - 6x^2 + 3x - 2 = 0$ 有介于 1 和 2 之间的根 c.

事实上, 运用介值定理, 我们可以找出一个更准确的根.

由于 $f(1.2) = -0.128 < 0, f(1.3) = 0.548 > 0$, 在 1.2 和 1.3 之间必定有一个根. 用计算机反复试验, 由于 $f(1.22) = -0.007\,008 < 0, f(1.23) = 0.056\,068 > 0$, 因此在区间 $(1.22, 1.23)$ 内有一个根.

1.6　变化率与导数

在 1.1 节中, 我们利用极限给出了瞬时速度的定义, 之后我们学习了求极限的方法. 本节我们将继续研究速度这一问题. 对于下载量函数 $S(x)$, 若时间 x 从 b 移动至 a, 可用函数 $S(x)$ 的改变量 $S(b) - S(a)$ 和自变量时间的改变量 $b - a$ 之比求平均下载速度. 中学时我们学习过, 若 $S(x)$ 代表位移, 则由 $S(b) - S(a)$ 与 $b - a$ 之比可求物体的平均速度. 事实上, 不考虑函数本身的实际意义, 我们可以把这种关系推广到任意的函数 $y = f(x)$.

1.6.1 平均变化率

> 若 $y = f(x)$，则 y 关于 x 在区间 $[a, b]$ 上的平均变化率为
> $$\frac{f(b) - f(a)}{b - a} = \frac{\Delta y}{\Delta x}$$

其中 $f(b) - f(a)$ 为函数值的改变量，$b - a$ 为自变量的改变量，$\frac{\Delta y}{\Delta x}$ 也称为差商，$\frac{\Delta y}{\Delta x}$ 的单位是 (y 的单位)/(x 的单位). 如 y 的单位为 m，x 的单位为 h，则 $\frac{\Delta y}{\Delta x}$ 的单位为 m/h. 在现实生活中，平均变化率往往比函数值的改变量更有价值. 例如某公司提供给你的报酬是 200 元，单看改变量 200 元不多，但人们往往关心的是从变化率的角度来看报酬的多少，即用 200 元除以劳动时间，这就是我们常说的时薪、周薪的概念.

例 1.6.1 蝙蝠是一种热血动物，它处于活动状态时体温几乎保持为一常数. 蝙蝠在温度很低的地方睡眠时，能进入某种冬眠状态，其代谢率会降低. 表 1.6.1 是一只睡眠中蝙蝠的体温及其代谢率. 请给出在 $20 \leqslant T \leqslant 30$ 和 $0.5 \leqslant T \leqslant 2$ 区间段上代谢率 (r) 相对于体温 (T) 的平均变化率.

表 1.6.1 体温与代谢率

$T(℃)$	0.5	2.0	10.0	20.0	30.0	37.0	41.5
$r(cal/h)$	5.4	1.4	3.4	19.0	96.0	134.0	200.0

解 因为体温为 20 ℃ 时代谢率为 19 cal/h，体温为 30 ℃ 时代谢率为 96 cal/h，故在 $20 \leqslant T \leqslant 30$ 区间段上，代谢率 (r) 相对于体温 (T) 的平均变化率为

$$\frac{96 - 19}{20 - 10} = 7.7 \, (cal/(h \cdot ℃)).$$

类似地，可得在 $0.5 \leqslant T \leqslant 2$ 区间段上代谢率 (r) 相对于体温 (T) 的平均变化率为 $-8/3 \, cal/(h \cdot ℃)$.

1.6.2 导数的定义

我们用类似于定义瞬时下载速度的方式来定义瞬时变化率，即在区间长度越来越小的情况下观察平均变化率，并给出如下定义：

> 函数 $f(x)$ 在 a 点的瞬时变化率,也称为 $f(x)$ 在 a 点的导数,记为 $f'(a)$,
>
> $$f'(a) = \lim_{b \to a} \frac{f(b) - f(a)}{b - a}$$
>
> 若等式右边的极限存在,则称 $f(x)$ 在 a 点是可导的.

注 1.6.1　由定义可知,我们可以缩小 $b - a$,通过平均变化率来估计导数(瞬时变化率).上式也可记为

$$f'(a) = \lim_{h \to 0} \frac{f(a + h) - f(a)}{h}$$

显然对于运动状态的物体,其瞬时速度也可看成位移函数的导数.

例 1.6.2　设某种营养液中的细菌数量每小时成倍地增加.如果初始时细菌有 100 个,那么 4 小时后细菌的瞬时增长率是多少?

分析　设 $n = f(t)$ 是在 t 时刻动物或植物种群的个数,在时刻 t_1 和 t_2 种群的大小变化为 $f(t_2) - f(t_1)$.因此在时间段 $t_1 \leqslant t \leqslant t_2$ 上,

$$\text{平均增长率} = \frac{\Delta n}{\Delta t} = \frac{f(t_2) - f(t_1)}{t_2 - t_1}$$

如果时间段 Δt 趋于零,则定义瞬时增长率为 $\lim_{\Delta t \to 0} \frac{\Delta n}{\Delta t}$.

解　初始时刻记为 $t = 0$.由于 $n_0 = 100$,根据题意有

$$f(1) = 2f(0) = 2n_0$$
$$f(2) = 2f(1) = 2^2 n_0$$
$$f(3) = 2f(2) = 2^3 n_0$$

一般地,可得 $f(t) = 2^t n_0 = 100 \times 2^t$,

$$\lim_{h \to 0} \frac{100 \times 2^{4+h} - 100 \times 2^4}{h} = 100 \times 2^4 \lim_{h \to 0} \frac{2^h - 1}{h}$$

通过数值举例(表 1.6.2),我们发现 $\lim_{h \to 0} \frac{2^h - 1}{h} \approx 0.69$,因此

$$100 \times 2^4 \lim_{h \to 0} \frac{2^h - 1}{h} \approx 1\,104$$

这意味着 4 小时后细菌的瞬时增长率大约为 1 104 个 / 小时.

表 1.6.2

$\dfrac{2^h-1}{h}$	0.717 7	0.695 6	0.693 4	0.693 2
h	0.1	0.01	0.001	0.000 1

例 1.6.3　水能溶解的氧气量依赖于水的温度,因此热污染影响水中氧气的含量. 图 1.6.1 显示了氧气溶解度 S 关于水温 T 的函数变化曲线.

(1) 导数 $S'(T)$ 的含义是什么? 其单位是什么?

(2) 估计 $S'(16)$ 的值.

解　$S'(T)$ 指的是氧气溶解度 S 关于水温 T 的变化率,它的单位是 mg/(L·℃). 从图形上我们可以得出,函数曲线经过点 $(0,14)$ 和 $(32,6)$,因此可得

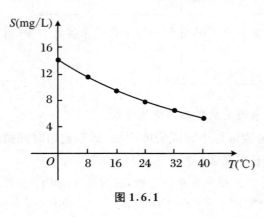

图 1.6.1

$$S'(16) \approx \frac{6-14}{32-0} = -0.25\,(\text{mg}/(\text{L}\cdot\text{℃}))$$

这表明气温上升至 16 ℃ 时,氧气的可溶性减小的比率约为 0.25 mg/(L·℃).

1.6.3　导数的几何意义

我们首先给出函数 $y=f(x)$ 在区间 $[a,b]$ 上的平均变化率的图示. 显然 $\dfrac{f(b)-f(a)}{b-a}$ 表示的是割线 L_{AB} 的斜率(图 1.6.2).那么我们来想象一下当 b 无限地靠近 a 的过程.即固定 A 点转动割线 L_{AB},我们发现割线 L_{AB} 将无限地靠近 $y=f(x)$ 在 A 点的切线,如图 1.6.3 所示,A 点的切线为虚线.

因此我们可以得出结论:$f'(a)$ 即为 $y=f(x)$ 在 $x=a$ 处的切线的斜率.所以若函数在 $x=a$ 处可导,则在 $x=a$ 处的切线方程为

$$y-f(a)=f'(a)(x-a)$$

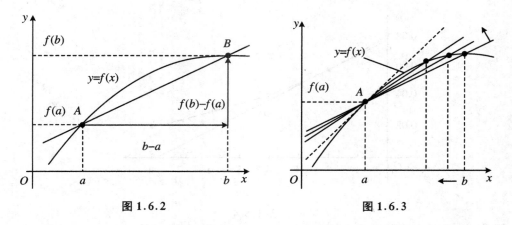

图 1.6.2　　　　　　　　　　　　　　　图 1.6.3

例 1.6.4　乙酸（CH_3COOH）的酸性促使其可以和氢氧化铜反应，表 1.6.3 给出了两者开始反应 t 秒后乙酸的浓度 $C(t)$．求 $t = 2$ 时乙酸反应的瞬时速率．

表 1.6.3

t	0	2	4	6	8
$C(t)$	0.080	0.057	0.040	0.029	0.021

分析　在化学反应过程中，反应物的浓度在不断地变化，每时每刻的反应速率都是不同的，所以用瞬时速率表示反应速率更能说明反应进行的真实情况．在定容条件下，化学反应的瞬时速率 v 应为 Δt 趋近于零时反应物浓度的减少或生成物浓度的增加．

$$v = \pm \lim_{\Delta t \to 0} \frac{\Delta c_i}{\Delta t} = \pm \frac{\mathrm{d}c_i}{\mathrm{d}t}$$

上式表示瞬时速度是某物质浓度随时间的变化率，即浓度对时间的一阶导数．我们可以首先把题目中 $C(t)$ 的函数图像绘出来，然后画出 $t = 2$ 时的切线，利用切线的斜率作为 $t = 2$ 时反应的瞬时速率．

解　利用表中的数据绘出函数图像，并描绘 $t = 2$ 的切线斜率（图 1.6.4）．因为切线在 y 轴上的截距大约为 0.077，在 x 轴上的截距大约为 7.8，所以 $t = 2$ 时乙酸反应的瞬时速率为 $0.077/7.8 \approx 0.01\,(\mathrm{mol}/(\mathrm{L} \cdot \mathrm{min}))$．

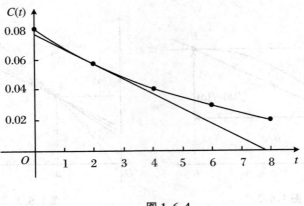

图 1.6.4

1.7 导 函 数

我们已经学习了函数在某一点处的导数定义. 若函数在其定义域内的每一点 x 处导数都存在,则导数和 x 之间形成了函数关系,记为 $f'(x)$.

$$f'(x) = \lim_{z \to x} \frac{f(z) - f(x)}{z - x}$$

注 1.7.1　(1) 如果 $y = f(x)$,则 $f'(x)$ 也可以记为 $\dfrac{dy}{dx}, \dfrac{d[f(x)]}{dx}, y'$. 符号 $\dfrac{d}{dx}$ 称为微分算子,它代表微分运算,即计算导数的全过程. 它是一个整体,是由德国数学家莱布尼茨(Leibniz,1646 ~ 1716)在 17 世纪微积分学的发展初期引入的.

(2) 取 $h = z - x$,则 $f'(x)$ 亦可记为

$$\lim_{h \to 0} \frac{f(x + h) - f(x)}{h}$$

(3) 因为导数 $f'(x)$ 本身也是自变量 x 的函数,所以,欲求 $f'(a)$ 的值,可以先求 $f'(x)$,再求函数 $f'(x)$ 在 $x = a$ 处的函数值. 因此, $f'(a)$ 也可记为

$$y' \big|_{x=a} = f'(x) \big|_{x=a} = \frac{dy}{dx} \bigg|_{x=a} = \frac{d[f(x)]}{dx} \bigg|_{x=a}$$

1.7.1　利用定义求导数

如果函数表达式是已知的,则可以由导数的公式,求极限即得出其导数.

例 1.7.1　根据玻意耳定理,如果气体的温度不高,则压强 P 与体积 V 的乘积为常数,即 $PV \equiv C$(C 为常数).试证明:V 关于 P 的瞬时变化率与 P 的平方成反比.

证　由 $PV \equiv C$ 可得 $V = C/P$.因此

$$V'(P) = \lim_{h \to 0} \frac{\dfrac{C}{P+h} - \dfrac{C}{P}}{h} = \lim_{h \to 0} \frac{\dfrac{PC - PC - Ch}{P(P+h)}}{h}$$

$$= \lim_{h \to 0} \frac{-Ch}{hP(P+h)} = \lim_{h \to 0} \frac{-C}{P(P+h)}$$

$$= -\frac{C}{P^2}$$

即 V 关于 P 的瞬时变化率与 P 的平方成反比.

若自变量 x 的微小变化能引起函数值 $f(x)$ 的很大变化,则称函数 $f(x)$ 对 x 是相对敏感的,$f'(x)$ 为敏感性的度量.

例 1.7.2　奥地利遗传学家孟德尔通过种植豌豆并记录数据,发现了规律

$$y = 2p(1-p) + p^2 \quad (0 \leqslant p \leqslant 1)$$

其中 p 为豌豆的表皮光滑基因的频率,$1-p$ 是可以促使豌豆的表皮起皱基因的频率,y 为表面光滑豌豆在下一代中所占的比例.试证明:p 越小,y 对 p 的变化越敏感,并给出解释.

证　由 $y = 2p(1-p) + p^2 = 2p - p^2$,得

$$y' = \lim_{h \to 0} \frac{[2(p+h) - (p+h)^2] - [2p - p^2]}{h}$$

$$= \lim_{h \to 0} \frac{2p + 2h - p^2 - 2ph - h^2 - 2p + p^2}{h}$$

$$= \lim_{h \to 0} \frac{2h - 2ph - h^2}{h} = \lim_{h \to 0}(2 - 2p - h) = 2 - 2p$$

故 p 与 y' 成反比,也即 p 越小,y 对 p 的变化越敏感.

这表明在高度隐形的群体(含表皮皱的豌豆频率大的群体)中引入较多的优势基因,比在高度优势的群体中引入较多的优势基因,对下一代优势基因的增加更具有显著性的影响.

1.7.2　导数的近似计算

如果我们遇到的函数是由表格形式给出的,那么可以通过数值的方法近似给出其导数.

例 1.7.3　假设表 1.7.1 给出了药物浓度 $C(t)$(单位：$\mu\mathrm{g/cm^3}$)的一些函数值,$C(t)$ 表示 t(单位：min)时刻血管中的药物浓度,试给出 $C(t)$ 关于时间变化率 $C'(t)$ 的估计表.

表 1.7.1

t	0	0.1	0.2	0.3	0.4	0.5	0.6	0.7	0.8	0.9	1.0
$C(t)$	0.84	0.89	0.94	0.98	1	1	0.97	0.90	0.79	0.63	0.41

解　利用表 1.7.1 中的数据来估计 $C'(t)$,我们必须假定时间的数据点足够接近,使得浓度在各个时间点之间的变化不大.观察表格中的数据,可以发现在 $t = 0$ 和 $t = 0.4$ 之间浓度值升高,所以可以预期该区间导数为正数,并且升高得缓慢.在 $t = 0.4$ 和 $t = 0.5$ 之间,浓度没有变化,所以导数为 0.类似地,在 $t = 0.5$ 和 $t = 1.0$ 之间浓度值降低,并且减少得越来越快,因此可估计出导数为负值且绝对值逐渐增大.

我们借助差商的表达式来估计导数：

$$C'(t) \approx \frac{C(t + h) - C(t)}{h}$$

在本题中 $h = 0.1$,因此可得

$$C'(0) \approx \frac{C(0.1) - C(0)}{0.1} = \frac{0.89 - 0.84}{0.1} = 0.5(\mu\mathrm{g}/(\mathrm{cm^3 \cdot min}))$$

$$C'(0.1) \approx \frac{C(0.2) - C(0.1)}{0.1} = \frac{0.94 - 0.89}{0.1} = 0.5(\mu\mathrm{g}/(\mathrm{cm^3 \cdot min}))$$

$$C'(0.2) \approx \frac{C(0.3) - C(0.2)}{0.1} = \frac{0.98 - 0.94}{0.1} = 0.4(\mu\mathrm{g}/(\mathrm{cm^3 \cdot min}))$$

$$C'(0.3) \approx \frac{C(0.4) - C(0.3)}{0.1} = \frac{1 - 0.98}{0.1} = 0.2(\mu\mathrm{g}/(\mathrm{cm^3 \cdot min}))$$

如此下去,我们即可得到 $C(t)$ 关于时间变化率 $C'(t)$ 的估计表,见表 1.7.2.

表 1.7.2

t	0	0.1	0.2	0.3	0.4	0.5	0.6	0.7	0.8	0.9
$C'(t)$	0.5	0.5	0.4	0.2	0.0	-0.3	-0.7	-1.1	-1.6	-2.2

　　正如我们预期的那样, $C'(t)$ 的值直到 $t=0.4$ 都是较小的正数, 而后变为负值并且其绝对值逐渐增大. 如果利用表 1.7.1 中的数据把 $C(t)$ 的函数图像用折线表示出来, 则 $C'(t)$ 分别代表每个折线段的斜率, 如图 1.7.1 所示.

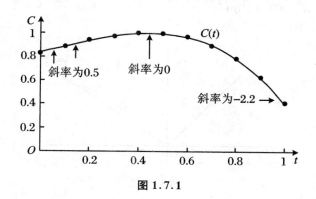

图 1.7.1

1.7.3　左、右导数

　　如果函数 $y=f(x)$ 在开区间 I 上每一点都可导, 则称 $y=f(x)$ 在区间 I 上可导, 那么当区间 I 不是开区间时, 如何给出区间可导的定义呢? 例如区间 $I=[a,b]$, 我们可以把 $[a,b]$ 分解为 $\{a\}\bigcup(a,b)\bigcup\{b\}$, 只需要研究端点 a 和 b 的情况. 对于端点处的导数, 我们定义:

$$f_{+}(a)=\lim_{h\to0^{+}}\frac{f(a+h)-f(a)}{h}\quad\text{（右导数）}$$

$$f_{-}(b)=\lim_{h\to0^{-}}\frac{f(b+h)-f(b)}{h}\quad\text{（左导数）}$$

　　通常, 我们对于区间的端点以及分段函数的分段点往往只求单侧导数 (即左、右导数). 因为开区间内每一点都有左、右两侧, 所以在开区间中的某一点 b 可导 $\Leftrightarrow$ 在 b 点左、右两侧都可导且导数相等.

　　例 1.7.4　求 $y=|x|$ 的导数.

解　易知原函数可写作 $y = \begin{cases} x, & x \geqslant 0 \\ -x, & x < 0 \end{cases}$（图 1.7.2）. 当 $x > 0$ 时，$y' = \lim\limits_{h \to 0} \dfrac{x + h - x}{h} = 1$；类似地，当 $x < 0$ 时，$y' = -1$. 因为 0 为分段点，所以我们分左右两侧的导数来讨论.

$$f'_+(0) = \lim_{h \to 0^+} \frac{f(0 + h) - f(0)}{h} = \lim_{h \to 0^+} \frac{h}{h} = 1$$

$$f'_-(0) = \lim_{h \to 0^-} \frac{f(0 + h) - f(0)}{h} = \lim_{h \to 0^-} \frac{-h}{h} = -1$$

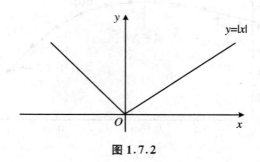

图 1.7.2

因为左、右两侧导数不相等，所以函数在 0 点不可导. 因此函数 $y = |x|$ 的导数为

$$y' = \begin{cases} 1, & x > 0 \\ -1, & x < 0 \end{cases}$$

例 1.7.5　英国 2001～2002 年个税函数 $T(x)$（单位：英镑）可近似地表示为

$$T(x) = \begin{cases} 0.22x, & 0 \leqslant x \leqslant 30\,000 \\ 6\,600 + 0.4(x - 30\,000), & x > 30\,000 \end{cases}$$

求 $T'(x)$.

解　当 $0 < x < 30\,000$ 时，有

$$T'(x) = \lim_{h \to 0} \frac{T(x + h) - T(x)}{h}$$

$$= \lim_{h \to 0} \frac{0.22(x + h) - 0.22x}{h} = 0.22$$

当 $x > 30\,000$ 时，有

$$T'(x) = \lim_{h \to 0} \frac{T(x + h) - T(x)}{h}$$

$$= \lim_{h \to 0} \frac{6\,600 + 0.4(x + h - 30\,000) - \left[6\,600 + 0.4(x - 30\,000)\right]}{h}$$

$$= \lim_{h \to 0} \frac{0.4h}{h} = 0.4$$

当 $x = 0$ 时,有

$$T'_{+}(0) = \lim_{h \to 0^{+}} \frac{T(0 + h) - T(0)}{h} = \lim_{h \to 0^{+}} \frac{0.22h}{h} = 0.22$$

当 $x = 30\,000$ 时,有

$$T'_{+}(30\,000) = \lim_{h \to 0^{+}} \frac{T(30\,000 + h) - T(30\,000)}{h}$$

$$= \lim_{h \to 0^{+}} \frac{6\,600 + 0.4h - 6\,600}{h} = 0.4$$

$$T'_{-}(30\,000) = \lim_{h \to 0^{-}} \frac{T(30\,000 + h) - T(30\,000)}{h}$$

$$= \lim_{h \to 0^{-}} \frac{6\,600 + 0.22h - 6\,600}{h} = 0.22$$

因为 $T'_{-}(30\,000) \neq T'_{+}(30\,000)$,所以 $T(x)$ 在 $x = 30\,000$ 处不可导.

综上可得

$$T'(x) = \begin{cases} 0.22, & 0 \leqslant x < 30\,000 \\ 0.4, & x > 30\,000 \end{cases}$$

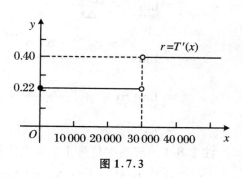

图 1.7.3

注 1.7.2 $T'(x)$ 即是我们通常所说的边际税率,所求函数 $T'(x)$ 的表达式也是阶梯函数,如图 1.7.3 所示,函数的图像可看成一段阶梯.

1.8 多项式函数求导法则

在实际运算中,我们不可能一直根据导函数的定义来求导. 为了方便大家计算,我们将逐步给出常用函数的导数法则. 在这一节中,我们将要通过常数函数导数、幂函数导数,以及求导加减法则,给出平时最常用的一类函数 —— 多项式函数的导数公式.

1.8.1　常数函数导数

> 若 $f(x) = C$，则 $f'(x) = 0$.

证　$f'(x) = \lim\limits_{h \to 0} \dfrac{f(x+h) - f(x)}{h} = \lim\limits_{h \to 0} \dfrac{0}{h} = 0$.

1.8.2　幂函数导数

> $$\frac{\mathrm{d}x^n}{\mathrm{d}x} = nx^{n-1} \quad （n \text{ 为任意的实数}）$$

证　我们仅证 n 为自然数的情况．设 $f(x) = x^n$，则

$$
\begin{aligned}
f'(x) &= \lim_{\Delta x \to 0} \frac{f(x + \Delta x) - f(x)}{\Delta x} \\
&= \lim_{\Delta x \to 0} \frac{(x + \Delta x)^n - x^n}{\Delta x} \\
&= \lim_{\Delta x \to 0} \frac{x^n + nx^{n-1} \cdot \Delta x + \dfrac{n(n-1)}{2} \cdot (\Delta x)^2 + \cdots + (\Delta x)^n - x^n}{\Delta x} \\
&= \lim_{\Delta x \to 0} \left[nx^{n-1} + \frac{n(n-1)}{2} \cdot \Delta x + \cdots + (\Delta x)^{n-1} \right] \\
&= nx^{n-1}
\end{aligned}
$$

注 1.8.1　证明中使用了二项式的展开法则：

$(x + \Delta x)^2 = x^2 + 2x \cdot \Delta x + (\Delta x)^2$

$(x + \Delta x)^3 = x^3 + 3x^2 \cdot \Delta x + 3x \cdot (\Delta x)^2 + (\Delta x)^3$

$\cdots$

$(x + \Delta x)^n = x^n + nx^{n-1} \cdot \Delta x + \dfrac{n(n-1)}{2} x^{n-2} \cdot (\Delta x)^2 + \cdots + (\Delta x)^n$

1.8.3　数乘法则

> 若函数 $f(x)$ 存在导函数，c 为一实常数，则
> $$\frac{\mathrm{d}\left[cf(x) \right]}{\mathrm{d}x} = cf'(x)$$

证　$\dfrac{\mathrm{d}[cf(x)]}{\mathrm{d}x} = \lim\limits_{\Delta x \to 0} \dfrac{cf(x + \Delta x) - cf(x)}{\Delta x}$

$\qquad\qquad = c \lim\limits_{\Delta x \to 0} \dfrac{f(x + \Delta x) - f(x)}{\Delta x} = cf'(x).$

把数乘法则和幂函数求导法则结合起来,可得 $\dfrac{\mathrm{d}}{\mathrm{d}x}(cx^n) = c \cdot nx^{n-1}$,其中 n 和 c 是常数.

例 1.8.1　硝酸甘油是一种能扩充血管的药物,假如使用药物 t 小时后某处血管的面积为 $A(t) = 0.01t^2 (1 \leqslant t \leqslant 5)$,$A(t)$ 的单位是 cm^2. 求使用硝酸甘油 4 小时后血管面积的瞬时变化率.

解　计算得

$$\frac{\mathrm{d}A(t)}{\mathrm{d}t} = \frac{\mathrm{d}(0.01t^2)}{\mathrm{d}t} = 0.01 \frac{\mathrm{d}t^2}{\mathrm{d}t} = 0.01 \times 2t = 0.02t$$

因此我们可得 4 小时后血管的面积变化率为 $\left.\dfrac{\mathrm{d}A(t)}{\mathrm{d}t}\right|_{t=4} = 0.08 \ \mathrm{cm}^2/\mathrm{h}.$

1.8.4　加减法则

对于函数 $y = 4x + 5x^2$ 的导数,大家可能不假思索直接由 $(4x)' = 4$,$(5x^2)' = 10x$,而给出 $y' = 4 + 10x$. 事实上,这正是我们要给出的加减求导法则.

$$\frac{\mathrm{d}}{\mathrm{d}x}[f(x) + g(x)] = f'(x) + g'(x)$$

$$\frac{\mathrm{d}}{\mathrm{d}x}[f(x) - g(x)] = f'(x) - g'(x)$$

结合前面的求导规律,对于多项式函数

$$y = a_n x^n + a_{n-1} x^{n-1} + a_{n-2} x^{n-2} + \cdots + a_1 x + a_0$$

我们可以直接给出其导函数为

$$y' = na_n x^{n-1} + (n-1)a_{n-1} x^{n-2} + (n-2)a_{n-2} x^{n-3} + \cdots + 2a_2 x + a_1$$

例 1.8.2　一些海洋生物学家发出倡议:建议人类采取一系列的保护措施,以避免某种鲸鱼灭绝. 学者们希望在采取这些保护措施 t 年末鱼群的数量为

$$N(t) = 3t^3 + 2t^2 - 10t + 600 \quad (0 \leqslant t \leqslant 10)$$

$N(t)$ 表示在保护措施实施 t 年末鲸鱼种群数量(单位:头). 请给出 $t = 2,4,8$ 时的种群增长率.

解 因为

$$\frac{\mathrm{d}N(t)}{\mathrm{d}t} = \frac{\mathrm{d}}{\mathrm{d}t}(3t^3 + 2t^2 - 10t + 600) = 9t^2 + 4t - 10$$

所以我们可得 $t = 2$ 时种群增长率为 $\dfrac{\mathrm{d}[N(t)]}{\mathrm{d}t}\Big|_{t=2} = (9t^2 + 4t - 10)|_{t=2} = 34$ 头 / 年.

类似地,可得 $t = 4,8$ 时增长率分别为 150 头 / 年和 598 头 / 年. 我们发现随着保护措施的实施,鲸鱼种群数量会逐步大量增加.

例 1.8.3 $2000 \sim 2005$ 年美国的社保受益人数可由下面的模型表示:

$$N = 31.27t^2 + 447.06t + 45.412 \quad (0 \leqslant t \leqslant 5)$$

其中 t 代表年份,从 2000 年开始计数($t = 0$ 表示 2000 年),N 的单位是千人. 请给出 2002 年的社保受益人数的变化率.

解 由多项式函数的求导法则可得

$$\frac{\mathrm{d}N}{\mathrm{d}t} = 62.54t + 447.06 \quad (0 \leqslant t \leqslant 5)$$

所以 2002 年社保受益人数的变化率为 $62.54 \times 2 + 447.06 = 572.14$ 千人 / 年.

1.9　高　阶　导　数

前面已学习了函数 $y = f(x)$ 的一阶导数为 $f'(x)$,显然 $f'(x)$ 仍是关于 x 的函数,故我们还可以对函数 $f'(x)$ 关于 x 求导数,记为 $f''(x)$,并且称 $f''(x)$ 为函数 $y = f(x)$ 的二阶导数. 类似地,$f''(x)$ 也可以关于 x 求导数,进而得到 $y = f(x)$ 的三阶导数,记为 $f'''(x)$. 如此下去,便得到函数 $y = f(x)$ 的高阶导数.

高阶导数的记号

2 阶导数:y'',$f''(x)$,$\dfrac{\mathrm{d}^2 y}{\mathrm{d}x^2}$,$\dfrac{\mathrm{d}^2}{\mathrm{d}x^2}[f(x)]$

3 阶导数:y''',$f'''(x)$,$\dfrac{\mathrm{d}^3 y}{\mathrm{d}x^3}$,$\dfrac{\mathrm{d}^3}{\mathrm{d}x^3}[f(x)]$

4 阶导数:$y^{(4)}$,$f^{(4)}(x)$,$\dfrac{\mathrm{d}^4 y}{\mathrm{d}x^4}$,$\dfrac{\mathrm{d}^4}{\mathrm{d}x^4}[f(x)]$

……

n 阶导数:$y^{(n)}$,$f^{(n)}(x)$,$\dfrac{\mathrm{d}^n y}{\mathrm{d}x^n}$,$\dfrac{\mathrm{d}^n}{\mathrm{d}x^n}[f(x)]$

例 1.9.1 求函数 $f(x) = 2x^4 - 3x^2$ 的五阶导数.

解 由多项式函数的求导法则可得

$$f'(x) = 8x^3 - 6x$$
$$f''(x) = 24x^2 - 6$$
$$f'''(x) = 48x$$
$$f^{(4)}(x) = 48$$
$$f^{(5)}(x) = 0$$

通过例 1.9.1 我们发现,对多项式函数求导,每一次求导都让其次数降一次,最终变为常数零.特别地,对于多项式

$$f(x) = a_n x^n + a_{n-1} x^{n-1} + a_{n-2} x^{n-2} + \cdots + a_1 x + a_0$$

$f^{(n)}(x) = n! a_n$,其中 $n! = 1 \times 2 \times \cdots \times n$,而 $f(x)$ 的 $n+1, n+2, \cdots$ 阶导数均为 0.多项式函数是唯一具有这种特性的函数.

1.9.1 加速度

1985 年,美国一家报纸头条报道了国防部长抱怨国会和参议院削减了国防预算,但是正如他的对手反驳的那样,国会仅仅是削减了国防预算增长的变化率.可见变化率的变化率同实际情况紧密联系,而作为二阶导数,其讨论的就是变化率的变化率,因为我们可以把一阶导数解释为变化率.下面我们来看看位移的二阶导数的意义.

在前面我们已经掌握了对位移关于时间求一阶导数可求出速度,即位移关于时间的变化率.在物理学中,定义速度关于时间的变化率为加速度,所以位移关于时间的二阶导数是加速度.这样我们在研究运动物体时,可以给出反映其状态的三种函数:

$$S = f(t) \quad (位移函数)$$
$$\frac{\mathrm{d}S}{\mathrm{d}t} = f'(t) \quad (速度函数)$$
$$\frac{\mathrm{d}^2 S}{\mathrm{d}t^2} = f''(t) \quad (加速度函数)$$

注 1.9.1 通常我们使用术语——加速度或速度,并认为它们都是瞬时的,而平均加速度则指的是某一时间段上速度的平均变化率.

例 1.9.2 某人站在 160 m 的楼上,以初始速度 10 m/s 垂直向空中抛一物体,

使其做竖直上抛运动,离地面的高度 S(单位:m) 的方程为 $S = -4.9t^2 + 10t + 160$,其中 t 为时间(单位:s).问 $t = 3\,\mathrm{s}$ 时物体离地面的高度、运动的速度、加速度各为多少?

解　易知

$$S = -4.9t^2 + 10t + 160 \quad (位移函数)$$

$$\frac{\mathrm{d}S}{\mathrm{d}t} = -9.8t + 10 \quad (速度函数)$$

$$\frac{\mathrm{d}^2 S}{\mathrm{d}t^2} = -9.8 \quad (加速度函数)$$

因此,可得 $t = 3\,\mathrm{s}$ 时物体距离地面的高度为 $146.8\,\mathrm{m}$,速度为 $-19.4\,\mathrm{m/s}$,加速度为 $-9.8\,\mathrm{m/s^2}$.

注 1.9.2　速度与加速度是负数,因为我们采取向上的运动方向为正向,即加速度与速度是向下的,这是由地球的吸引力造成的,而在不同的星球上吸引力往往是不相同的.下面我们来看一个在月球上抛物体的例子.

例 1.9.3　一位宇航员站在月球上,向太空抛一个石块,石块离月球表面的高度 S(单位:m) 的方程为 $S = -\frac{49}{60}t^2 + 27t + 6$,其中 t 为时间(单位:s).求石块运动的加速度.

解　易知

$$S = -\frac{49}{60}t^2 + 27t + 6 \quad (位移函数)$$

$$\frac{\mathrm{d}S}{\mathrm{d}t} = -\frac{49}{30}t + 27 \quad (速度函数)$$

$$\frac{\mathrm{d}^2 S}{\mathrm{d}t^2} = -\frac{49}{30} \quad (加速度函数)$$

因此,任何时刻石块的加速度都为 $-\frac{49}{30} \approx -1.63\,\mathrm{m/s^2}$.

注 1.9.3　例 1.9.3 忽略了空气的阻力,因为月球上几乎没有空气,这表示任何在月球上竖直上抛物体的高度函数为

$$S = -\frac{49}{60}t^2 + v_0 t + h_0$$

其中 t 为时间(单位:s),v_0 为初始速度(取向上的方向为正方向),h_0 为初始高度.这也是 1971 年宇航员大卫·斯科特在月球上同时放羽毛和锤子,两者几乎同时落地的原因.

例 1.9.4　某用户用电脑下载电影,初始阶段下载速度不断提高,在 5 秒内速度由 0 KB/s 提升到 27 KB/s. 表 1.9.1 给出了该电脑的下载速度,求在 $1 \leqslant t \leqslant 2$ 时间段上电脑的平均下载加速度.

表 1.9.1　下载速度

时间(单位:s)	0	1	2	3	4	5
下载速度(单位:KB/s)	0	10	16	21	24	27

解　测定某一时间段上的平均加速度,即求该时间段上速度的平均变化率(单位:KB/s²),因此 $1 \leqslant t \leqslant 2$ 上的平均加速度为

$$\frac{16 - 10}{2 - 1} = 6 \, (\text{KB/s}^2)$$

例 1.9.5　图 1.9.1 是电脑下载速度 v(单位:MB/s)关于时间 t(单位:s)的图像,直线 L_{PQ} 为曲线 $v(t)$ 在点 $P(1, 0.18)$ 处的切线,Q 点的坐标为 $(2, 0.28)$,试估计在 $t = 1$ 时电脑下载的加速度.

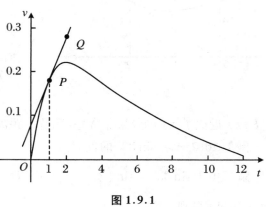

图 1.9.1

解　当 $t = 1$ 时,加速度等于导数 $v'(1)$,即速度曲线在 $t = 1$ 处的切线斜率,计算得 $t = 1$ 时,加速度为

$$\frac{0.28 - 0.18}{2 - 1} = 0.1 \, (\text{MB/s}^2)$$

1.10　线性估计与微分

在工程问题中经常会遇到一些复杂的计算,利用线性估计往往能取得化繁为简的效果.

在 1.6 节中我们就介绍了,若函数 $y = f(x)$ 在 $x = a$ 处可导,则 $y = f(x)$ 在该点的切线方程为 $y = L(x) = f(a) + f'(a)(x - a)$,那么据此可估计得 $y =$

$f(x)$ 在该点附近的函数值为

$$f(x) \approx f(a) + f'(a)(x - a) \quad (x \approx a) \tag{1.10.1}$$

并称直线 $L(x) = f(a) + f'(a)(x - a)$ 为函数 $y = f(x)$ 在 $x = a$ 处的线性估计（也叫局部线性化）.

设 $f(x)$ 分别是 $\sin x, \tan x, \ln(1+x)$ 和 e^x，令 $x_0 = 0$，则由式 (1.10.1)，可得这些函数在坐标原点附近的近似公式：

$$\sin x \approx x, \qquad \tan x \approx x$$
$$\ln(1 + x) \approx x, \quad e^x \approx 1 + x$$

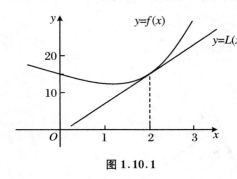

图 1.10.1

例 1.10.1 求 $f(x) = 15 - 4x + x^3$ 在 $x = 2$ 处的线性估计 $y = L(x)$.

解 因为

$$L(x) = f(2) + f'(2)(x - 2)$$

又 $f'(x) = 3x^2 - 4$，故 $f'(2) = 8$，从而有

$$L(x) = 15 + 8(x - 2) = 8x - 1$$

从图 1.10.1 发现，在 $x = 2$ 附近函数 $L(x)$ 近似 $f(x)$ 的效果非常好，但是 x 距离 2 越远效果越差.

例 1.10.2 求 $\sin 33°$ 的近似值.

解 由于 $\sin 33° = \sin\left(\dfrac{\pi}{6} + \dfrac{\pi}{60}\right)$，所以取 $f(x) = \sin x$，$x_0 = \dfrac{\pi}{6}$，$\Delta x = \dfrac{\pi}{60}$. 由式 (1.10.1) 得到

$$\sin 33° \approx \sin\frac{\pi}{6} + \cos\frac{\pi}{6} \cdot \frac{\pi}{60} = \frac{1}{2} + \frac{\sqrt{3}}{2} \cdot \frac{\pi}{60} \approx 0.545$$

例 1.10.3 法国航空公司在英国和法国之间的直线航线测试和谐号超音速客机，飞机起飞后 1 小时飞行了 975 km，瞬时速度为 1 520 km/h. 试给出 1 小时 6 分钟后的飞行距离.

解 假定 $S = S(t)$ 是和谐号客机起飞 t 小时后的位移，由题目可知 $S(1) = 975\,(\text{km})$，$S'(1) = 1\,520\,(\text{km/h})$，则

$$S(1.1) \approx 975 + 1\,520(1.1 - 1) = 1\,127$$

因此飞机起飞 1 小时 6 分钟后的飞行距离大约为 1 127 km.

例 1.10.4 "70 规则"是估算一笔钱在银行翻倍所需时间的经验说法. 它指的是如果一笔钱存入银行的年复利为 $i\%$，当 i 很小时，需要 $70/i$ 年可以翻倍. 利用

$\ln(1+x)$ 的局部线性化, 验证上述规则.

解　令 $r = \dfrac{i}{100} = i\%$（例如, 若 $i=5$, 则 $r=0.05$）, 那么 t 年后银行存款 B 可用下式表示:

$$B = P(1+r)^t$$

这里 P 为开始存入银行的钱数. 所谓存款翻倍, 即 $B=2P$, 代入上式, 可得

$$2P = P(1+r)^t$$

两边约去 P, 并取自然对数, 可得

$$\ln 2 = t\ln(1+r) \quad \Rightarrow \quad t = \frac{\ln 2}{\ln(1+r)}$$

因为在坐标原点附近, $\ln(1+x) \approx x$, 所以 i 很小时（此时 r 也很小）, 有 $\ln(1+r) \approx r$, 从而

$$t = \frac{\ln 2}{\ln(1+r)} \approx \frac{\ln 2}{r} = \frac{100\ln 2}{i} \approx \frac{69.3}{i} \approx \frac{70}{i}$$

这正是我们常说的"70 规则".

1.10.1　线性估计在极限中的应用

在求极限的过程中, 利用下面的法则往往能取得化繁为简的效果.

> 　　若 $f(x)$ 与 $g(x)$ 在 $x \to a$ 时, 极限为 0, 并且线性估计分别为 $f'(x)$ 与 $g'(x)$, 则有
> $$\lim_{x\to a}\frac{f(x)}{g(x)} = \lim_{x\to a}\frac{f'(x)}{g'(x)}$$

注 1.10.1　（1）将 $x \to a$ 换成 $x \to a^+$ 等其他几种变化过程, 结论也是成立的.

（2）在进行线性估计替换时, 只能替换整个分子、分母, 或者分子与分母中极限为 0 的因式; 若分子或者分母是多项式, 一般不能进行替换.

（3）当 $x \to 0$ 时, 利用线性估计, 常用的替换有:

（a）$\sin x, \tan x, \arcsin x, \arctan x$ 替换为 x;

（b）$\mathrm{e}^x - 1$ 与 $\ln(1+x)$ 替换为 x;

（c）$a^x - 1$ 替换为 $x\ln a$;

（d）$\sqrt[n]{1+x} - 1$ 替换为 $\dfrac{x}{n}$.

例 1.10.5　求 $\lim\limits_{x \to 0} \dfrac{x \ln (1 + 3x)}{\arctan (x^2)}$.

解　因为当 $x \to 0$ 时，$\ln (1 + 3x)$ 的线性估计为 $3x$，$\arctan x^2$ 的线性估计为 x^2，所以

$$原式 = \lim\limits_{x \to 0} \frac{x \cdot 3x}{x^2} = 3$$

例 1.10.6　求 $\lim\limits_{x \to 0} \dfrac{\sqrt[3]{1 + x^2} - 1}{x \ln (1 + x)}$.

解　因为当 $x \to 0$ 时，$\ln (1 + x)$ 的线性估计为 x，$\sqrt[3]{1 + x^2} - 1$ 的线性估计为 $\dfrac{x^2}{3}$，所以

$$原式 = \lim\limits_{x \to 0} \frac{\dfrac{x^2}{3}}{x^2} = \frac{1}{3}$$

例 1.10.7　求 $\lim\limits_{x \to 0} \dfrac{\mathrm{e}^x - \mathrm{e}^{\sin x}}{x - \sin x}$.

解　$原式 = \lim\limits_{x \to 0} \dfrac{\mathrm{e}^{\sin x}(\mathrm{e}^{x - \sin x} - 1)}{x - \sin x} = \lim\limits_{x \to 0} \dfrac{\mathrm{e}^{\sin x}(x - \sin x)}{x - \sin x} = \lim\limits_{x \to 0} \mathrm{e}^{\sin x} = 1.$

注 1.10.2　下面的解法是错误的：

$$原式 = \lim\limits_{x \to 0} \frac{(\mathrm{e}^x - 1) - (\mathrm{e}^{\sin x} - 1)}{x - \sin x} = \lim\limits_{x \to 0} \frac{x - \sin x}{x - \sin x} = 1$$

1.10.2　微分

若函数 $y = f(x)$ 在 $x = a$ 处可导，则规定微分 $\mathrm{d}x$ 与 $\mathrm{d}f$ 分别代表函数 $f(x)$ 的切线方程在 $x = a$ 处横坐标和纵坐标的改变量，如图 1.10.2 所示.

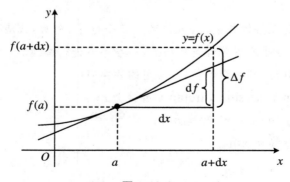

图 1.10.2

因此,若 $\mathrm{d}x \neq 0$,则 $\dfrac{\mathrm{d}f}{\mathrm{d}x}$ 代表切线的斜率,即 $\dfrac{\mathrm{d}f}{\mathrm{d}x} = f'(a)$. 注意这里的 $\dfrac{\mathrm{d}f}{\mathrm{d}x}$ 是两个数值比(横、纵坐标改变量之比),并非是导数的记号.据此,可得 $\mathrm{d}f = f'(a)\mathrm{d}x$. 因为 $f'(a)$ 为常数,故可知 $\mathrm{d}f$ 是 $\mathrm{d}x$ 的函数.

从图 1.10.2 可得,当 $\mathrm{d}x \to 0$ 时,$\Delta f = f(a + \mathrm{d}x) - f(a) \approx \mathrm{d}f$. 而对于 $\mathrm{d}f$,有

$$
\begin{aligned}
\mathrm{d}f &= f(a + \mathrm{d}x) - f(a) \\
&= f(a) + f'(a)\big[(a + \mathrm{d}x) - a\big] - f(a) \\
&= f'(a)\mathrm{d}x
\end{aligned}
$$

所以当 x 从 a 移动到 $a + \mathrm{d}x$ 时,可用三种方式来描述函数 $y = f(x)$ 的变化,见表 1.10.1.

表 1.10.1

	真实变化	估计变化
绝对变化	$\Delta f = f(a + \mathrm{d}x) - f(a)$	$\mathrm{d}y = f'(a)\mathrm{d}x$
相对变化	$\dfrac{\Delta f}{f(a)}$	$\dfrac{\mathrm{d}f}{f(a)}$
百分比变化	$\dfrac{\Delta f}{f(a)} \times 100\%$	$\dfrac{\mathrm{d}f}{f(a)} \times 100\%$

类似于函数的导数,我们定义 $\mathrm{d}f = f'(a)\mathrm{d}x$ 为函数 $y = f(x)$ 在 $x = a$ 处的微分;若函数 $y = f(x)$ 在区间 I 中任意一点微分都存在,则称函数 $y = f(x)$ 在 I 上可微,并记为 $\mathrm{d}f = f'(x)\mathrm{d}x$.

例 1.10.8　19 世纪法国著名生理学家泊肃叶(Poiseuille),制定了圆管内液体层流速的公式:$V = kr^4$,即流体以固定的压力在单位时间内流过细管的体积 V 等于一个常数乘以管半径 r 的四次幂.至今我们仍用其来预测扩张受阻塞的动脉半径为多少时,才能恢复正常的血液流动.试问:若半径增加 10%,对 V 的影响有多大?

解　由方程 $V = kr^4$,可得 r 与 V 的微分关系为 $\mathrm{d}V = 4kr^3\mathrm{d}r$,因此 V 的相对变化为

$$
\frac{\mathrm{d}V}{V} = \frac{4kr^3\mathrm{d}r}{kr^4} = 4\,\frac{\mathrm{d}r}{r}
$$

由上式可得 V 的相对变化为 r 的相对变化的 4 倍,所以若半径增加 10%,则 V 增加 40%,即增加 40% 的血液流量.

例 1.10.9　设钟摆的周期是 1 s,在冬季摆长至多缩短 0.01 cm.试问:此钟每天至多快几秒?

解　由物理学知道,单摆周期与摆长 l 的关系为

$$T = 2\pi \sqrt{\frac{l}{g}}$$

其中 g 是重力加速度.已知钟摆周期为 1 s,故此钟摆原长为

$$l_0 = \frac{g}{(2\pi)^2}$$

当摆长至多缩短 0.01 cm 时,摆长的增量 $\Delta l = -0.01$,它引起单摆周期的增量为

$$\Delta T \approx \frac{\mathrm{d}T}{\mathrm{d}l}\bigg|_{l=l_0} \cdot \Delta l = \frac{\pi}{\sqrt{g}} \cdot \frac{1}{\sqrt{l_0}}\Delta l = \frac{2\pi^2}{g}\Delta l$$

$$= \frac{2\pi^2}{980}(-0.01) \approx -0.000\,2 \text{ (s)}$$

这就是说,约加快 0.000 2 秒,因此每天大约加快

$$60 \times 60 \times 24 \times 0.000\,2 = 17.28 \text{ (s)}$$

习　题　1

1. 一辆汽车以不变的速度行驶,画出这辆汽车行驶距离作为时间的函数图像.

2. 一辆汽车以递增的速度行驶,画出这辆汽车行驶距离作为时间的函数图像.

3. 一辆汽车以一个高速度出发,然后它的速度慢慢地减小,画出它的行驶距离作为时间的函数图像.

4. 已知自由落体的运动方程为 $S = \frac{1}{2}gt^2$.求:

(1) 落体在 t_0 到 $t_0 + \Delta t$ 这段时间内的平均速度;

(2) 落体在 t_0 时的瞬时速度;

(3) 落体在 $t_0 = 2$ s 到 $t_1 = 2.1$ s 这段时间内的平均速度;

(4) 落体在 $t = 2$ s 时的瞬时速度.

5. 一城市 4 月份某天的温度 $T(℃)$ 和时间 $x(h)$ 的数据如表所示,其中,时间 x 为从午夜零时起开始计时的小时点数,其对应温度为 $T(℃)$.

(1) 在以下时间段内,求温度变化的平均速度:

① 从中午 12 时到下午 3 时;

② 从中午 12 时到下午 2 时;

③ 从中午 12 时到下午 1 时；

(2) 估计中午 12 时温度变化的瞬时速度.

题 5 表

$T(℃)$	6.1	5.6	4.9	4.2	4.0	4.0	4.8	6.1	8.3	10.0	12.1	14.3	
$x(h)$	1	2	3	4	5	6	7	8	9	10	11	12	
$T(℃)$	16	17.3	18.2	18.8	17.6	16.0	14.1	11.5	10.2	9.0	7.9	7.0	6.5
$x(h)$	13	14	15	16	17	18	19	20	21	22	23	24	0

6. 用你自己的语言解释下面的等式有何含义：

$$\lim_{x \to 2} f(x) = 5$$

如果 $f(2) = 3$，那么这个论断是否可能成立？请解释.

7. 解释以下等式的含义：

$$\lim_{x \to 1^-} f(x) = 3 \quad 和 \quad \lim_{x \to 1^+} f(x) = 7$$

此时极限 $\lim_{x \to 1} f(x)$ 是否可能成立？请解释.

8. 计算下列无穷大极限：

(1) $\lim\limits_{x \to 5^+} \dfrac{6}{x - 5}$；

(2) $\lim\limits_{x \to 5^-} \dfrac{6}{x - 5}$；

(3) $\lim\limits_{x \to 1} \dfrac{2 - x}{(x - 1)^2}$；

(4) $\lim\limits_{x \to 0} \dfrac{x - 1}{x^2(x + 2)}$；

(5) $\lim\limits_{x \to -2^+} \dfrac{x - 1}{x^2(x + 2)}$；

(6) $\lim\limits_{x \to \pi^-} \csc x$.

9. 求下面函数的垂直渐近线：

$$y = \frac{x}{x^2 - x - 2}$$

10. 在相对论中，速度为 v 的质点的质量是

$$m = \frac{m_0}{\sqrt{1 - v^2/c^2}}$$

其中 m_0 是质点的静质量，c 是光速，当 $v \to c^-$ 时会发生什么？

11. 计算下面的极限：

(1) $\lim\limits_{x \to 2} \dfrac{x^2 + x - 6}{x - 2}$；

(2) $\lim\limits_{x \to -4} \dfrac{x^2 + 5x + 4}{x^2 + 3x - 4}$；

(3) $\lim\limits_{x \to 2} \dfrac{x^2 - x + 6}{x - 2}$；

(4) $\lim\limits_{x \to 4} \dfrac{x^2 - 4x}{x^2 - 3x - 4}$；

(5) $\lim\limits_{t \to -3} \dfrac{t^2 - 9}{2t^2 + 7t + 3}$；

(6) $\lim\limits_{x \to -1} \dfrac{x^2 - 4x}{x^2 - 3x - 4}$；

(7) $\lim\limits_{h\to 0}\dfrac{(4+h)^2-16}{h}$;

(8) $\lim\limits_{x\to 1}\dfrac{x^3-1}{x^2-1}$;

(9) $\lim\limits_{h\to 0}\dfrac{(1+h)^4-1}{h}$;

(10) $\lim\limits_{h\to 0}\dfrac{(2+h)^3-8}{h}$;

(11) $\lim\limits_{t\to 9}\dfrac{9-t}{3-\sqrt{t}}$;

(12) $\lim\limits_{h\to 0}\dfrac{\sqrt{1+h}-1}{h}$;

(13) $\lim\limits_{x\to 7}\dfrac{\sqrt{x+2}-3}{x-7}$;

(14) $\lim\limits_{x\to 2}\dfrac{x^4-16}{x-2}$;

(15) $\lim\limits_{x\to -4}\dfrac{\frac{1}{4}+\frac{1}{x}}{4+x}$;

(16) $\lim\limits_{t\to 0}\left(\dfrac{1}{t}-\dfrac{1}{t^2+t}\right)$;

(17) $\lim\limits_{x\to 9}\dfrac{x^2-81}{\sqrt{x}-3}$;

(18) $\lim\limits_{h\to 0}\dfrac{(3+h)^{-1}-3^{-1}}{h}$.

12. 一个停车场第一个小时(或不到一小时)收费 3 美元,以后每小时(或不到整时)收费 2 美元,每天最多收费 10 美元.

(1) 画出在此停车场的收费作为停车时间的函数图像.

(2) 讨论此函数的间断点以及它们对于停车人的意义.

13. 利用连续计算极限:

(1) $\lim\limits_{x\to 4}\dfrac{5+\sqrt{x}}{\sqrt{5+x}}$;

(2) $\lim\limits_{x\to \pi}\sin(x+\sin x)$;

(3) $\lim\limits_{x\to 1}e^{x^2-x}$;

(4) $\lim\limits_{x\to 2}\arctan\dfrac{x^2-4}{3x^2-6x}$.

14. 找出常数 c,使得 $g(x)$ 在 $(-\infty,+\infty)$ 上连续:

$$g(x)=\begin{cases} x^2-c^2, & x<4 \\ cx+20, & x\geqslant 4 \end{cases}$$

15. 如果 $f(x)=x^3-x^2+x$,证明:存在一个数 c,使得 $f(c)=10$.

16. 应用介值定理证明:存在一个正数 c,使得 $c^2=2$(这证明了 $\sqrt{2}$ 的存在性).

17. 设 $e^x=2-x$.

(1) 证明原方程至少有一个实根.

(2) 使用计算器找出一个包含一个根,且长度为 0.01 的区间.

18. 设 $x^5-x^2+2x+3=0$.

(1) 证明原方程至少有一个实根.

(2) 使用计算器找出一个包含一个根,且长度为 0.01 的区间.

19. 计算下列极限:

(1) $\lim\limits_{x\to +\infty}\dfrac{1}{2x+3}$;

(2) $\lim\limits_{x\to +\infty}\dfrac{3x+5}{x-4}$;

(3) $\lim\limits_{x\to-\infty}\dfrac{1-x-x^2}{2x^2-7}$；

(4) $\lim\limits_{y\to+\infty}\dfrac{2-3y^2}{5y^2+4y}$；

(5) $\lim\limits_{x\to+\infty}\dfrac{x^3+5x}{2x^3-x^2+4}$；

(6) $\lim\limits_{t\to-\infty}\dfrac{t^2+2}{t^3+t^2-1}$；

(7) $\lim\limits_{a\to+\infty}\dfrac{4a^4+5}{(a^2-2)(2a^2-1)}$；

(8) $\lim\limits_{x\to+\infty}\dfrac{x+2}{\sqrt{9x^2+1}}$；

(9) $\lim\limits_{x\to+\infty}\dfrac{\sqrt{9x^6-x}}{x^3+1}$；

(10) $\lim\limits_{x\to-\infty}\dfrac{\sqrt{9x^6-x}}{x^3+1}$；

(11) $\lim\limits_{x\to+\infty}(\sqrt{9x^2+x}-3x)$；

(12) $\lim\limits_{x\to-\infty}(x+\sqrt{x^2+2x})$；

(13) $\lim\limits_{x\to+\infty}(\sqrt{x^2+ax}-\sqrt{x^2+bx})$；

(14) $\lim\limits_{x\to+\infty}\cos x$；

(15) $\lim\limits_{x\to+\infty}\sqrt{x}$；

(16) $\lim\limits_{x\to-\infty}\sqrt[3]{x}$；

(17) $\lim\limits_{x\to+\infty}(x-\sqrt{x})$；

(18) $\lim\limits_{x\to+\infty}\dfrac{x^3-2x+3}{5-2x^2}$；

(19) $\lim\limits_{x\to-\infty}(x^4+x^5)$；

(20) $\lim\limits_{x\to+\infty}\arctan(x^2-x^4)$；

(21) $\lim\limits_{x\to+\infty}\dfrac{x+x^3+x^5}{1-x^2+x^4}$；

(22) $\lim\limits_{x\to(\pi/2)^-}e^{\tan x}$.

20. 什么叫函数 $y=f(x)$ 在 x_0 点处的导数？在 x_0 点，$\dfrac{\Delta y}{\Delta x}$ 与 $\lim\limits_{\Delta x\to0}\dfrac{\Delta y}{\Delta x}$ 有何区别？在什么条件下，二者相等？举例说明.

21. 试说明函数 $f(x)$ 在 x_0 的导数 $f'(x_0)$ 也可以写为 $\lim\limits_{\Delta x\to0}\dfrac{f(x_0+\Delta x)-f(x_0)}{\Delta x}$.

22. 函数 $y=f(x)$ 在 x_0 点处可导，曲线 $y=f(x)$ 是否在 $(x_0,f(x_0))$ 点处有切线？若曲线 $y=f(x)$ 在 $(x_0,f(x_0))$ 点处有切线，函数 $y=f(x)$ 是否在 x_0 点处有导数？

23. 从定义出发，求下列函数在 $x=0,x=1$ 处的导数：

(1) $f(x)=3x^2$；

(2) $f(x)=\dfrac{1}{1+x}$；

(3) $f(x)=\sin x$；

(4) $f(x)=\sqrt{1+x}$.

24. 求函数 $f(x)=x^2$ 在点 $x=1$ 处的导数，并求曲线在点 $(1,1)$ 处的切线方程.

25. 设某种细菌繁殖的规律是 $p(t)=60t^2$，其中 t 以小时计，$p(t)$ 是细菌在时间 t 时的个数.求(1) $t=0$；(2) $t=2$；(3) $t=5$ 时细菌的繁殖率.

26. 气球半径 r 是关于气球体积的函数，其函数表达式为

$$r(V)=\left(\frac{3V}{4\pi}\right)^{1/3}$$

(1) 分别求在区间 $0.5\leqslant V\leqslant1$ 和 $1\leqslant V\leqslant1.5$ 上，半径 r 关于 V 的平均变化率；

(2) 由上述的平均变化率，估算在 $V=1$ 时，相对于气球体积改变的球半径的瞬时变

化率.

27. 将图所示曲线中用英文字母标出的点填入下表中，使得该点与其斜率相匹配.

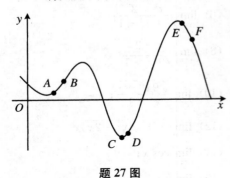

题 27 图

题 27 表

斜率	点
− 3	
− 1	
0	
1/2	
1	
2	

28. 函数 $f(x)$ 在某点 x_0 处的导数 $f'(x_0)$ 与导函数 $f'(x)$ 有什么区别和联系？

29. 设 $f'(x_0)$ 存在，求 $\lim\limits_{h \to 0} \dfrac{f(x_0 - h) - f(x_0)}{h}$.

30. 求下列函数的导数：

(1) $f(x) = x^4$；　　　　　　　　　　(2) $f(x) = \sqrt{x}$；

(3) $f(x) = 12 + 7x$；　　　　　　　　(4) $f(x) = \dfrac{1}{x}$；

(5) $f(x) = \dfrac{4x}{x + 1}$；　　　　　　　　(6) $f(x) = 5x^2 + 3x - 2$.

31. 根据下表，用数值方法估计 $f'(1)$，$f'(2)$，$f'(3)$ 的值.尝试猜出 $f'(x)$ 的公式，并用导数的定义加以验证.

题 31 表

x	0.999	1.000	1.001	1.002	1.999	2.000	2.001	2.002	2.999	3.000	3.001	3.002
x^2（近似值）	0.998	1.000	1.002	1.004	3.996	4.000	4.004	4.008	8.994	9.000	9.006	9.012

32. 已知 $f(x) = \begin{cases} x^2, & x \geqslant 0 \\ -x, & x < 0 \end{cases}$.求 $f'_+(0)$ 及 $f'_-(0)$，问 $f'(0)$ 是否存在？

33. 设 $f(x) = \begin{cases} \sin x, & x < 0 \\ ax, & x \geqslant 0 \end{cases}$.问 a 取何值时，$f'(x)$ 在 $(-\infty, +\infty)$ 上都存在？并求出 $f'(x)$.

34. 求下列函数的导数：

(1) $f(x) = x^4 - 5x^2 + 2x - 7$；　　　　(2) $f(x) = x^3 - \dfrac{7}{x^2} + \dfrac{2}{x} + 12$；

(3) $f(x) = \sqrt[3]{x^2} + \dfrac{1}{2x} + \sqrt{5}$;　　　　(4) $f(x) = x^n + nx$.

35. 在一新陈代谢试验中，葡萄糖的含量按方程 $m(t) = 5 - 0.01t - 0.02t^2$ 减少，其中 t 的单位为 h. 求 (1) $t = 1$ h；(2) $t = 2$ h 时葡萄糖含量的变化率.

36. 某单位质量的固体物质的温度从 $0\,℃$ 升高到 $\theta\,℃$，吸收的热量 Q 为

$$m(t) = a + b\theta + c\theta^2$$

其中 a, b, c 为常数，求物质的比热.

37. 已知某商品的成本函数

$$f(x) = 0.001x^3 - 0.3x^2 + 40x + 1\,000$$

求边际成本函数和 $x = 50$ 单位时的边际成本.（注：边际成本函数可理解为生产 x 单位产品前最后增加的那个单位产量所花费的成本）

38. 给出下列数据.

题 38 表

x	0	0.2	0.4	0.6	0.8	1.0
$f(x)$	3.7	3.5	3.5	3.9	4.0	3.9

(1) 估算 $f'(0.6)$ 和 $f'(0.5)$;

(2) 估算 $f''(0.6)$;

(3) 在区间 $[0,1]$ 上，$f(x)$ 在哪里出现最大值和最小值？

39. 求 $f(x) = x^5 - x^4$ 在 $x = 1$ 处的各阶导数.

40. 已知 $f(x) = 310x^9 - 203x^7 + 57$，求 $f^{(8)}(0), f^{(9)}(1), f^{(10)}(2)$.

41. 求多项式

$$f(x) = a_n x^n + a_{n-1} x^{n-1} + \cdots + a_1 x + a_0$$

在 $x = 0$ 处的各阶导数.

42. (1) 已知 $f(x) = ax + b$，求 $f''(x)$;

(2) 求指数函数 $f(x) = e^x$ 的 n 阶导数.

43. 研究函数 $f(x) = \begin{cases} x^2, & x \geqslant 0 \\ -x^2, & x < 0 \end{cases}$ 的高阶导数.

44. 一球从桥上被抛向空中，t 秒后它相对于地面的高度

$$S(t) = -5t^2 + 15t + 12\,(\text{m})$$

求：

(1) 球第 1 秒的平均速度;

(2) 球在 $t = 1$ s 时的速度;

(3) 球在 $t = 1\,\mathrm{s}$ 时的加速度.

45. 已知简谐运动的距离 S 与时间 x 的关系为 $S = A\sin\omega x\,(A,\omega$ 是常数),试求加速度与时间的关系,并验证 $\dfrac{\mathrm{d}^2 S}{\mathrm{d}t^2} + \omega^2 S = 0$.

46. 求函数在 x 点的线性化 $L(x)$:

(1) $f(x) = x^3 - x, x = 1$;　　(2) $f(x) = \sqrt[3]{x}, x = -8$;　　(3) $f(x) = \cos x, x = \dfrac{\pi}{2}$.

47. 在生态系统的研究中,捕猎－食饵模型经常被用来研究物种间的相互作用.在加拿大北部,狼的数量可以表示为 $W(t)$,而鹿的数量用 $C(t)$ 来表示,则它们之间的相互作用可表示为

$$\frac{\mathrm{d}C}{\mathrm{d}t} = aC - bCW, \qquad \frac{\mathrm{d}W}{\mathrm{d}t} = -cW + dCW$$

(1) $\dfrac{\mathrm{d}C}{\mathrm{d}t}$ 和 $\dfrac{\mathrm{d}W}{\mathrm{d}t}$ 为何值时它们的数量稳定?

(2) 如何用数学方法表示"鹿种灭绝"?

(3) 假设 $a = 0.05, b = 0.001, c = 0.05, d = 0.000\,1$.试写出所有使得数量稳定的数量对 (C, W).根据这个模型,对于两个种群来说,保持生态平衡是否可能?还是其中一个或两个种群将灭绝?

48. 有一批半径为 $1\,\mathrm{cm}$ 的球,为了提高球面的光洁度,要镀上一层铜,厚度定为 $0.01\,\mathrm{cm}$,估计一下,每只球需用铜多少克.(铜的密度为 $8.9\,\mathrm{g/cm^3}$)

第 2 章　导数的计算技巧与应用

在这一章中,我们将介绍导数运算的一些技巧,帮助大家求解一些复杂函数的导数.通过学习我们还将知道如何通过导数来分析函数图像的性质,以及解决一些优化问题,例如血液中化学物质浓度的最值问题、倒入垃圾的池塘含氧量的最值问题等.

2.1　乘积的导数和商的导数

目前我们已经学会了幂函数的求导法则,要掌握更多的函数求导法则,需进一步掌握求导的技巧.本节我们将要介绍两个函数乘积和商的求导技巧.

2.1.1　乘积导数

我们先来看一个关于长方形面积变化率的问题.假定图 2.1.1 中的长方形边长随时间 t 不断增加,长记为 $w = w(t)$,宽记为 $h = h(t)$,$w(t)$,$h(t)$ 均可导,求面积 $A(t)$ 关于时间 t 的变化率.

设时间增加 Δt($\Delta t \neq 0$)时,边长相应地增加 Δw,Δh,面积增加 ΔA.显然,当 $\Delta t \to 0$ 时,$\Delta w \to 0$,如图 2.1.2 所示,增加的面积可看成三个小长方形(Ⅰ),(Ⅱ),(Ⅲ)的面积之和.因此可得

$$\Delta A = w \Delta h + h \Delta w + \Delta w \cdot \Delta h$$

等式的两边同时除以 Δt,可得

$$\frac{\Delta A}{\Delta t} = w \frac{\Delta h}{\Delta t} + h \frac{\Delta w}{\Delta t} + \Delta w \cdot \frac{\Delta h}{\Delta t}$$

所以

$$A'(t) = \lim_{\Delta t \to 0} \frac{\Delta A}{\Delta t}$$

$$= \lim_{\Delta t \to 0} \left(w \frac{\Delta h}{\Delta t} + h \frac{\Delta w}{\Delta t} + \Delta w \cdot \frac{\Delta h}{\Delta t} \right)$$

$$= w(t)h'(t) + h(t)w'(t) + 0 \cdot h'(t)$$

$$= w(t)h'(t) + h(t)w'(t) \qquad (2.1.1)$$

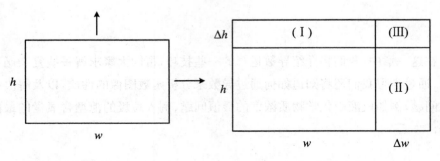

图 2.1.1　　　　　　　　　　　　　　　　**图 2.1.2**

由式(2.1.1)知

$$A'(t) = \big[w(t)h(t) \big]' = w'(t)h(t) + w(t)h'(t)$$

事实上,这就是求导的乘法法则,其严格的表述如下:

> **乘法法则**　若函数 $y = f(x)$ 与 $y = g(x)$ 可导,则 $h(x) = f(x)g(x)$ 可导且其导函数为
> $$h'(x) = f'(x)g(x) + f(x)g'(x)$$

注 2.1.1　乘法法则也可推广到更多个可导函数乘积的形式. 例如,假定函数 $f(x), g(x), h(x)$ 可导,则

$$\big[f(x)g(x)h(x) \big]' = f'(x)g(x)h(x) + f(x)g'(x)h(x) + f(x)g(x)h'(x)$$

例 2.1.1　求函数 $y = (x^2 + 2x)(x^{1/2} + 2)$ 的导数.

解　易知

$$y' = (x^2 + 2x)'(x^{1/2} + 2) + (x^2 + 2x)(x^{1/2} + 2)'$$

$$= (2x + 2)(x^{1/2} + 2) + (x^2 + 2x) \cdot \frac{1}{2} x^{-1/2}$$

$$= 2x^{3/2} + 4x + 2x^{1/2} + 4 + \frac{1}{2} x^{3/2} + x^{1/2}$$

$$= \frac{5}{2} x^{3/2} + 4x + 3x^{1/2} + 4$$

例 2.1.2　美国1990年初总人口为248.7百万人,其中51.3%为女性,总人口年增长率为 3.5 百万人／年,女性占总人口的百分比以每年 0.04% 减少. 请给出 1990 年初女性人口的变化率.

解 设 $P(t)$ 为 t 年美国的人口(单位:百万人),$F(t)$ 为女性占总人口的百分数,因此女性人口 $W(t) = P(t) \cdot F(t)$. 由乘积法则得女性人口的变化率为 $W'(t) = P'(t) \cdot F(t) + P(t) \cdot F'(t)$,由题意知 $P(1990) = 248.7$,$F(1990) = 0.513$,$F'(1990) = -0.000\,4$,$P'(1990) = 3.5$. 据此,我们可得

$$W'(1990) = P'(1990) \cdot F(1990) + P(1990) \cdot F'(1990)$$
$$= 3.5 \times 0.513 + 248.7 \times (-0.000\,4)$$
$$= 1.7$$

即 1990 年初女性人口的变化率为 1.7 百万人／年.

2.1.2 商的导数

假定函数 $g(x)$,$f(x)$ 可导,且 $g(x) \neq 0$. 为研究 $\dfrac{f(x)}{g(x)}$ 的导数,首先来看 $\dfrac{1}{g(x)}$ 的导数:

$$\left[\frac{1}{g(x)}\right]' = \lim_{\Delta x \to 0} \frac{\dfrac{1}{g(x+\Delta x)} - \dfrac{1}{g(x)}}{\Delta x}$$
$$= \lim_{\Delta x \to 0} \frac{g(x) - g(x+\Delta x)}{\Delta x g(x) g(x+\Delta x)}$$
$$= \lim_{\Delta x \to 0} \frac{\dfrac{g(x) - g(x+\Delta x)}{\Delta x}}{g(x) g(x+\Delta x)}$$
$$= -\frac{g'(x)}{g^2(x)}$$

因此,可得

$$\left[\frac{f(x)}{g(x)}\right]' = f'(x) \cdot \frac{1}{g(x)} - f(x) \cdot \frac{g'(x)}{g^2(x)}$$
$$= \frac{f'(x)g(x) - f(x)g'(x)}{g^2(x)}$$

这样便得出两个函数商的求导法则:

> **商的法则**　　若函数 $y = f(x)$ 与 $y = g(x)$ 均可导,且 $g(x) \neq 0$,
> 则 $y = \dfrac{f(x)}{g(x)}$ 也可导,且
> $$\left[\frac{f(x)}{g(x)}\right]' = \frac{f'(x)g(x) - f(x)g'(x)}{g^2(x)}$$

我们可以这样来记忆公式:

$$\left(\frac{分子}{分母}\right)' = \frac{(分子)' \times 分母 - (分母)' \times 分子}{分母的平方}$$

例 2.1.3　　血液从心脏由主动脉流向毛细血管,在此过程中收缩压不断降低.假定某名患者的收缩压 P(单位:mmHg,毫米汞柱)与时间 t(单位:s)的模型为 $P(t) = \dfrac{25t^2 + 125}{t^2 + 1}$ $(0 \leqslant t \leqslant 10)$.问血液离开心脏 5 秒时收缩压的变化率是多少?

解　　计算得

$$\begin{aligned}
\frac{\mathrm{d}P}{\mathrm{d}t} &= \frac{50t(t^2 + 1) - (25t^2 + 125)2t}{(t^2 + 1)^2} \\
&= \frac{50t^3 + 50t - 50t^3 - 250t}{(t^2 + 1)^2} \\
&= \frac{-200t}{(t^2 + 1)^2}
\end{aligned}$$

由此可得 $\dfrac{\mathrm{d}P}{\mathrm{d}t}\bigg|_{t=5} \approx -1.479$,即血液离开心脏 5 秒时收缩压的变化率是 -1.479 mmHg/s.

例 2.1.4　　科学家托马斯·杨曾对 $1 \sim 12$ 岁小孩的用药剂量给出如下建议:设 a(单位:mg)表示成人的用量,t(单位:岁)表示小孩的年龄,$D(t)$ 表示 t 岁小孩的用药剂量,则 $D(t) = \dfrac{at}{t + 12}$.若某种药物成人用量是 500 mg,试回答下列问题:

(1) 小孩用药剂量关于年龄的变化率是多少?

(2) 6 岁和 10 岁小孩的用药剂量关于年龄的变化率是多少?

解　　求小孩用药剂量关于年龄的变化率,即求 $D(t)$ 的导数.又 $a = 500$(mg),因此

$$D'(t) = \frac{500(t + 12) - 500t}{(t + 12)^2} = \frac{6\,000}{(t + 12)^2}$$

从而 6 岁和 10 岁小孩的用药剂量关于年龄的变化率分别为 $D'(6) \approx 18.52$ mg/岁 和

$D'(10) \approx 12.40\,\mathrm{mg/}$ 岁.

2.2　复合函数求导

我们先来看一个案例:假定一个热气球在其充气的过程中形状始终保持为球形,半径以 2 cm/s 的速度增加,设 r(单位:cm) 为热气球的半径,t(单位:s) 表示充气时间,V(单位:cm³) 表示气球的体积,则 $r = r(t) = 2t$,$V = V(r) = \dfrac{4}{3}\pi r^3$.

当 $t = 5\,\mathrm{s}$ 时,气球半径相对于时间 t 的变化率为 $\left.\dfrac{\mathrm{d}r}{\mathrm{d}t}\right|_{t=5} = 2\,\mathrm{cm/s}$,这表示 r 的变化为 t 变化的 2 倍.

当 $t = 5\,\mathrm{s}$ 时,半径为 10 cm,气球体积相对于半径的变化率为 $\left.\dfrac{\mathrm{d}V}{\mathrm{d}r}\right|_{r=10} = 4\pi r^2 \big|_{r=10} = 400\pi\,\mathrm{cm^3/cm}$,这表示 V 的变化是 r 变化的 400π 倍.

为计算 $t = 5\,\mathrm{s}$ 时,气球体积关于时间的变化率,我们先把 V 转化为 t 的函数:

$$V = V(r(t)) = \frac{4}{3}\pi(2t)^3 = \frac{32}{3}\pi t^3$$

则 $\left.\dfrac{\mathrm{d}V}{\mathrm{d}t}\right|_{t=5} = 32\pi t^2 \big|_{t=5} = 800\pi\,\mathrm{cm^3/s}$,这表示 V 的变化是 t 变化的 800π 倍.而

$$800\pi = 2 \times 400\pi$$
$$= \text{半径变化相对于时间的倍数} \times \text{体积变化相对于半径的倍数}$$

即体积 V 关于时间 t 的变化率等于体积 V 关于半径 r 的变化率乘以半径 r 关于时间 t 的变化率,也就是 $\left.\dfrac{\mathrm{d}V}{\mathrm{d}t}\right|_{t=5} = \left.\dfrac{\mathrm{d}V}{\mathrm{d}r}\right|_{r=10} \cdot \left.\dfrac{\mathrm{d}r}{\mathrm{d}t}\right|_{t=5}$.

一般地,如果 $y = f(u)$,$u = g(x)$,会有 $\dfrac{\mathrm{d}y}{\mathrm{d}x} = \dfrac{\mathrm{d}y}{\mathrm{d}u} \cdot \dfrac{\mathrm{d}u}{\mathrm{d}x}$ 吗?

答案是肯定的.如果 $u = g(x)$ 在 x 处可导,$y = f(u)$ 在 u 处可导,$f(g(x))$ 有意义,则 $f(g(x))$ 可导,且

$$[f(g(x))]' = f'(u) \cdot g'(x), \quad \frac{\mathrm{d}y}{\mathrm{d}x} = \frac{\mathrm{d}y}{\mathrm{d}u} \cdot \frac{\mathrm{d}u}{\mathrm{d}x}$$

这其实就是我们要给出的链式求导法则,或叫求导的连锁法则.

> 若函数 $y = f(u)$ 和 $u = g(x)$ 均可导,则
>
> $$\frac{\mathrm{d}y}{\mathrm{d}x} = \frac{\mathrm{d}y}{\mathrm{d}u} \cdot \frac{\mathrm{d}u}{\mathrm{d}x}$$

用语言可将上述法则表述为:复合函数的导数等于外函数对中间变量求导和内函数对自变量求导的乘积.

例 2.2.1　当金属温度升高时其体积会膨胀,我们可得到这样的关系:钢棒的长度 L(单位:cm)取决于温度 H(单位:℃),而温度又取决于时间 t(单位:h).如果某钢棒温度每升高 1℃,长度增加 2 cm,而每隔 1 h,气温又上升 3℃,问钢棒长度增加有多快?

解　由题意可得:长度关于温度的变化率为 $\dfrac{\mathrm{d}L}{\mathrm{d}H} = 2\ \mathrm{cm}/℃$,温度对时间的变化率为 $\dfrac{\mathrm{d}H}{\mathrm{d}t} = 3℃/\mathrm{h}$,求长度对时间的变化率,即求 $\dfrac{\mathrm{d}L}{\mathrm{d}t}$.这里将 L 看成 H 的函数,而 H 又是 t 的函数,则由链式法则可得

$$\frac{\mathrm{d}L}{\mathrm{d}t} = \frac{\mathrm{d}L}{\mathrm{d}H} \cdot \frac{\mathrm{d}H}{\mathrm{d}t} = (2\ \mathrm{cm}/℃) \cdot (3℃/\mathrm{h}) = 6\ \mathrm{cm}/\mathrm{h}$$

故钢棒长度以 6 cm/h 的速度增加.

例 2.2.2　假定某国的木材工作者一年的平均收入模型为

$$S(n) = -0.768\,5n^2 + 129\,5n - 516.596$$

其中 $S(n)$ 的单位为美元,n 为木材行业的总人数(单位:千人);同一时期木材行业的职工人数模型为

$$n(t) = 3.143t^2 + 5.029t + 772.5$$

这里 t 指距 2005 年的年数.求木材行业的工作人员平均年收入在 2008 年初的变化率.

解　由题意知 $t = 3$,职工人数为 $n(3) = 815.874$ 千人.利用链式法则,有

$$\left.\frac{\mathrm{d}S}{\mathrm{d}t}\right|_{t=3} = \left.\frac{\mathrm{d}S}{\mathrm{d}n}\right|_{n=815.874} \cdot \left.\frac{\mathrm{d}n}{\mathrm{d}t}\right|_{t=3}$$, 而 $\dfrac{\mathrm{d}S}{\mathrm{d}n} = -1.537n + 1\,295$(美元 / 千人),$\dfrac{\mathrm{d}n}{\mathrm{d}t} = 6.286t + 5.029$(千人 / 年),因此

$$\left.\frac{\mathrm{d}S}{\mathrm{d}t}\right|_{t=3} = \left.\frac{\mathrm{d}S}{\mathrm{d}n}\right|_{n=815.874} \cdot \left.\frac{\mathrm{d}n}{\mathrm{d}t}\right|_{t=3}$$

$$= 41.001\,6 \times 23.887 \approx 979.405\,2(\text{美元 / 年})$$

例 2.2.3　鱼龙是海上爬虫类,外形像鱼类,大小同海豚相近,它们在白垩纪期

间绝迹. 根据对其 20 个骨骼化石的研究, 头颅与骨架的长度 (单位:cm) 满足下列关系:

$$头颅长度 = 1.162 \cdot (骨架长度)^{0.933}$$

求其头颅相对成长率与骨架相对成长率的关系.

解　设 $S(x)$ 为鱼龙在 x 岁时的头颅长度, $B(x)$ 为鱼龙在 x 岁时的骨架长度, 则有

$$S(x) = 1.162 B^{0.993}(x)$$

两边求微分, 得到

$$\frac{\mathrm{d}S(x)}{\mathrm{d}x} = 1.162 \cdot 0.993 B^{0.993-1}(x) \frac{\mathrm{d}B(x)}{\mathrm{d}x}$$

$$= 1.162 \cdot 0.993 B^{0.993}(x) B^{-1}(x) \frac{\mathrm{d}B(x)}{\mathrm{d}x}$$

$$= 0.993 S(x) B^{-1}(x) \frac{\mathrm{d}B(x)}{\mathrm{d}x}$$

$$\Rightarrow \quad \frac{1}{S(x)} \frac{\mathrm{d}S(x)}{\mathrm{d}x} = 0.993 \frac{1}{B(x)} \frac{\mathrm{d}B(x)}{\mathrm{d}x}$$

式中 $\dfrac{1}{S(x)} \dfrac{\mathrm{d}S(x)}{\mathrm{d}x}$, $\dfrac{1}{B(x)} \dfrac{\mathrm{d}B(x)}{\mathrm{d}x}$ 分别表示头颅的相对成长率及骨架的相对成长率. 从它们的关系式, 我们得到鱼龙头颅的相对成长率小于骨架的相对成长率.

事实上, 复合函数的链式法则可以推广到多个函数形式: 若函数 $y = f(u)$, $u = g(v)$, $v = h(x)$ 均可导, 则有

$$\frac{\mathrm{d}y}{\mathrm{d}x} = \frac{\mathrm{d}y}{\mathrm{d}u} \cdot \frac{\mathrm{d}u}{\mathrm{d}v} \cdot \frac{\mathrm{d}v}{\mathrm{d}x}$$

例 2.2.4　拟寄生物是昆虫类, 它们的幼虫生长在其他宿主上. 为了解宿主与寄生天敌之间的相互作用, 函数 $f(N)$ 是生物学家给出的一种数学模型: 表示宿主脱离寄生状态的可能性.

$$f(N) = \left[1 + \frac{\alpha\beta P}{k(\beta + \alpha N)} \right]^{-k}$$

其中 N 为宿主的密度, P 为寄生物的密度, α, β, k 均为正常数. 试讨论增加宿主的密度对 $f(N)$ 的影响如何, 以及宿主脱离寄生状态的可能性.

解　令 $f(w) = w^{-k}$, $w = 1 + \dfrac{\alpha\beta P}{k} v^{-1}$, $v = \beta + \alpha N$, 则

$$f'(N) = (-k) w^{-k-1} \cdot \left(-\frac{\alpha\beta P}{k} v^{-2} \right) \cdot \alpha$$

$$= \left[1 + \frac{\alpha\beta P}{k(\beta + \alpha N)} \right]^{-k-1} \frac{\alpha^2 \beta P}{(\beta + \alpha N)^2}$$

显然, $f(N)$ 关于 N 的变化率是正的,表示 N 越大, $f(N)$ 就越大. 因此增加宿主的密度 N,寄生天敌的密度 P 不变,但宿主脱离寄生状态的可能性就越大.

2.3　常用函数的导数

为以后应用方便,我们将给出一些常见函数的导数公式.

2.3.1　指数函数与对数函数的导数

$$(e^x)' = e^x, \quad (\ln x)' = \frac{1}{x}$$
$$(a^x)' = a^x \ln a \quad (a > 0, a \neq 1)$$

证　计算得

$$(e^x)' = \lim_{h \to 0} \frac{e^{x+h} - e^x}{h} = e^x \lim_{h \to 0} \frac{e^h - 1}{h}$$

表 2.3.1 给出了 $\dfrac{e^h - 1}{h}$ 的值随 h 的变化情况.

表 2.3.1

h	0.1	0.01	0.001	0.000 1	0.000 01
$(e^h - 1)/h$	1.051 7	1.005 0	1.000 5	1.000 1	1.000 0

由表 2.3.1,我们发现 $h \to 0$ 时, $\dfrac{e^h - 1}{h}$ 无限地接近 1,即 $\lim\limits_{h \to 0} \dfrac{e^h - 1}{h} = 1$(这里不再给出严格的数学证明),因此可得

$$(e^x)' = e^x \lim_{h \to 0} \frac{e^h - 1}{h} = e^x$$

对于 a^x,有 $a^x = e^{\ln a^x} = e^{x \ln a}, (a^x)' = (e^{x \ln a})'$. 令 $y = e^u, u = x \ln a$,利用复合函数的导数有

$$\frac{dy}{dx} = e^u \cdot \ln a = e^{x \ln a} \cdot \ln a = a^x \cdot \ln a$$

类似地,还可以根据导数的定义,得出自然对数函数的导数为 $(\ln x)' = \dfrac{1}{x}$.

例 2.3.1　求 $y = \ln(1 + x)$ 的 n 阶导数.

解　令 $y = \ln u, u = 1 + x.$ 由复合函数求导法则可得

$$y' = \frac{1}{1 + x} = (1 + x)^{-1}$$

$$y'' = (-1)(1 + x)^{-2}$$

$$y^{(3)} = (-1)(-2)(1 + x)^{-3}$$

$$y^{(4)} = (-1)(-2)(-3)(1 + x)^{-4}$$

$$\cdots$$

一般地，可得

$$y^{(n)} = (-1)^{n-1}(n - 1)!(1 + x)^{-n}$$

即

$$[\ln(1 + x)]^{(n)} = (-1)^{n-1}(n - 1)!(1 + x)^{-n}$$

一般规定 $0! = 1$，故上述公式对 $n = 1$ 也成立.

例 2.3.2　假设在饮用了 236.56 mL 的威士忌酒后，血液里的酒精浓度为 $A(t).\ A(t)$ 可由下面的模型给出，其中 t 代表喝完酒后的小时数：

$$A(t) = 0.23te^{-0.4t} \qquad (0 \leqslant t \leqslant 12)$$

问饮酒 0.5 小时和 8 小时后人体血液内酒精浓度的变化率是多少？

解　对于函数 $e^{-0.4t}$，可将其看成由函数 e^u 和 $u = -0.4t$ 复合而成，所以

$$(e^{-0.4t})' = \frac{de^u}{du} \cdot \frac{d(-0.4t)}{dt} = e^u \cdot (-0.4) = -0.4e^{-0.4t}$$

从而

$$A'(t) = (0.23te^{-0.4t})' = 0.23[t'e^{-0.4t} + t(e^{-0.4t})']$$

$$= 0.23(e^{-0.4t} - 0.4te^{-0.4t})$$

所以饮酒 0.5 小时和 8 小时后酒精在人体血液内的变化率分别为

$$\frac{dA(t)}{dt}\bigg|_{t=\frac{1}{2}} \approx 0.15 \quad \text{和} \quad \frac{dA(t)}{dt}\bigg|_{t=8} \approx -0.02$$

例 2.3.3　设大肠杆菌的数目 $P(P = Ce^{at}$，其中 C 与 a 为常数，时间 t 的单位为分钟) 以指数函数的形式增加，在初始时刻有 100 000 个，此后每 30 分钟数目翻倍.问大肠杆菌在 5 分钟以及 40 分钟时的变化率.

解　当 $t = 0$ 时，$P(0) = 100\,000.$ 因此可得 $P(t) = 100\,000e^{at}\ (t \geqslant 0).$ 由题意知 $P(30) = 200\,000 = 100\,000e^{30a}$，所以

$$e^{30a} = 2 \quad \Rightarrow \quad 30a = \ln 2 \quad \Rightarrow \quad a = \frac{\ln 2}{30}$$

从而 $P(t) = 100\,000\mathrm{e}^{\frac{\ln 2}{30}t}(t \geqslant 0)$,则

$$P'(t) = 100\,000 \times \frac{\ln 2}{30}\mathrm{e}^{\frac{\ln 2}{30}t}$$

当 $t = 5$ 时,$\dfrac{\mathrm{d}P(t)}{\mathrm{d}t}\bigg|_{t=5} \approx 2\,593$;当 $t = 40$ 时,$\dfrac{\mathrm{d}P(t)}{\mathrm{d}t}\bigg|_{t=40} \approx 5\,820$,即大肠杆菌在 5 分钟、40 分钟时的变化率分别为 2 593 个 / 分钟、5 820 个 / 分钟.

2.3.2　三角函数的导数

$$(\sin x)' = \cos x, \quad (\cos x)' = -\sin x$$
$$(\tan x)' = \sec^2 x, \quad (\cot x)' = -\csc^2 x$$

证　由定义得

$$(\sin x)' = \lim_{h \to 0} \frac{\sin(x + h) - \sin x}{h}$$

$$= \lim_{h \to 0} \frac{\sin x\cos h + \cos x\sin h - \sin x}{h}$$

$$= \lim_{h \to 0}\left(\frac{\sin x\cos h - \sin x}{h} + \frac{\cos x\sin h}{h}\right)$$

$$= \lim_{h \to 0}\left(\sin x \cdot \frac{\cos h - 1}{h} + \cos x \cdot \frac{\sin h}{h}\right)$$

为求上述极限,我们先来研究 $\lim\limits_{h \to 0}\dfrac{\sin h}{h}$.

我们利用 MATLAB 用数值模拟出函数 $\dfrac{\sin h}{h}$ 的图像,如图 2.3.1 所示.当 $h \to 0$ 时,$\dfrac{\sin h}{h}$ 的值无限地靠近 1,因此可认为 $\lim\limits_{h \to 0}\dfrac{\sin h}{h} = 1$.利用该极限,还可以得到

$$\lim_{h \to 0}\frac{\cos h - 1}{h} = -\lim_{h \to 0}\frac{2\sin^2\dfrac{h}{2}}{h} = -\lim_{h \to 0}\frac{h}{2} \cdot \left(\frac{\sin\dfrac{h}{2}}{\dfrac{h}{2}}\right)^2$$

$$= -\frac{1}{2} \times 0 \times 1 = 0$$

因此,有

$$(\sin x)' = \lim_{h \to 0}\left(\sin x \cdot \frac{\cos h - 1}{h} + \cos x \cdot \frac{\sin h}{h}\right)$$

$$= \sin x \cdot \lim_{h \to 0}\frac{\cos h - 1}{h} + \cos x \cdot \lim_{h \to 0}\frac{\sin h}{h}$$

$$= \sin x \times 0 + \cos x \times 1$$

$$= \cos x$$

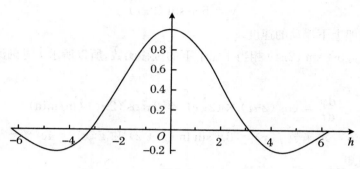

图 2.3.1

类似地,可以证明 $(\cos x)' = -\sin x$.

对于 $\tan x$,有

$$(\tan x)' = \left(\frac{\sin x}{\cos x}\right)' = \frac{(\sin x)' \cos x - \sin x (\cos x)'}{\cos^2 x}$$

$$= \frac{\cos^2 x + \sin^2 x}{\cos^2 x} = \frac{1}{\cos^2 x} = \sec^2 x$$

类似地,可得 $(\cot x)' = -\csc^2 x$.

例 2.3.4　求 $y = \sin x$ 的各阶导数.

解　逐步求导可得

$$y = \sin x$$

$$y' = \cos x = \sin\left(x + \frac{\pi}{2}\right)$$

$$y'' = -\sin x = \sin(x + \pi) = \sin\left(x + 2 \cdot \frac{\pi}{2}\right)$$

$$y''' = -\cos x = -\sin\left(x + \frac{\pi}{2}\right) = \sin\left(x + \frac{\pi}{2} + \pi\right) = \sin\left(x + 3 \cdot \frac{\pi}{2}\right)$$

$$y^{(4)} = \sin x = \sin(x + 2\pi) = \sin\left(x + 4 \cdot \frac{\pi}{2}\right)$$

……

一般地,有 $y^{(n)} = \sin\left(x + n\frac{\pi}{2}\right)$,即 $(\sin x)^{(n)} = \sin\left(x + n\frac{\pi}{2}\right)$.

同理,可求得 $(\cos x)^{(n)} = \cos\left(x + n\frac{\pi}{2}\right)$.

例 2.3.5　一艘渔船在水中忽上忽下地漂浮着,它与水平面的距离 y(单位:m)同时间 t(单位:min)的数学模型为

$$y = 5 + \sin(2\pi t)$$

求 t 时刻渔船上下浮动的速度.

解　$y = 5 + \sin(2\pi t)$ 相当于船上下的位移函数,所以所求 t 时刻渔船上下浮动的速度为

$$\frac{\mathrm{d}y}{\mathrm{d}t} = \cos(2\pi t) \times (2\pi t)' = 2\pi\cos(2\pi t) \ (\mathrm{m/min})$$

例 2.3.6　求函数 $f(x) = 3x^2\sin\ln(x+2)$ 和 $g(x) = 4\mathrm{e}^{-\cos(2x+1)}$ 的导数.

解　易知

$$\frac{\mathrm{d}f(x)}{\mathrm{d}x} = (3x^2)'\sin\ln(x+2) + 3x^2[\sin\ln(x+2)]'$$

$$= 6x\sin\ln(x+2) + 3x^2\cos\ln(x+2) \cdot \frac{1}{x+2}$$

$$= 6x\sin\ln(x+2) + \cos\ln(x+2) \cdot \frac{3x^2}{x+2}$$

$$\frac{\mathrm{d}g(x)}{\mathrm{d}x} = 4\mathrm{e}^{-\cos(2x+1)} \cdot \left[-\cos(2x+1)\right]'$$

$$= 4\mathrm{e}^{-\cos(2x+1)} \cdot \sin(2x+1) \cdot (2x+1)'$$

$$= 8\mathrm{e}^{-\cos(2x+1)} \cdot \sin(2x+1)$$

2.4　隐函数求导法则和参数方程求导法则

函数 $y = f(x)$ 表示两个变量 y 与 x 之间的对应关系,这种关系可通过不同方式表达.前面我们讨论的函数都形如 $y = x^2\sin x$,$s = 16t + 5t^2$,这种表达式的特点是:等号左端是因变量的符号,而右端是含有自变量的表达式,当自变量取定义域内的任一值时,由右端的式子能确定对应的函数值.这种方式表达的函数叫作显函数.而像方程

$$\frac{\mathrm{e}^y}{x} = 1 \tag{2.4.1}$$

中的 y 可称为 x 的隐函数,因为函数 $y = \ln x$ 隐藏在方程(2.4.1)中.

下面来看方程 $\dfrac{\mathrm{e}^y}{x} = 1$,去求 y 关于 x 的函数导数.大家可能直接由 $\dfrac{\mathrm{e}^y}{x} = 1$ 得出

$y = \ln x$,进而得出 $y' = \dfrac{1}{x}$.我们在这里给出另一种解法,即不必求出 y 关于 x 的函数表达式 $f(x)$.

对等式(2.4.1)两边同时关于 x 求导数:

$$\frac{\mathrm{d}}{\mathrm{d}x}\left(\frac{\mathrm{e}^y}{x}\right) = \frac{\mathrm{d}}{\mathrm{d}x}(1)$$

利用乘积法则,可得

$$\frac{\mathrm{d}}{\mathrm{d}x}\left(\frac{1}{x} \cdot \mathrm{e}^y\right) = \left(-\frac{1}{x^2}\right)\mathrm{e}^y + \frac{1}{x} \cdot \frac{\mathrm{d}}{\mathrm{d}x}(\mathrm{e}^y)$$

对于 $\dfrac{\mathrm{d}}{\mathrm{d}x}(\mathrm{e}^y)$,令 $z = \mathrm{e}^y$,$y = f(x)$,则由链式法则可得 $\dfrac{\mathrm{d}}{\mathrm{d}x}(\mathrm{e}^y) = \mathrm{e}^y \cdot \dfrac{\mathrm{d}y}{\mathrm{d}x}$.

综上,可得

$$\frac{\mathrm{d}}{\mathrm{d}x}\left(\frac{\mathrm{e}^y}{x}\right) = \frac{\mathrm{d}}{\mathrm{d}x}(1) \quad \Rightarrow \quad \left(-\frac{1}{x^2}\right)\mathrm{e}^y + \frac{\mathrm{e}^y}{x}\frac{\mathrm{d}y}{\mathrm{d}x} = 0 \quad \Rightarrow \quad \frac{\mathrm{d}y}{\mathrm{d}x} = \frac{1}{x}$$

上面的求导方法就是我们要介绍的隐函数求导法则,这种方法特别适用于表达式 $y = f(x)$ 难以求出的情况.

对于只含有变量 x 和 y 的方程,若它确定了隐函数 $y = f(x)$,欲求 $\dfrac{\mathrm{d}y}{\mathrm{d}x}$,则可用以下步骤来求解:

> (1) 对等式两边关于 x 求导(把 y 看成 x 的函数);
> (2) 对关于 $\dfrac{\mathrm{d}y}{\mathrm{d}x}$ 的等式化简,求得 $\dfrac{\mathrm{d}y}{\mathrm{d}x}$.

例 2.4.1　求曲线 $xy + \ln y = 1$ 在点 $(1,1)$ 处的切线方程.

解　对曲线方程两边同时关于 x 求导,得 $(xy)'_x + (\ln y)'_x = 0$,即 $y + xy' + \dfrac{1}{y} \cdot y' = 0$,从而 $y' = \dfrac{-y^2}{xy + 1}$,所以在点 $(1,1)$ 处的切线斜率

$$k = y'\Big|_{(1,1)} = \frac{-y^2}{xy + 1}\Big|_{(1,1)} = -\frac{1}{2}$$

故所求切线方程为 $y - 1 = -\dfrac{1}{2}(x - 1)$,即 $x + 2y - 3 = 0$.

例 2.4.2　证明:双曲线 $xy = a^2(a > 0)$ 上任意一点的切线与两坐标轴形成的三角形的面积等于常数 $2a^2$.

证　在双曲线 $xy = a^2$ 上任取一点 (x_0, y_0),过此点的切线斜率为

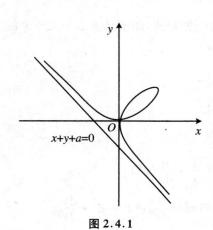

图 2.4.1

$$k = y'\Big|_{(x_0, y_0)} = -\frac{y}{x}\Big|_{(x_0, y_0)} = -\frac{y_0}{x_0}$$

故切线方程为

$$y - y_0 = -\frac{y_0}{x_0}(x - x_0), \quad \text{即} \quad \frac{x}{2x_0} + \frac{y}{2y_0} = 1$$

此切线在 y 轴与 x 轴上的截距分别为 $2y_0$，$2x_0$，故此三角形的面积为

$$\frac{1}{2}|2y_0| \cdot |2x_0| = 2|x_0 \cdot y_0| = 2a^2$$

例 2.4.3　求笛卡儿（Descartes）叶形线（图 2.4.1）：$x^3 + y^3 - 3axy = 0$ 所确定的隐函数的一阶导数.

解　方程 $x^3 + y^3 - 3axy = 0$ 两边对 x 求导，可得

$$3x^2 + 3y^2\frac{dy}{dx} - 3ay - 3ax\frac{dy}{dx} = 0$$

$$\Rightarrow \quad (x^2 - ay) + (y^2 - ax)\frac{dy}{dx} = 0$$

$$\Rightarrow \quad \frac{dy}{dx} = \frac{ay - x^2}{y^2 - ax}$$

2.4.1　反三角函数的导数

在前一节中讨论了三角函数的导数，现在我们利用隐函数求导方法给出反三角函数的导数.

若 $y = \arcsin x$，则 $\sin y = x \left(-\frac{\pi}{2} \leqslant y \leqslant \frac{\pi}{2}\right)$. 把 y 看成 x 的函数，对等式两边关于 x 求导，可得 $\cos y \times \frac{dy}{dx} = 1$，整理得 $\frac{dy}{dx} = \frac{1}{\cos y}\left(-\frac{\pi}{2} \leqslant y \leqslant \frac{\pi}{2}\right)$，此时，$\cos y \geqslant 0$，因此 $\cos y = \sqrt{1 - \sin^2 y} = \sqrt{1 - x^2}$，故 $\frac{dy}{dx} = \frac{1}{\cos y} = \frac{1}{\sqrt{1 - x^2}}$，即

$$\frac{d}{dx}(\arcsin x) = \frac{1}{\sqrt{1 - x^2}}$$

对于 $y = \arctan x$，有 $\tan y = x$，方程两边关于 x 求导，可得 $\sec^2 y \cdot \frac{dy}{dx} = 1$，整理得 $\frac{dy}{dx} = \frac{1}{\sec^2 y} = \frac{1}{1 + \tan^2 y} = \frac{1}{1 + x^2}$，即

$$\frac{d}{dx}(\arctan x) = \frac{1}{1 + x^2}$$

用类似的方式可得

$$\frac{d}{dx}(\arccos x) = -\frac{1}{\sqrt{1 - x^2}}, \quad \frac{d}{dx}(\cot x) = -\frac{1}{1 + x^2}$$

证明留作练习.

综上,我们给出反三角函数的导数:

$$\frac{d}{dx}(\arcsin x) = \frac{1}{\sqrt{1 - x^2}}, \quad \frac{d}{dx}(\arccos x) = -\frac{1}{\sqrt{1 - x^2}}$$

$$\frac{d}{dx}(\arctan x) = \frac{1}{1 + x^2}, \quad \frac{d}{dx}(\cot x) = -\frac{1}{1 + x^2}$$

常用函数的求导公式如下:

(1) $(c)' = 0$;	(2) $(x^{\mu})' = \mu x^{\mu-1}$;
(3) $(\sin x)' = \cos x$;	(4) $(\cos x)' = -\sin x$;
(5) $(\tan x)' = \sec^2 x$;	(6) $(\cot x)' = -\csc^2 x$;
(7) $(\sec x)' = \sec x \cdot \tan x$;	(8) $(\csc x)' = -\csc x \cdot \cot x$;
(9) $(a^x)' = a^x \ln a$;	(10) $(e^x)' = e^x$;
(11) $(\log_a x)' = \frac{1}{x \ln a}$;	(12) $(\ln x)' = \frac{1}{x}$;
(13) $(\arcsin x)' = \frac{1}{\sqrt{1 - x^2}}$;	(14) $(\arccos x)' = -\frac{1}{\sqrt{1 - x^2}}$;
(15) $(\arctan x)' = \frac{1}{1 + x^2}$;	(16) $(\text{arccot } x)' = -\frac{1}{1 + x^2}$.

例 2.4.4　设 $f(x) = x + (x - 1)\arctan \sqrt{x}$,求 $f'(1)$.

解　利用复合函数求导法则,可得

$$f'(x) = 1 + \arctan \sqrt{x} + \frac{x - 1}{2(x + 1)\sqrt{x}}$$

因此 $f'(1) = 1 + \arctan 1 = 1 + \frac{\pi}{4}$.

2.4.2　相关变化率问题

汽车 A 和 B 中午 12 点的时候在某十字路口相遇,此后汽车 A 向北方行驶,速

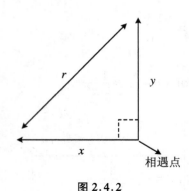

图 2.4.2

度为 20 km/h, 汽车 B 向西行驶, 速度为 15 km/h. 问下午 2 点时, 两辆汽车间距离的变化率是什么?

如图 2.4.2 所示, 假定 x 为汽车 B 向西行驶的位移, y 为汽车 A 向北行驶的位移, r 为两辆汽车之间的距离, 可得 $r^2 = x^2 + y^2$. x, y, r 均是时间 t 的隐函数, 利用隐函数的求导法则来处理此问题. 比如对 r^2 关于 t 求导, 可得 $(r^2)' = 2r \cdot \dfrac{\mathrm{d}r}{\mathrm{d}t}$. 方程 $r^2 = x^2 + y^2$ 两边同时对隐变量 t 求导, 可得

$$2r \cdot \frac{\mathrm{d}r}{\mathrm{d}t} = 2x \cdot \frac{\mathrm{d}x}{\mathrm{d}t} + 2y \cdot \frac{\mathrm{d}y}{\mathrm{d}t}$$

其中 $\dfrac{\mathrm{d}x}{\mathrm{d}t}$ 与 $\dfrac{\mathrm{d}y}{\mathrm{d}t}$ 分别表示汽车 B 和 A 的速度, $\dfrac{\mathrm{d}r}{\mathrm{d}t}$ 表示汽车间距离的变化率, 下午 2 点时两车的距离为

$$r = \sqrt{x^2 + y^2} = \sqrt{(2 \times 15)^2 + (2 \times 20)^2} = 50 \ (\text{km})$$

因此, 此时两辆汽车间距离的变化率为

$$\frac{\mathrm{d}r}{\mathrm{d}t} = \frac{1}{2r}\left(2x \cdot \frac{\mathrm{d}x}{\mathrm{d}t} + 2y \cdot \frac{\mathrm{d}y}{\mathrm{d}t}\right) = \frac{1}{100}(60 \times 15 + 80 \times 20) = 25 \ (\text{km/h})$$

像上面存在相互依赖关系的变化率 $\dfrac{\mathrm{d}r}{\mathrm{d}t}, \dfrac{\mathrm{d}x}{\mathrm{d}t}, \dfrac{\mathrm{d}y}{\mathrm{d}t}$ 称为相关变化率.

例 2.4.5　假定一个雪球在阳光的照射下开始融化(假设形状不变), 其表面积以 1 cm²/min 的变化率减少, 给出其直径长度为 10 cm 时的变化率.

解　设 S 为雪球的表面积, 半径为 r, 则直径 $x = 2r$. 由题意知 $\dfrac{\mathrm{d}S}{\mathrm{d}t} = -1 \ (\text{cm}^2/\text{min})$. 又 $S = 4\pi r^2 = \pi x^2$, 注意这里 S 和 x 都是 t 的函数, 等式两边关于变量 t 求导, 得

$$\frac{\mathrm{d}S}{\mathrm{d}t} = 2\pi x \frac{\mathrm{d}x}{\mathrm{d}t} \quad \Rightarrow \quad \frac{\mathrm{d}x}{\mathrm{d}t} = \frac{1}{2\pi x} \frac{\mathrm{d}S}{\mathrm{d}t}$$

因此直径长度为 10 cm 时的变化率为 $\dfrac{\mathrm{d}x}{\mathrm{d}t} = -\dfrac{1}{20\pi} \ (\text{cm/min})$.

例 2.4.6　设一质子沿曲线 $y = \sqrt{1 + x^3}$ 运动, 当它在点 $(2,3)$ 时, 纵坐标 y 以 4 cm/s 的变化率增加, 问此刻质子横坐标 x 的变化率是多少?

解　易知

$$\frac{\mathrm{d}y}{\mathrm{d}t} = \frac{1}{2}(1 + x^3)^{-1/2} \cdot 3x^2 \frac{\mathrm{d}x}{\mathrm{d}t}$$

代入数据得

$$4 = \frac{1}{2} \times \frac{1}{3} \times 3 \times 4 \frac{\mathrm{d}x}{\mathrm{d}t}, \quad 即 \quad \frac{\mathrm{d}x}{\mathrm{d}t} = 2 \,(\mathrm{cm/s})$$

所以质子横坐标 x 的变化率是 $2\,\mathrm{cm/s}$.

例 2.4.7　将一块石头扔进平静的池塘后,水面会泛起一阵涟漪.假定它是一组以石头落水位置为圆心的同心圆,如果最外层的圆的半径 r 以 $0.3\,\mathrm{m/s}$ 的速度向外扩展,求当圆的半径是 $2\,\mathrm{m}$ 时,圆面积 A 增加的速度是多少?

分析　上述问题可转化为:已知圆面积 $A = \pi r^2$,在 $r = 2\,(\mathrm{m})$ 时,变量 r 关于时间 t 的变化率是 $\left.\dfrac{\mathrm{d}r}{\mathrm{d}t}\right|_{r=2} = 0.3\,(\mathrm{m/s})$,求:在 $r = 2\,\mathrm{m}$ 时,A 关于时间 t 的变化率 $\dfrac{\mathrm{d}A}{\mathrm{d}t}$.

解　这是一个相关变化率问题.应用链式法则,有

$$\frac{\mathrm{d}A}{\mathrm{d}t} = \frac{\mathrm{d}(\pi r^2)}{\mathrm{d}t} = \frac{\mathrm{d}(\pi r^2)}{\mathrm{d}r} \cdot \frac{\mathrm{d}r}{\mathrm{d}t} = 2\pi r \cdot \frac{\mathrm{d}r}{\mathrm{d}t}$$

代入 $r = 2\,(\mathrm{m})$,得 $\left.\dfrac{\mathrm{d}A}{\mathrm{d}t}\right|_{r=2} = 2\pi \times 2 \times 0.3 = 1.2\pi\,(\mathrm{m^2/s})$.因此,当圆的半径是 $2\,\mathrm{m}$ 时,圆面积 A 的增加速度是 $1.2\pi\,\mathrm{m^2/s}$.

2.4.3　参数方程求导

在平面解析几何中,我们学过参数方程,它的一般形式为

$$\begin{cases} x = \varphi(t) \\ y = f(t) \end{cases} \quad (t \in I)$$

一般地,这个方程确定了 y 是 x 的函数,它们是通过参数 t 联系起来的,现在我们来求 $\dfrac{\mathrm{d}y}{\mathrm{d}x}$.如果函数 $x = \varphi(t)$ 具有单调连续的反函数 $t = \varphi^{-1}(x)$,且此反函数能与函数 $y = f(t)$ 复合成函数,那么由参数方程所确定的函数可以看成是函数 $y = f(t)$ 和 $t = \varphi^{-1}(x)$ 复合而成的函数 $y = f(\varphi^{-1}(x))$.现在,我们要计算这个复合函数的导数,假定它满足复合函数求导的条件.由复合函数求导法则有

$$\frac{\mathrm{d}y}{\mathrm{d}x} = \frac{\mathrm{d}y}{\mathrm{d}t} \cdot \frac{\mathrm{d}t}{\mathrm{d}x}$$

对于函数 $x = \varphi(t)$,按照隐函数求导方法,等式两边同时对 x 求导,有

$$1 = \varphi'(t) \cdot \frac{\mathrm{d}t}{\mathrm{d}x}$$

于是

$$\frac{\mathrm{d}t}{\mathrm{d}x} = \frac{1}{\varphi'(t)}$$

因此

$$\frac{\mathrm{d}y}{\mathrm{d}x} = f'(t) \cdot \frac{1}{\varphi'(t)} = \frac{f'(t)}{\varphi'(t)}$$

即

$$\frac{\mathrm{d}y}{\mathrm{d}x} = \frac{f'(t)}{\varphi'(t)}$$

上式也可以写成

$$\frac{\mathrm{d}y}{\mathrm{d}x} = \frac{\mathrm{d}y}{\mathrm{d}t} \Big/ \frac{\mathrm{d}x}{\mathrm{d}t}$$

这就是由参数方程所确定的函数的求导公式.

例 2.4.8　求参数方程 $\begin{cases} x = a\cos t \\ y = b\sin t \end{cases}$ (椭圆方程) 所确定的函数 $y = y(x)$ 的

导数.

解　易知 $\dfrac{\mathrm{d}x}{\mathrm{d}t} = -a\sin t, \dfrac{\mathrm{d}y}{\mathrm{d}t} = b\cos t$,所以

$$\frac{\mathrm{d}y}{\mathrm{d}x} = \frac{\mathrm{d}y}{\mathrm{d}t} \Big/ \frac{\mathrm{d}x}{\mathrm{d}t} = \frac{b\cos t}{-a\sin t} = -\frac{b}{a}\cot t$$

例 2.4.9　设炮弹与地平线成 α 角,以初速度 v_0 射出.如果不计空气阻力,以发射点为坐标原点,地平线为 x 轴,过原点且垂直于 x 轴方向向上的直线为 y 轴,如图2.4.3 所示.由物理学知道,炮弹的运动方程为

$$\begin{cases} x = v_0 t\cos \alpha \\ y = v_0 t\sin \alpha - \dfrac{1}{2}gt^2 \end{cases}$$

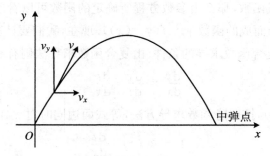

图 2.4.3

（1）求炮弹在时刻 t 时的速度大小与方向；

（2）如果炮弹的中弹点与发射点在同一水平线上，求炮弹的射程.

解　（1）炮弹的水平方向速度为 $v_x = \dfrac{\mathrm{d}x}{\mathrm{d}t} = v_0 \cos \alpha$，垂直方向速度为 $v_y = \dfrac{\mathrm{d}y}{\mathrm{d}t} = v_0 \sin \alpha - gt$，所以，在 t 时刻炮弹速度的大小为 $|v| = \sqrt{v_x^2 + v_y^2} = \sqrt{v_0^2 - 2v_0 gt \sin \alpha + g^2 t^2}$，它的位置在 t 时刻所对应点处的切线上，且沿炮弹的前进方向，其斜率为

$$\frac{\mathrm{d}y}{\mathrm{d}x} = \frac{v_0 \sin \alpha - gt}{v_0 \cos \alpha}$$

（2）令 $y = 0$，得中弹点所对应的时刻 $t_0 = \dfrac{2v_0 \sin \alpha}{g}$，对应的射程为 $x|_{t_0} = \dfrac{v_0^2}{g} \sin 2\alpha$.

2.5　导数在函数图像中的应用

函数的单调性体现了函数值 y 随自变量 x 的变化而变化的情况，而导数也正是研究自变量的改变量与函数值的改变量之间的关系，那么能否利用导数来研究单调性呢？

2.5.1　单调性

如果自变量 x 自左向右移动时函数图像是上升的，则称函数 $f(x)$ 是单调增加的；如果自变量 x 自左向右移动时函数图像是下降的，则称函数 $f(x)$ 是单调减少的.其精确定义如下：

设函数 $f(x)$ 为定义在区间 I 上的函数.

（1）对 $\forall x_1, x_2 \in I$，若 $x_1 < x_2$ 时，有 $f(x_1) < f(x_2)$，则称函数 $f(x)$ 在区间 I 上单调增加；

（2）对 $\forall x_1, x_2 \in I$，若 $x_1 < x_2$ 时，有 $f(x_2) < f(x_1)$，则称函数 $f(x)$ 在区间 I 上单调减少.

如图 2.5.1 所示，函数 $f(x)$ 在区间 $[a,b]$ 上单调增加，在区间 $[a,b]$ 上任取一点作其切线，和 x 轴的夹角为 α，显然 $0° < \alpha < 90°$，即斜率 $k = \tan\alpha = f'(x) > 0$。对于单调减小的函数图像，如图 2.5.2 所示，$k = \tan\alpha = f'(x) < 0$。

我们知道导数可以定义为分式 $\dfrac{f(x_2) - f(x_1)}{x_2 - x_1}$ 的极限，当 $x_1 < x_2$ 时分母是正数，此时若 $f(x_1) < f(x_2)$，则分式是大于零的，从而导数也是大于零的；反之，若 $f(x_2) < f(x_1)$，则分式是小于零的，从而导数也是小于零的。那么单调性是否可以由导数的符号来判定呢？

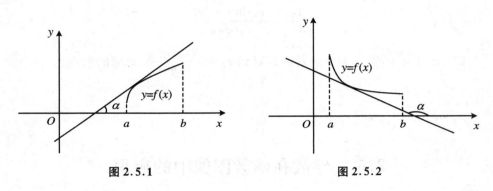

图 2.5.1　　　　　　　　　图 2.5.2

事实上，有如下结论：

> 设函数 $y = f(x)$ 在区间 $[a,b]$ 上可导。
>
> （1）若对 $\forall x \in (a,b)$，有 $f'(x) > 0$，则 $f(x)$ 在 $[a,b]$ 上是单调增加的；
>
> （2）若对 $\forall x \in (a,b)$，有 $f'(x) < 0$，则 $f(x)$ 在 $[a,b]$ 上是单调减少的；
>
> （3）若对 $\forall x \in (a,b)$，有 $f'(x) = 0$，则 $f(x)$ 在 $[a,b]$ 上是常数。

例 2.5.1　从 1998 年到 2005 年，某地区玉米的供应模型如下：

$$S = -0.004t^2 + 0.71t + 21.8 \quad (8 \leqslant t \leqslant 15)$$

S 指人均消费额（单位：元/(人·年)），$t = 8$ 代表 1998 年，试证明：在 1998～2005 年玉米的供应是单调增加的。

解　易知 $\dfrac{\mathrm{d}S}{\mathrm{d}t} = -0.008t + 0.71$，故在区间 $[8,15]$ 上，$\dfrac{\mathrm{d}S}{\mathrm{d}t} > 0$，$S$ 在 $[8,15]$ 上单调增加，即在 1998～2005 年玉米的供应是单调增加的，如图 2.5.3 所示。

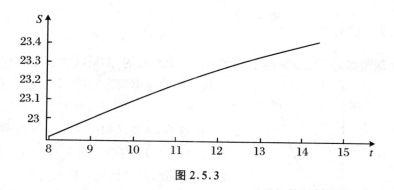

图 2.5.3

例 2.5.2(冯·贝塔朗菲(von Bertalanffy)生长方程)   当鱼的年龄达到一定值时,冯·贝塔朗菲指出鱼的生长符合指数模型.数据显示北美湖中的灰鳟鱼一般生长 5.5 年的质量为 2 kg,生长 15 年的质量为 5 kg.利用冯·贝塔朗菲生长方程,我们可以得出质量 w(单位:kg)和鱼的年龄 a(单位:年)的数学模型:

$$w(a) = 20.2 - 20.2\mathrm{e}^{-0.019a}$$

证明函数 $w(a)$ 是单增的,并画出函数图像,由此给出解释.

解   易知

$$\frac{\mathrm{d}}{\mathrm{d}a}w(a) = -20.2 \times (-0.019)\mathrm{e}^{-0.019a} = 0.383\,8\mathrm{e}^{-0.019a}\,(\mathrm{kg}/\text{年})$$

由 $\dfrac{\mathrm{d}}{\mathrm{d}a}w(a) > 0$ 可知,随着年龄的增长,鱼的质量是一直增加的.显然,当 a 无限增加时,$\mathrm{e}^{-0.019a} \to 0$,因此鱼的质量无限地接近 20.2,如图 2.5.4 所示.

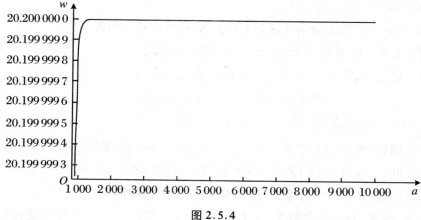

图 2.5.4

2.5.2　临界点

以上例题都是在已知区间上判断函数的单调性的.如果区间事先没有给出,那

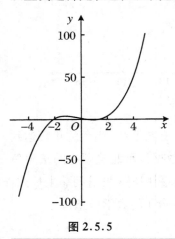

么该如何确定单调区间呢?下面我们来观察函数 $f(x) = x^3 - 3x + 1$ 的特征.如图 2.5.5 所示,函数 $f(x)$ 在区间 $(-\infty, -1)$ 内单调增加,在区间 $(-1,1)$ 内单调减少,在区间 $(1, +\infty)$ 内单调增加.单调性的转折点在 $x = -1, x = 1$ 处取得.与此同时,我们发现函数 $f(x) = x^3 - 3x + 1$ 在 $x = -1, x = 1$ 处导数为 0,因为 $f'(x) = 3x^2 - 3 = 3(x-1)(x+1)$.这并不是偶然现象,对于图像不间断的函数 $f(x)$,其导数的符号仅在 $f'(x) = 0$ 或导数不存在的点改变.

图 2.5.5

> 　　设 $f(x)$ 在 c 点有定义.若 $f'(c) = 0$ 或者 $f'(c)$ 不存在,则称 c 为临界点.

这样对于函数 $f(x)$,单调区间可以通过以下步骤来求出:

(1) 求定义域;

(2) 求导数 $f'(x)$;

(3) 求临界点;

(4) 用临界点划分定义域;

(5) 判断导数在划分的小区间上的符号,并据此给出单调区间.

例 2.5.3　求函数 $f(x) = x^3 - 3x$ 的单调区间.

解　显然,函数 $f(x) = x^3 - 3x$ 的定义域为 $(-\infty, +\infty)$,且
$$f'(x) = 3x^2 - 3 = 3(x-1)(x+1)$$
令 $f'(x) = 0$,解得临界点为 $x_1 = 1, x_2 = -1$.

在区间 $(-\infty, -1)$ 内,$f'(x) > 0$,函数 $f(x)$ 单调增加;

在区间 $(-1,1)$ 内,$f'(x) < 0$,函数 $f(x)$ 单调减少;

在区间 $(1, +\infty)$ 内,$f'(x) > 0$,函数 $f(x)$ 单调增加.

综上,函数 $f(x)$ 的单调递增区间为 $(-\infty, -1), (1, +\infty)$;单调递减区间为 $(-1,1)$.

例2.5.4 某公司的职工人数 x（单位：名）与利润 P（单位：元）的函数模型如下：

$$P(x) = -0.02x^2 + 300x - 200\,000$$

请给出函数 $P(x)$ 的单调增和单调减区间.

解 易知

$$P'(x) = -0.04x + 300 = -0.04(x - 7\,500)$$

令 $P'(x) = 0$，求得 $x = 7\,500$.在区间 $(0, 7\,500)$ 内，$P'(x) > 0$，在 $(7\,500, +\infty)$ 内，$P'(x) < 0$，所以 $P(x)$ 在区间 $(0, 7\,500)$ 内单调增加，在 $(7\,500, +\infty)$ 内单调减少. 这意味着在职工人数小于 7\,500 的情况下增加人数会给公司带来利润的增加，在人数达到 7\,500 时利润达到最大值，之后再增加员工的数量会导致利润下降.

2.5.2 曲线的凹向

观察函数 $y = x^3$（图 2.5.6）.虽然它在整个定义域内是单调增的，但图像在 $(-\infty, 0)$ 和 $(0, +\infty)$ 内的弯曲方向不一样.那么如何区分这两种弯曲方向呢？为此，我们分别在两段曲线上取点，并画出其切线，发现在 $(-\infty, 0)$ 内曲线在切线的下方，而在 $(0, +\infty)$ 内曲线在切线的上方.根据图像在切线的上方和下方，我们给出上凹和下凹的概念.

> 如果函数 $f(x)$ 在区间 I 上的图像位于任意一点切线的下方，则称函数 $f(x)$ 在区间 I 下凹；反之，若函数 $f(x)$ 在区间 I 上的图像位于任意一点切线的上方，则称函数 $f(x)$ 在区间 I 上凹.

继续观察图 2.5.6，在 $(-\infty, 0)$ 内，函数的切线斜率逐渐减小，这意味着 $f'(x)$ 在 $(-\infty, 0)$ 内是单调减函数，因此 $f''(x) < 0$；在 $(0, +\infty)$ 内，函数的切线斜率逐渐增大，这意味着 $f'(x)$ 在 $(0, +\infty)$ 内是单调增函数，故有 $f''(x) > 0$.下面的定理对这一现象给出了依据.

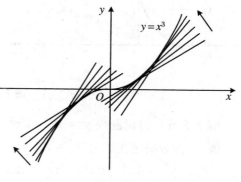

图 2.5.6

> **凹性判别法**　（1）若函数 $f(x)$ 在区间 I 上满足 $f''(x) > 0$，则其图像在 I 上是上凹的；
>
> （2）若函数 $f(x)$ 在区间 I 上满足 $f''(x) < 0$，则其图像在 I 上是下凹的.

例 2.5.5　判断函数 $f(x) = x^3 - 3x$ 的凹向.

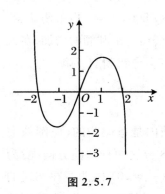

图 2.5.7

解　计算得 $f'(x) = 3 - 3x^2$，$f''(x) = -6x$. 显然，当 $x < 0$ 时，$f''(x) = -6x > 0$；当 $x > 0$ 时 $f''(x) = -6x < 0$. 因此 $f(x) = x^3 - 3x$ 在区间 $(-\infty, 0)$ 上凹，在区间 $(0, +\infty)$ 下凹.

由图 2.5.7 易见，点 $(0,0)$ 是曲线上凹和下凸的分界点，这种曲线凹向的分界点称为函数曲线的拐点. 由于拐点两侧的凹向不同，所以拐点两侧二阶导数的符号不同. 与前面讨论临界点类似，拐点只可能是函数定义域内二阶导数为零的点或二阶导数不存在的点（图 2.5.8）.

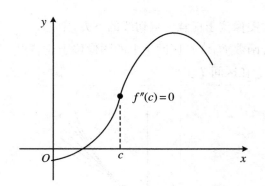
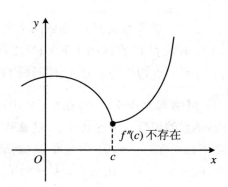

图 2.5.8

例 2.5.6　讨论曲线 $y = x^4 - 2x^3 - 5$ 的凹向和拐点.

解　函数的定义域为 $(-\infty, +\infty)$. 计算得

$$y' = 4x^3 - 6x^2, \quad y'' = 12x^2 - 12x = 12(x+1)(x-1)$$

令 $y'' = 0$，得 $x_1 = -1$，$x_2 = 1$. 点 $x_1 = -1$，$x_2 = 1$ 把 $(-\infty, +\infty)$ 分成 $(-\infty, -1)$，$(-1,1)$ 和 $(1, +\infty)$ 三个区间. 列表讨论，见表 2.5.1.

表 2.5.1

x	$(-\infty,-1)$	-1	$(-1,1)$	1	$(1,+\infty)$
y''	$+$	0	$-$	0	$+$
y	$\cup$	拐点 $(-1,-6)$	$\cap$	拐点 $(1,-6)$	$\cup$

由表 2.5.1 知, 曲线的上凹区间为 $(-\infty,-1)$ 和 $(1,+\infty)$, 下凹区间为 $(-1,1)$, 曲线的拐点为 $P_1(-1,-6)$ 和 $P_2(1,-6)$.

例 2.5.7　判断函数 $y=\sqrt[3]{x}$ 的凹向和拐点.

解　函数的定义域为 $(-\infty,+\infty)$. 计算得

$$y'=\frac{1}{3\sqrt[3]{x^2}},\quad y''=-\frac{2}{9x\sqrt[3]{x^2}}$$

令 $y''=0$, 方程无解. 又 $x=0$ 为函数的不可导的点. 点 $x=0$ 把 $(-\infty,+\infty)$ 分成 $(-\infty,0)$ 和 $(0,+\infty)$ 两个区间. 列表讨论, 见表 2.5.2.

表 2.5.2

x	$(-\infty,0)$	0	$(0,+\infty)$
y''	$+$	不存在	$-$
y	$\cup$	拐点 $(0,0)$	$\cap$

由表 2.5.2 知, 曲线的上凹区间为 $(-\infty,0)$, 下凹区间为 $(0,+\infty)$, 曲线的拐点为 $(0,0)$.

2.6　导函数在优化问题中的应用

在生产活动中, 常常遇到这样一类问题: 在一定的条件下, 怎样使"产量最高""材料最省""效率最高""利润最大""成本最低"等, 这些问题归纳到数学上, 就是求某一函数的最大值或最小值问题. 下面我们分别从局部最优和整体最优的观点出发, 给出极值与最值的概念.

2.6.1　极值

设函数 $y=f(x)$ 的图像如图 2.6.1 所示. 从图像上可以看出: 在点 $x=x_1$ 处,

$f(x_1)$ 比 x_1 两侧附近的函数值都大,在点 $x = x_2$ 处,$f(x_2)$ 比 x_2 两侧附近的函数值都小,这种局部的最大、最小值具有重要的实际意义.因此,我们引入如下极值定义:

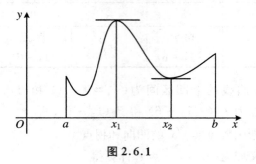

图 2.6.1

> 设 $f(x)$ 在区间 (a,b) 内有定义,$c \in (a,b)$.
>
> (1) 若对 $\forall x \in (a,b)$,有 $f(x) \leqslant f(c)$,则称 $f(c)$ 为 $f(x)$ 在区间 (a,b) 内的极大值;
>
> (2) 若对 $\forall x \in (a,b)$,有 $f(c) \leqslant f(x)$,则称 $f(c)$ 为 $f(x)$ 在区间 (a,b) 内的极小值.

注 2.6.1　(1) 由于极大值和极小值的比较范围不同,所以极大值不一定大于极小值.

(2) 由极值的定义,可知极值只发生在区间内部.

(3) 从图像上可看出,在极值点处,若切线存在,则它平行于 x 轴,即导数等于零.事实上,我们可给出更为一般的结论,即极值存在如下必要条件:

> 设函数 $y = f(x)$ 在 x_0 处可导,如果函数 $f(x)$ 在点 x_0 处取得极值,则必有 $f'(x_0) = 0$.

注 2.6.2　在导数不存在的点,函数可能有极值,也可能没有极值.例如 $f(x) = |x|$,在 $x = 0$ 处导数不存在,但函数有极小值 $f(0) = 0$;又如 $f(x) = x^{1/3}$,在 $x = 0$ 处导数不存在,函数也没有极值.

那么,如何判别函数 $f(x)$ 的极值呢?

如图 2.6.2 和图 2.6.3 所示,对于图像不间断的函数,其极值点一定为临界点.故如果 $x = c$ 为函数 $y = f(x)$ 的极值点,则 $f'(c) = 0$,或者 $f'(c)$ 不存在.这样我们求极值点时,可先求临界点,再由临界点左右两侧导数的符号来确定极值点.

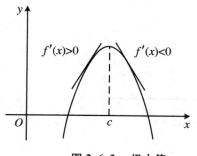

图 2.6.2　极大值

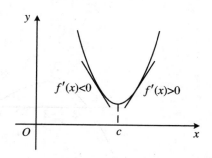

图 2.6.3　极小值

> **第一判别法**　若函数 $f(x)$ 的图像在 (a,b) 内不间断，c 为其唯一的临界点，$f(x)$ 在 (a,c) 与 (c,b) 内可导.
>
> （1）若函数 $f'(x)$ 在 (a,c) 内大于 0，在 (c,b) 内小于 0，则 $f(c)$ 为极大值；
>
> （2）若函数 $f'(x)$ 在 (a,c) 内小于 0，在 (c,b) 内大于 0，则 $f(c)$ 为极小值；
>
> （3）若函数 $f'(x)$ 在 (a,c) 和 (c,b) 内同号，则 $f(c)$ 不是函数的极值.

例 2.6.1　求函数 $f(x) = x^3 - 12x$ 的极值.

解　函数定义域为 **R**，$f'(x) = 3x^2 - 12 = 3(x+2)(x-2)$. 令 $f'(x) = 0$，得 $x = \pm 2$.

当 $x > 2$ 或 $x < -2$ 时，$f'(x) > 0$，即 $f(x)$ 在 $(-\infty, -2)$ 和 $(2, +\infty)$ 内是增函数；

当 $-2 < x < 2$ 时，$f'(x) < 0$，即 $f(x)$ 在 $(-2,2)$ 内是减函数.

因此，当 $x = -2$ 时，函数取得极大值 $f(-2) = 16$；当 $x = 2$ 时，函数取得极小值 $f(2) = -16$（图 2.6.4）.

第一判别法需要用 $f'(x)$ 的符号来判断极值点. 在实际运算中，$f'(x)$ 的符号有时难以判别，这时我们可以利用下面的判别法来确定极值点：

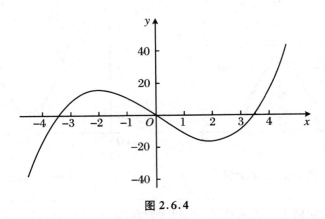

图 2.6.4

> **第二判别法**　设函数 $f(x)$ 在 x_0 处有二阶导数，$f'(x_0) = 0$，
> $f''(x_0) \neq 0$，那么：
> 　　(1) 若 $f''(x_0) < 0$，则 $f(x)$ 在 x_0 处取得极大值；
> 　　(2) 若 $f''(x_0) > 0$，则 $f(x)$ 在 x_0 处取得极小值.

证　根据定义，得

$$f''(x_0) = \lim_{x \to x_0} \frac{f'(x) - f'(x_0)}{x - x_0} = \lim_{x \to x_0} \frac{f'(x)}{x - x_0}$$

若 $f''(x_0) < 0$，则 $\lim\limits_{x \to x_0} \dfrac{f'(x)}{x - x_0} < 0$，据此可判断在 x_0 的附近，$\dfrac{f'(x)}{x - x_0} < 0$. 当 x 从 x_0 的左侧靠近时，$x - x_0 < 0$，由 $\dfrac{f'(x)}{x - x_0} < 0$ 得 $f'(x) > 0$；当 x 从 x_0 的右侧靠近时，

$x - x_0 > 0$，由 $\dfrac{f'(x)}{x - x_0} < 0$ 得 $f'(x) < 0$. 因此，$f(x_0)$ 为函数的极大值.

同理，可证 $f''(x_0) > 0$ 时，$f(x_0)$ 为函数的极小值.

注意　当 $f''(x_0) = 0$ 时，该方法失效. 此时，函数 $f(x)$ 在点 x_0 可能有极大值，也可能有极小值，还可能没有极值，尚待用其他方法进一步判定，例如可使用第一判别法进行判断.

例 2.6.2　求函数 $f(x) = x^3 - 3x$ 的极值.

解　计算得

$$f'(x) = (x^3 - 3x)' = 3x^2 - 3 = 3(x + 1)(x - 1), \quad f''(x) = 6x$$

令 $f'(x) = 0$，得临界点：$x_1 = -1$，$x_2 = 1$. 由于 $f''(1) = 6 > 0$，所以 $f(1) = -2$ 为

极小值；由于 $f''(-1) = -6 < 0$，所以 $f(-1) = 2$ 为极大值.

2.6.2 最值

对火箭发射进行动态特征分析非常重要，其中关键一项的因素是加速度的测量.哈勃空间望远镜于 1990 年 4 月 24 日由"发现者"宇宙飞船发送到太空.此次发射任务中，从 $t = 0$ 时刻发射到 $t = 126$ 秒时抛离火箭推进器，飞船的速度模型如下：

$$v(t) = 0.001\,302t^3 - 0.090\,29t^2 + 23.61t - 3.083$$

其中 $v(t)$ 的单位为 m/s.如何利用该模型估计飞船从发射到抛离推进器这段时间内加速度的最大值和最小值？

要解决该问题，我们首先来了解一下最值的概念.

> 设 $f(x)$ 在区间 I 内有定义，$c \in I$.
> (1) 若对 $\forall x \in I$，有 $f(x) \leqslant f(c)$，则称 $f(c)$ 为 $f(x)$ 在区间 I 上的最大值；
> (2) 若对 $\forall x \in I$，有 $f(c) \leqslant f(x)$，则称 $f(c)$ 为 $f(x)$ 在区间 I 上的最小值.

如图 2.6.5 所示，$y = x^2$ 在 $x = 0$ 点取得最小值，但是它没有最大值.如图 2.6.6 所示，函数 $y = x^3$ 既没有最大值也没有最小值.那么在什么样的条件下函数 $f(x)$ 一定有最值？下面的定理给出了答案：

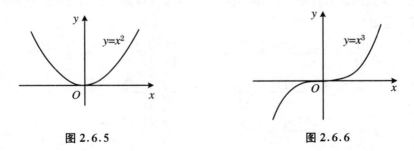

图 2.6.5　　　　　　　　　　　　　　图 2.6.6

> 若函数 $f(x)$ 在闭区间 $[a,b]$ 上图像不间断，则 $f(x)$ 在闭区间 $[a,b]$ 上一定取到最大值和最小值.

我们继续来讨论飞船从发射到抛离推进器这段时间内加速度的最大值和最小值问题.加速度函数为

$$a(t) = v'(t) = 0.003\,906t^2 - 0.180\,58t + 23.61$$

因为 $a(t)$ 在 $[0,126]$ 上为连续函数，一定存在最大值和最小值，并且

$$a'(t) = 0.007\,812t - 0.180\,58$$

令 $a'(t) = 0$，解得临界点 $t_1 = \dfrac{0.180\,58}{0.007\,812} \approx 23.12$. 这样在区间 $(0,126)$ 内函数 $a(t)$ 若有极值一定在 t_1 处取得，并且函数 $a(t)$ 的最大值和最小值一定在 $a(0) = 23.61$，$a(t_1) \approx 21.52$，$a(126) \approx 62.87$ 中产生. 通过比较可得加速度的最大值是 $62.87\ \text{m/s}^2$，最小值是 $21.52\ \text{m/s}^2$.

我们将上述求解方法总结如下：

(1) 找出函数 $f(x)$ 在区间 $[a,b]$ 上的所有临界点；

(2) 计算临界点的函数值以及 $f(a)$，$f(b)$；

(3) 比较 (2) 中所得的函数值大小，最大的为最大值，最小的为最小值.

在求解实际问题时，常根据问题的实际意义判定其最值是否存在，以及是否有唯一的临界点；若有，则最值一定在该临界点取得.

例 2.6.3　当有机垃圾倒入池塘中，垃圾的分解会消耗水中的氧气. 下面的模型给出了池塘的氧气含量状态 L 在有机垃圾氧化过程中的变化：

$$L = \frac{t^2 - t + 1}{t^2 + 1} \quad (t \geqslant 0)$$

其中 t 代表有机垃圾倒入池塘后的周数，$t = 0$ 表示在无污染状态下池塘中的含氧状态，$t = 1$ 表示倒入池塘一周，问倒入有机垃圾后池塘中含氧量何时达到最低？

解　易知

$$\begin{aligned}
\frac{\mathrm{d}L}{\mathrm{d}t} &= \frac{(t^2 - t + 1)'(t^2 + 1) - (t^2 + 1)'(t^2 - t + 1)}{(t^2 + 1)^2} \\
&= \frac{(2t - 1)(t^2 + 1) - 2t(t^2 - t + 1)}{(t^2 + 1)^2} \\
&= \frac{t^2 - 1}{(t^2 + 1)^2}
\end{aligned}$$

令 $\dfrac{\mathrm{d}L}{\mathrm{d}t} = 0$，求解得 $t = 1$（舍去 $t = -1$，因为 $t \geqslant 0$）. 由实际意义，可知 L 一定有最小值. 又 L 的临界点只有 $t = 1$，所以 $t = 1$ 时，L 取最小值.

综上，我们发现有机垃圾倾倒一周后，池塘中的含氧量处于最低值.

例 2.6.4　向肌肉注射某种化学物质，我们发现化学物质在血液中的浓度 C 和时间 t 的数学模型如下：

$$C = \frac{3t}{27 + t^3} \quad (t \geqslant 0)$$

t 的单位为 h，C 的单位是 mg/mL，问何时血液中的化学物质达到最大值？

解　易知

$$\frac{dC}{dt} = \frac{(3t)'(27 + t^3) - 3t(27 + t^3)'}{(27 + t^3)^2}$$

$$= \frac{3(27 + t^3) - 3t \times 3t^2}{(27 + t^3)^2} = \frac{-6t^3 + 81}{(27 + t^3)^2}$$

令 $\dfrac{dC}{dt} = 0$，解得 $t = \dfrac{3}{\sqrt[3]{2}} \approx 2.38$. 由实际意义，可知 C 一定有最大值. 又 C 的临界点

只有 $t = \dfrac{3}{\sqrt[3]{2}}$，所以 $t = \dfrac{3}{\sqrt[3]{2}}$ 时，C 取最大值.

综上，注射后大约 2.38 小时，血液中的化学物质达到最大值.

例 2.6.5　我们来考察一个简单的化学反应式：$A + B \longrightarrow X$，假定 A 与 B 的初始浓度分别为 a, b，则反应率 $r(x)$ 可以由下面的数学模型给出：

$$r(x) = k(a - x)(b - x) \quad (0 \leqslant x \leqslant \min\{a, b\})$$

其中 x 是生产物 X 的浓度. 化学家关心的往往是，$r(x)$ 何时达到最大值或最小值. 例如，取 $k = 50, a = 6\,(\text{mg/L}), b = 2\,(\text{mg/L})$，则有

$$r(x) = 50(6 - x)(2 - x) = 50x^2 - 400x + 600 \quad (0 \leqslant x \leqslant 2)$$

问当生产物 X 的浓度为多少时，反应速率分别达到最大值和最小值？

解　易知 $r'(x) = 100x - 400 = 100(x - 4)$. 令 $r'(x) = 0$，解得 $x = 4$，超出了区间 $[0, 2]$. 当 $x = 0$ 时，$r(x) = 600$，此时反应速率最大；当 $x = 2$ 时，反应速率达到最小值 0，如图 2.6.7 所示.

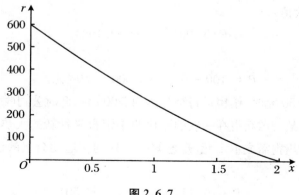

图 2.6.7

例 2.6.6　咳嗽会使得气管收缩,进而影响空气进入气管的速度 V,咳嗽过程中 V 的数学模型可由下面的表达式给出:
$$V = k(R - r)r^2 \quad (0 \leqslant r \leqslant R)$$
其中 k 为常数,R 为气管在正常状态下的半径,r 为咳嗽时气管的半径,问 r 为多大时,V 达到最大值?

解　易知
$$\frac{dV}{dr} = k(R - r)'r^2 + k(R - r)(r^2)'$$
$$= 2kRr - 3kr^2 = kr(2R - 3r)$$
令 $\dfrac{dV}{dr} = 0$,求得临界点 $r = \dfrac{2R}{3}$,满足 $0 \leqslant r \leqslant R$,即 $r = \dfrac{2R}{3}$ 时 V 达到最大值.

例 2.6.7　某公司销售一种灯具,设 x 表示每个月的销售量,依据过去的数据统计,这种灯具的价格需求函数为 $P = 100 - 0.01x$,其中 P 为灯具价格(单位:元),试求其达到最大收益时的每月销售量.

解　由于
$$收益 = 价格 \times 需求量 \quad (这里需求量指每月的销售量)$$
所以
$$R(x) = P \cdot x = (100 - 0.01x)x = 100x - 0.01x^2$$
因为价格和需求量是非负的,所以 $x \geqslant 0$,$P = 100 - 0.01x \geqslant 0$,即该问题所考虑的 x 的变化区域为 $[0, 10\,000]$.下面求在这个区域内 $R(x)$ 的最大值.首先对 $R(x)$ 求一阶导数:
$$R'(x) = 100 - 0.02x$$
令 $R'(x) = 0$,得临界点 $x = 5\,000$.由于 $R''(x) = -0.02 < 0$,所以 $R(x)$ 在 $x = 5\,000$ 时达到最大值:
$$R(5\,000) = 250\,000 \, (元)$$
此时
$$P = 100 - 0.01 \times 5\,000 = 50 \, (元)$$
即当灯具价格为 50 元时,销售量每个月达到 5\,000 台,此时公司收益最大.

例 2.6.8　某公司获得在一次国际比赛中销售一种新的大热狗的特许权,每销售一个这样的热狗需成本 1 元.现已知这种热狗在运动会上的价格需求曲线近似为
$$P = 5 - \ln x \quad (0 < x \leqslant 50)$$

其中 x 为销售热狗的数量（单位：千个），P 以元为单位.价格为多少时，该公司利润最大？

解　由已知可求得收益函数
$$R(x) = P \cdot x = (5 - \ln x) \cdot x = 5x - x\ln x$$
其成本函数为
$$C(x) = 1 \cdot x = x$$
因此利润函数为
$$L(x) = R(x) - C(x) = 5x - x\ln x - x = 4x - x\ln x$$
其一阶导数为
$$L'(x) = 4 - \ln x - x \cdot \frac{1}{x} = 3 - \ln x$$
令 $L'(x) = 0$，求得 $L(x)$ 的临界点为 $x = e^3 \approx 20$，此时相应的热狗价格应为
$$P(20) = 5 - \ln 20 \approx 2\,(元)$$
由此可知，该公司在运动会上要销售 20 千个，即 2 万个热狗，每个热狗价格为 2 元时，利润达到最大.

例 2.6.9（鱼群的适度捕捞问题）　鱼群是一种可再生资源，若目前鱼群的总量为 x（单位：kg），经过一年的成长与繁殖，第二年鱼群的总量为 y（单位：kg）.反映 x 与 y 之间相互关系的曲线称为再生曲线，记为 $y = f(x)$.

现设鱼群的再生曲线为 $y = rx\left(1 - \dfrac{x}{N}\right)$（$r > 1$ 是鱼群的自然生长率，N 是自然环境能够负荷的最大鱼群总量）.为使鱼群的总量保持稳定，在捕鱼时必须注意适度捕获.问鱼群的总量控制在多大时，才能获取最大的持续捕捞量？

解　我们先对再生曲线 $y = rx\left(1 - \dfrac{x}{N}\right)$ 的实际意义做简略解释.

由于 r 是自然增长率，故一般可认为 $y = rx$，但是，由于自然环境的限制，当鱼群的数量过大时，其生长环境就会恶化，导致鱼群增长率降低.为此，我们乘上了一个修正因子 $1 - \dfrac{x}{N}$，于是 $y = rx\left(1 - \dfrac{x}{N}\right)$.这样当 $x \to N$ 时，$y \to 0$，即 N 是自然环境所能容纳鱼群的极限量.

设每年的捕获量为 $h(x)$，则第二年的鱼群总量为 $y = f(x) - h(x)$.要限制鱼群总量保持在某一个数值 x，则 $x = f(x) - h(x)$，所以
$$h(x) = f(x) - x = rx\left(1 - \frac{x}{N}\right) - x = (r-1)x - \frac{r}{N}x^2$$

现在求 $h(x)$ 的最大值.

由 $h'(x) = (r-1) - \dfrac{2r}{N}x = 0$, 得临界点 $x^* = \dfrac{r-1}{2r}N$. 由于 $h''(x) = -\dfrac{2r}{N} <$

0, 所以, $x^* = \dfrac{r-1}{2r}N$ 是 $h(x)$ 的最大值点.

因此, 鱼群规模控制在 $x^* = \dfrac{r-1}{2r}N$ 时, 可以获得最大的持续捕捞量. 此时

$$h(x^*) = (r-1)x^* - \frac{r}{N}(x^*)^2$$

$$= (r-1)\frac{r-1}{2r}N - \frac{r}{N} \cdot \frac{(r-1)^2}{4r^2}N^2$$

$$= \frac{(r-1)^2}{4r}N$$

即最大持续捕捞量为 $\dfrac{(r-1)^2}{4r}N$.

习　题　2

1. 求下列函数的导数:

(1) $y = 158.6$;

(2) $y = 5x - 1$;

(3) $y = x^{-2/5}$;

(4) $y = x\cos x + 3x^2$;

(5) $y = 4\sqrt{x} + \dfrac{1}{x} - 2x^3$;

(6) $y = 3x + 5\sqrt{x} + \dfrac{7}{x^3}$;

(7) $y = x^2\sin x$;

(8) $y = x\cos x + 3x^2$;

(9) $y = \dfrac{1+x^2}{1-x^2}$;

(10) $y = \dfrac{1}{1+x+x^2}$;

(11) $y = \dfrac{x}{(1-x)(2-x)}$;

(12) $y = \dfrac{1}{1+\sqrt{x}} - \dfrac{1}{1-\sqrt{x}}$;

(13) $y = \dfrac{1+\sqrt{x}}{1-\sqrt{x}}$;

(14) $y = \dfrac{1}{3\sqrt{x}} + \sqrt[3]{x}$;

(15) $y = x^3\mathrm{e}^x - \dfrac{1}{n}x^n$;

(16) $y = \left(x + \dfrac{1}{x}\right)\mathrm{e}^x$.

2. 求下列曲线在给定点的切线方程:

(1) $y = \dfrac{2x}{x+1}$, $(1,1)$;

(2) $y = \dfrac{\sqrt{x}}{x+1}$, $(4, 0.4)$;

(3) $y = 2xe^x, (0,0)$;　　　　　(4) $y = \dfrac{e^x}{x}, (1,e)$.

3. 若 $g(x)$ 是可导函数,写出下列函数导数的表达式:

(1) $f(x) = xg(x)$;　　(2) $f(x) = \dfrac{x}{g(x)}$;　　(3) $f(x) = \dfrac{g(x)}{x}$.

4. 化学反应是指由一种或多种物质(称为反应物)生成另外一种或多种物质(称为生成物).现有下面的反应:

$$A + B \longrightarrow C$$

假定 A 与 B 的初始浓度有相同的值:$[A] = [B] = a\,(\text{mol/L})$,则 $[C] = a^2kt/(akt + 1)$ (k 为常数).

(1) 求时刻 t 的反应速率.

(2) 说明如果 $x = [C]$,则有 $\dfrac{dx}{dt} = k(a - x)^2$.

(3) 当 $t \to \infty$ 时,浓度会发生什么变化?

(4) 当 $t \to \infty$ 时,反应速率会发生什么变化?

(5) (3) 和 (4) 的结论在实际情况中有何意义?

5. 设某一动物或植物的细菌总数以每小时翻一番的速度增加,记

$$f(t) = n_0 \cdot 2^t \quad (t\text{ 的单位:h})$$

若初始细菌总数 $n_0 = 1\,000$,求:

(1) $t = 2,4,6\,\text{h}$ 细菌的数量;

(2) $t = 2\,\text{h}$ 细菌数量的增长率.

6. 求下列函数的导数:

(1) $y = (x^3 - 4)^3$;　　　　　(2) $y = x(a^2 + x^2)\sqrt{a^2 - x^2}$;

(3) $y = \dfrac{x}{\sqrt{a^2 - x^2}}$;　　　　　(4) $y = \sqrt[3]{\dfrac{1 + x^3}{1 - x^3}}$;

(5) $y = \ln \ln x$;　　　　　(6) $y = \dfrac{1}{2}\ln\left|\dfrac{a + x}{a - x}\right|$;

(7) $y = \ln(x + \sqrt{a^2 + x^2})$;　　　　　(8) $y = \ln \tan \dfrac{x}{2}$.

7. 设 $f(x) = \sqrt{x^2 + 1}$,求 $f'(0), f'(1)$.

8. 设 $f(x)$ 是可导的函数,求 $\dfrac{dy}{dx}$:

(1) $y = f(x^2)$;

(2) $y = f(e^x)e^{f(x)}$;

(3) $y = f(f(f(x)))$.

9. 在存储器内,理想气体的体积为 $1\,000\ cm^3$ 时,压力为 $5\ kg/cm^3$. 如果温度不变,压力以 $0.05\ kg/h$ 的速率减小,求体积的增加率.(在温度不变情形下,理想气体的压力 P 与体积 V 的关系式为 $PV = C, C$ 为常数.)

10. 放射性同位素碘广泛用于研究甲状腺的功能,现将含量为 N_0 的碘静脉推注到病人的血液中,血液中 t 时刻碘的含量为 $N = N_0 e^{-kt}$ (k 为正常数),求血液中碘的减少速率.

11. 靠其他生物体(宿主)为生的动物称为寄生物,有一寄生物能破坏蜘蛛的卵.设某一面积上蜘蛛的总数为 H,而 H 可表示为寄生的相对数量 P 的函数:

$$H(P) = M(1 - 2P^3)$$

其中 M 是宿主的最大值(M 为常数).此寄生物仅在温度 $24 \sim 30\,℃$ 范围内才能繁殖,且寄生物的相对数量 P 又是温度 t 的函数,其关系式为

$$P(t) = \frac{1}{9}(t - 24)(30 - t)$$

试确定温度为 $28\,℃$ 时,蜘蛛的总数是增加还是减少,并求出它的变化速率.

12. 求下列函数的导数:

(1) $y = x - 3\sin x$;

(2) $y = \cos^3 x - \cos 3x$;

(3) $y = \dfrac{1}{\sqrt{2\pi}} e^{-3x^2}$;

(4) $y = \sin x + 10\tan x$;

(5) $y = 4\sec x + 2\csc x$;

(6) $y = e^{-x^2 + 2x}$;

(7) $y = \ln\sqrt{\dfrac{(x + 2)(x + 3)}{x + 1}}$;

(8) $y = e^{2x}\sin 3x + \dfrac{x^2}{2}$;

(9) $y = (1 + 4x)^5 (3 + x - x^2)^8$;

(10) $y = x\sqrt{a^2 - x^2} + \dfrac{x}{\sqrt{a^2 - x^2}}$.

13. (1) 已知函数 $f(x) = \dfrac{\sqrt{1 - x^2}}{x}$,求 $f'(x)$;

(2) 通过画出 $f(x), f'(x)$ 的图像,验证(1)的答案的正确性.

14. 下表给出了 $f(x), g(x), f'(x), g'(x)$ 的值.

题 14 表

x	$f(x)$	$g(x)$	$f'(x)$	$g'(x)$
1	3	2	4	6
2	1	8	5	7
3	7	2	7	9

(1) 如果 $h(x) = f(g(x))$,求 $h'(1)$;

(2) 如果 $H(x) = g(f(x))$,求 $H'(1)$.

15. 在一定条件下,某种传染病病菌按照下面的方程传播:

$$P(t) = \frac{1}{1 + a\mathrm{e}^{-kt}}$$

其中 $P(t)$ 是时刻 t 时病菌的比例,a,k 是常数.

(1) 求 $\lim\limits_{t \to \infty} P(t)$.

(2) 求病菌的传播速率.

(3) 画出 $a = 10$,$k = 0.5$ 时 $P(t)$ 的图像(t 的单位:h).根据图像估计一下,需要多长时间该病菌的比例达到 80%.

16. 据 1985 年人口调查,我国有 10.15 亿人口,人口年平均增长率为 1.489%,根据马尔萨斯(Malthus)人口理论,人口增长模型为

$$f(x) = 10.15\mathrm{e}^{0.01489x}$$

其中 x 代表数 $0,1,2,\cdots$.按照此模型可以预测我国在 2005 年人口将达到 13.6710 亿,求我国人口增长率函数.怎样控制人口增长速度?

17. 求下列函数的导数:

(1) $xy + 2x + 3x^2 = 1$;　　　　　　(2) $4x^2 + 9y^2 = 36$;

(3) $\dfrac{1}{x} + \dfrac{1}{y} = 1$;　　　　　　　　(4) $\sqrt{x} + \sqrt{y} = 4$.

18. 求下列函数 $y = y(x)$ 在指定点处的导数:

(1) $y = \cos x + \dfrac{1}{2}\sin y$,$\left(\dfrac{\pi}{2}, 0\right)$;

(2) $y\mathrm{e}^x + \ln y = 1$,$(0, 1)$.

19. 求由方程 $y^5 + 2y - x - 3x^7 = 0$ 确定的隐函数 $y = y(x)$ 在 $x = 0$ 处的导数 $\dfrac{\mathrm{d}y}{\mathrm{d}x}\Big|_{x=0}$.

20. 利用隐函数求导法则,求下列曲线在给定点处的切线方程:

(1) $\dfrac{x^2}{16} + \dfrac{y^2}{9} = 1$(椭圆),$\left(2, \dfrac{2}{3}\sqrt{3}\right)$;

(2) $x^2 + 2xy - y^2 + x = 2$(双曲线),$(1, 2)$;

(3) $x^2 + y^2 = (2x^2 + 2y^2 - x)^2$(心形线),$\left(0, \dfrac{1}{2}\right)$.

21. 一气球从离开观察员 500 m 处离地面铅直上升,其速率为 140 m/min,当气球高度为 500 m 时,观察员视线的仰角增加率是多少?

22. 有一底半径为 R cm、高为 h cm 的圆锥容器,今以 25 cm³/s 的速度自顶部向容器内注水,试求当容器内水位等于锥高的 1/2 时水面上升的速度.

23. 已知某生物的生长规律为

$$W = W_0 \frac{b}{1 + be^{-kt}}$$

其中 W 为生物群体总数，t 是时间，b，k，W_0 是常数，$b > 0$.用隐函数求导方法，证明其生长律为

$$W' = \frac{W_0 bk(1 + b)e^{-kt}}{(1 + be^{-kt})^2}$$

此生长规律模型称为逻辑斯谛（Logistic）模型，又称为逻辑斯谛方程，是由荷兰数学家韦吕勒（Verhulst）在 1939 年首次创立的.

24. 如果给出了函数 $f(x)$ 的表达式，

(1) 如何确定 $f(x)$ 是递增的还是递减的？

(2) 如何确定 $f(x)$ 的临界点的位置？

25. 求下列函数的临界点：

(1) $f(x) = 5x^2 + 4x$；　　　　(2) $f(x) = x^3 + x^2 - x$；

(3) $f(x) = \dfrac{x + 1}{x^2 + x + 1}$；　　(4) $f(x) = |2x + 3|$；

(5) $f(x) = \sqrt{x}(1 - x)$；　　　(6) $f(\theta) = 2\cos\theta + \sin^2\theta$；

(7) $f(x) = x\ln x$；　　　　　(8) $f(x) = xe^{2x}$.

26. 用给出的函数 $f(x)$ 的图像来求：

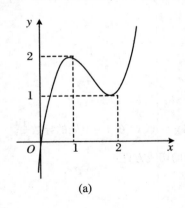

(a)

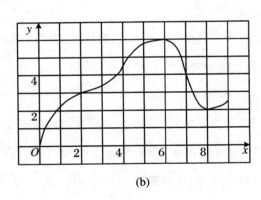

(b)

题 26 图

(1) $f(x)$ 的递增区间；

(2) $f(x)$ 的递减区间；

(3) 临界点的坐标.

27. 由给出的函数 $f(x)$ 的导数 $f'(x)$ 的图像来求：

(1) $f(x)$ 的递增区间；

(2) $f(x)$ 的递减区间.

28. 求下列函数的单调区间：

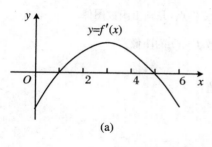

(a)

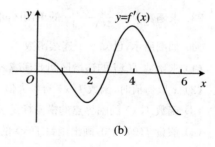

(b)

题 27 图

(1) $f(x) = 3x^4 - 4x^3 - 12x^2 + 5$;　　　　(2) $f(x) = 2\cos x - \cos 2x \ (0 \leqslant x \leqslant 2\pi)$;

(3) $f(x) = 3x^{2/3} - x$;　　　　　　　　(4) $f(x) = \dfrac{1}{x}\ln x$.

29. 说说最大值和极大值、最小值和极小值之间的区别.

30. 设 $f(x)$ 为定义在闭区间 $[a,b]$ 上的连续函数.

(1) 哪个定理保证了 $f(x)$ 的最大值、最小值存在?

(2) 采用什么步骤求 $f(x)$ 的最大值、最小值?

31. 求出函数在给定区间上的最大值、最小值:

(1) $f(x) = 3x^2 - 12x + 5, [0,3]$;　(2) $f(x) = (x^2 - 1)^3, [-1,2]$;

(3) $f(x) = \dfrac{x^2 - 4}{x^2 + 4}, [-4,4]$;　(4) $f(x) = x\sqrt{4 - x^2}, [-1,2]$;

(5) $f(x) = \cos x + \sin x, \left[0, \dfrac{\pi}{3}\right]$;　(6) $f(x) = xe^{-x}, [0,2]$.

32. 如图所示,已知函数 $f(x)$ 的导数 $f'(x)$ 的图像,求:

(1) 函数 $f(x)$ 在哪个区间上递增?给出理由.

(2) 函数 $f(x)$ 在哪个点有极大值或极小值?给出理由.

(3) 函数 $f(x)$ 的临界点的横坐标是多少?给出理由.

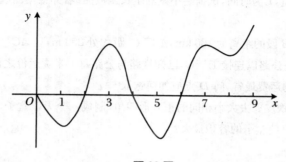

题 32 图

33. 求函数 $y = \dfrac{(x-3)^2}{4(x-1)}$ 的单调区间、极值、临界点,并画出函数图像.

34. 如图所示,已知一个连续函数 $f(x)$ 的导数 $f'(x)$ 的图像.

(1) 求函数 $f(x)$ 的递增区间或递减区间?

(2) x 取何值时,函数 $f(x)$ 有极大值或极小值?

(3) 函数 $f(x)$ 的临界点的横坐标是多少?

(4) 假设 $f(0) = 0$,画出函数 $f(x)$ 的图像.

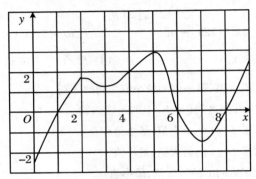

题 34 图

35. 在 $0 \sim 30\,℃$,$1\,kg$ 水的体积 V(单位:cm^3)和温度 T 近似符合函数

$$V = 999.87 - 0.064\,26T + 0.008\,504T^2 - 0.000\,067\,9T^3$$

问温度为多少时,水的密度最大?

36. 1970 年,Page 在实验室饲养雌性小鼠,通过收集的大量资料分析,得到小鼠的生长函数为

$$W = \frac{36}{1 + 30e^{-2t/3}}$$

其中 W 为小鼠的质量,t 为时间,试描绘小鼠的生长函数曲线,并根据曲线指出小鼠生长的快慢过程.

37. 设铁路上 AB 段的距离为 $100\,km$,工厂 C 距 A 处 $20\,km$,且 $AC \perp AB$,要在 AB 线上选定一点 D 修一条公路以连接工厂 C,已知铁路与公路每千米货运价之比为 $3:5$,为使货物从 B 运到工厂 C 的运费最省,问 D 点应如何选取?

38. 从一正方形铁皮剪去大小相同的正方形四角,制成一个无盖盒子,问剪去的小正方形的边长为何值时,可使盒子的容积最大?

第3章 定 积 分

在第1章,我们以"已知数据下载总量如何计算下载速度问题"引入了函数导数(变化率)的概念.现在,我们来考察一个相反的问题,已知下载速度,如何计算总的下载量.对这个问题的研究,将引入另一个重要概念——定积分.它从已知函数变化率去计算函数的总变化量.我们将会发现,定积分不仅可以用来计算下载总量,而且可以用来计算其他一些量,比如曲边梯形的面积以及一些几何体的体积等.

3.1 如何测定数据流量

中国互联网络信息中心(CNNIC)发布的数据显示,我国手机用户上网的数量逐渐增加.手机上网业务是按移动业务数据流量计费的,那么数据流量是如何测算的?

如果下载的速度是恒定的,则

$$数据量 = 下载时间 \times 下载速度$$

但实际下载速度大都是不稳定的,本节我们将要讨论在这一情况下如何求下载流量.

3.1.1 每秒的下载速度数据

假定表3.1.1为某手机用户的下载速度(不妨设下载速度是单调增加的).因为我们不知道每一时刻的下载速度,所以没有办法精确计算下载数据量,但可以根据表3.1.1进行估算.第一秒内,用户至少下载了12.8 bit;第二秒内,用户至少下载了24.5 bit;第三秒内,用户至少下载了28.5 bit;第四秒内,用户至少下载了33.4 bit;第五秒内,用户至少下载了35.0 bit.因此,这五秒内至少下载了

$$12.8 + 24.5 + 28.5 + 33.4 + 35.0 = 134.2 \, (bit)$$

这样，134.2 bit 便是五秒内用户的下载流量的不足估计值.

表 3.1.1　　每秒的下载速度

时间(s)	0	1	2	3	4	5
速度(bit/s)	12.8	24.5	28.5	33.4	35.0	36.5

要想得到过剩估计值，我们可以这样来进行：第一秒内，用户最多下载了 24.5 bit；第二秒内，用户最多下载了 28.5 bit；第三秒内，用户最多下载了 33.4 bit，如此下去，可得五秒内最多下载了

$$24.5 + 28.5 + 33.4 + 35.0 + 36.5 = 157.9 \, (\text{bit})$$

因此，五秒内总下载流量应该介于 134.2 bit 和 157.9 bit 之间，不足估计和过剩估计值之间存在 23.7 bit 的差距.

3.1.2　每 0.5 秒的下载速度数据

如果我们想要得到更准确的估计值，该怎么办？我们应当更加频繁地记录用户的下载速度，比如说每 0.5 秒的速度数据，如表 3.1.2 所示.

表 3.1.2　　每 0.5 秒的下载速度（单位：bit/s）

时间	0	0.5	1	1.5	2	2.5	3	3.5	4	4.5	5
速度	12.8	21.5	24.5	26.0	28.5	32.1	33.4	34.6	35.0	35.9	36.5

同前面的讨论一样，用每 0.5 秒开始时的速度得到一个新的不足估计值. 在第一个 0.5 秒内，下载速度至少是 12.8 bit/s；第二个半秒内，下载速度至少是 21.5 bit/s…… 于是，可得到

$$
\begin{aligned}
\text{不足估计值} =\ & 12.8 \times 0.5 + 21.5 \times 0.5 + 24.5 \times 0.5 + 26.0 \times 0.5 \\
& + 28.5 \times 0.5 + 32.1 \times 0.5 + 33.4 \times 0.5 + 34.6 \times 0.5 \\
& + 35.0 \times 0.5 + 35.9 \times 0.5 \\
=\ & 142.15 \, (\text{bit/s})
\end{aligned}
$$

再利用每 0.5 秒结束时的速度得到一个新的过剩估计值. 在第一个 0.5 秒内，下载速度最大是 21.5 bit/s；第二个 0.5 秒内，下载速度最多是 24.5 bit/s…… 于是，可得到

$$
\begin{aligned}
\text{过剩估计值} =\ & 21.5 \times 0.5 + 24.5 \times 0.5 + 26.0 \times 0.5 + 28.5 \times 0.5 \\
& + 32.1 \times 0.5 + 33.4 \times 0.5 + 34.6 \times 0.5 + 35.0 \times 0.5 \\
& + 35.9 \times 0.5 + 36.5 \times 0.5
\end{aligned}
$$

$$= 154\,(\text{bit/s})$$

注意到新的过剩估计和新的不足估计之间的差值是 11.85 bit/s，比前一种方法得到的误差小得多．这样我们通过缩小测量区间的方法，把过剩估计和不足估计的差值缩小了．通过前面的分析，现在我们已经学会了求不足估计和过剩估计，既然真实值在两者之间，我们就采用两者的平均值来估计．

3.1.3　间隔一秒估计的图示

我们把过剩估计值和不足估计值表示在一幅图上（图3.1.1），以方便大家观察为何改变测量区间就能改变估算的精确度．

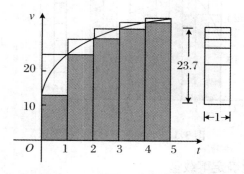

图 3.1.1　间隔一秒估计的图示

第一个阴影表示的矩形面积是12.8，是下载量在第一秒内的不足估计值；第二个阴影表示的矩形面积是24.5，是下载量在第二秒内的不足估计值；第三个阴影表示的矩形面积是33.4，是下载量在第三秒内的不足估计值，如此下去，所有阴影矩形的面积和便代表了下载数据量的总和．

如果我们把空白矩形和阴影矩形叠加在一起作为一个大矩形考虑的话，那么第一块大的矩形面积为 24.5，它代表了第一秒内下载量的过剩估计值，类似做下去，我们便得到了所有大矩形的面积，它们的和就是总下载量的过剩估计值．

为了计算两个总估计值之间的差，想象把所有的空白矩形右移，并互相叠加，这样就得到一个宽为1、高为23.7的大矩形，如图3.1.1所示．该矩形的面积即为两个总估计值的差．

3.1.4　间隔半秒估计的图示

以每 0.5 秒测量一次而得到的速度数据表示如图 3.1.2 所示.同上述表示,所有阴影矩形的面积之和代表下载量不足估计值,把空白矩形和阴影矩形叠加在一起作为一个大矩形,这些大矩形的和代表下载量的过剩估计,两种估计的差则为空白矩形的面积和,高度同前面一样,但是宽度为图 3.1.1 中空白矩形的一半.

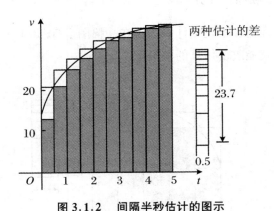

图 3.1.2　间隔半秒估计的图示

3.1.5　精确地确定下载量

假定我们想要知道 $[a,b]$ 时间段内总的下载量,以 $v = f(t)$ 表示 t 时刻的下载速度.为方便起见,每隔相同时间间隔对速度进行一次记录,记录的时刻记为 t_0,$t_1,t_2,\cdots,t_n$,其中 $t_0 = a,t_n = b$,任意相邻两次的时间间隔为

$$\Delta t = \frac{b - a}{n} \quad (\Delta t \text{ 表示时间 } t \text{ 的增量})$$

在区间 $[t_0,t_1],[t_1,t_2],\cdots,[t_{n-1},t_n]$ 上,速度均由区间左端点时刻的瞬时速度作为整个小区间上的平均速度,故得第一个区间内的下载量大约为 $f(t_0)\Delta t$,第二个区间内下载量大约为 $f(t_1)\Delta t$,如此下去,把每个区间的估计值叠加起来,就得到区间 $[a,b]$ 上下载量的估计值:

$$f(t_0)\Delta t + f(t_1)\Delta t + f(t_2)\Delta t + \cdots + f(t_{n-1})\Delta t = \sum_{i=0}^{n-1} f(t_i)\Delta t$$

由上述方法得到的估值称为左和(也称为黎曼左和).类似地,如果速度均由区间右端点时刻的瞬时速度作为整个小区间的平均速度,即可以得到右和(也称为黎曼右和),比如第一个区间的下载量大约为 $f(t_1)\Delta t$,第二个区间的下载量大约为

$f(t_2)\Delta t$, 如此下去, 把每个区间的估计值叠加起来, 就得到整个区间下载量的估计值:

$$f(t_1)\Delta t + f(t_2)\Delta t + f(t_3)\Delta t + \cdots + f(t_n)\Delta t = \sum_{i=1}^{n} f(t_i)\Delta t$$

如果 $v = f(t)$ 是个单调函数, 那么用区间端点的下载速度值估计整个小区间, 可得到左和及右和, 即下载总量的不足估计值与过剩估计值. 不论 $v = f(t)$ 是个递增或递减函数, 总的下载量总是介于两者之间. 因此我们的估算准确度只依赖于两个估计值之差的绝对值大小:

$$|\text{不足与过剩估计的差}| = |f(a) - f(b)|\Delta t$$

由上式可见, 当记录时刻越密集, 即 Δt 越小, 可以得到不足估计与过剩估计之差的绝对值无限地小. 因此当 $n(a \leqslant t \leqslant b$ 的等分数) 无限大时, 左和与右和都无限接近于真正的下载量 A, 用极限的方法表示为

$$\lim_{n\to\infty} \sum_{i=0}^{n-1} f(t_i)\Delta t = \lim_{n\to\infty} \sum_{i=1}^{n} f(t_i)\Delta t = A$$

事实上, 若 Δt 充分小, 可在 n 个区间中任取一点的下载速度代替整个区间的下载速度, 从而得出 $\lim_{n\to\infty} \sum_{i=1}^{n} f(t_i^*)\Delta t_i = A$, 其中 t_i^* 为第 i 个区间中的任意一点, 并称 $\sum_{i=1}^{n} f(t_i^*)\Delta t_i$ 为黎曼和. 通过对黎曼和取极限来计算下载量的方法, 对于下载速度不是单调的情况仍然是有效的.

3.2　定积分的概念

在上一节中, 我们知道了 n 趋于无穷时左和与右和的极限即为精确下载量, 可证明只要函数 $f(x)$ 连续, 左和与右和的极限都存在且相等. 此时, 我们称这些和式的极限为定积分.

> 函数 $f(x)$ 从 a 到 b 的定积分表示为
> $$\int_a^b f(x)dx = \lim_{n\to\infty} \sum_{i=0}^{n-1} f(x_i)\Delta x = \lim_{n\to\infty} \sum_{i=1}^{n} f(x_i)\Delta x$$

注 3.2.1　(1) $\int_a^b f(x)dx$ 中元素的说明: $\int$ 为积分号, $f(x)$ 为被积函数, a 为

积分下限, b 为积分上限, x 为积分变量.

(2) $\int_a^b f(x)\mathrm{d}x$ 为常数, 同 x 无关, 即把 x 改为 t 或 y, 定积分数值不变, 即

$$\int_a^b f(x)\mathrm{d}x = \int_a^b f(t)\mathrm{d}t = \int_a^b f(y)\mathrm{d}y$$

(3) 利用定积分的定义, 可以通过黎曼和来估计定积分的数值.

例 3.2.1　表 3.2.1 给出了全球石油的消费(以亿桶来计量), 试估计 20 年间石油的消费.

表 3.2.1　石油的消费

年份	1980	1985	1990	1995	2000
石油	223	230	239	249	270

解　因为石油的消费是关于时间 t 的一个单调增的连续函数, 假定为 $f(t)$, 则 20 年间石油的消费为 $\int_0^{20} f(t)\mathrm{d}t$, 但具体的函数表达式未知, 因此我们可以通过黎曼左和以及黎曼右和来估计 $\int_0^{20} f(t)\mathrm{d}t$. 把时间等分为 4 个小区间, 则黎曼左和为

$$223 \times 5 + 230 \times 5 + 239 \times 5 + 249 \times 5 = 4\,705$$

黎曼右和为

$$230 \times 5 + 239 \times 5 + 249 \times 5 + 270 \times 5 = 4\,940$$

据此, 我们可以估计 20 年间石油的消费介于 4 705 亿桶和 4 940 亿桶之间.

3.2.1　定积分与面积的关系

由上一节的分析可得, 当 $f(x)$ 为非负函数时, 黎曼和可表示为矩形的面积和, 如图 3.2.1 所示, 当矩形的宽度 $\Delta x \to 0$ 时, 这些矩形就越来越与 a 与 b 之间 $f(x)$ 之下, x 轴之上的面积相吻合, 因此由定积分的定义, 可得 $\int_a^b f(x)\mathrm{d}x$ 精确地表示该阴影部分的面积.

> 当 $f(x)$ 为非负函数且 $a < b$ 时, a 与 b 之间 $f(x)$ 之下, x 轴之上的面积为
>
> $$\int_a^b f(x)\mathrm{d}x$$

若 $f(x)$ 为负值,其图像位于 x 轴的下方,则每一个 $f(x)$ 的值均为负的,于是 $f(x)\Delta x$ 也为负值,所以,左和和右和的极限都是非正的,但是图形的面积是非负的,故此时定义定积分为面积的负值.

若 $f(x)$ 取值有正有负,如图3.2.2所示,则

$$\int_a^b f(x)\mathrm{d}x = A_1 - A_2 + A_3$$

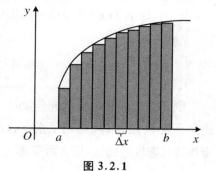

图 3.2.1

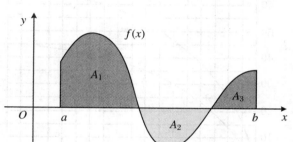

图 3.2.2

现在我们已经知道曲线 $f(x)$ 和 $x = a$, $x = b$ 以及 x 轴围成的面积了,图3.2.3 演示了如何求两条曲线 $f(x)$ 和 $g(x)$ 之间的面积,写成定积分的形式,即为

$$\int_a^b f(x)\mathrm{d}x - \int_a^b g(x)\mathrm{d}x = \int_a^b \left[f(x) - g(x)\right]\mathrm{d}x$$

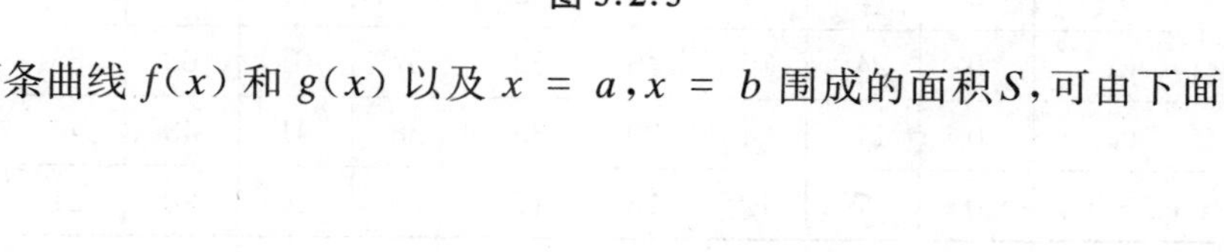

图 3.2.3

两条曲线 $f(x)$ 和 $g(x)$ 以及 $x = a$, $x = b$ 围成的面积 S,可由下面的法则求得:

如果 $f(x)$ 和 $g(x)$ 是连续曲线,且对 $\forall x \in [a,b]$,有 $f(x) \geqslant g(x)$,则

$$S = \int_a^b [f(x) - g(x)]\mathrm{d}x$$

例 3.2.2　某地在引进企业时,做了环境污染的电脑模拟,以确定是选择企业 A 还是企业 B.图 3.2.4 显示了企业 A 和 B(曲线 A 和 B) 从早 6 点运行至晚 10 点的污染物排放速度的曲线,那么两条曲线之间的区域面积 S 表示什么?应该如何估计?

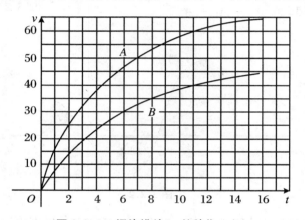

图 3.2.4　污染排放(v 的单位:g/h)

解　由前面的分析,我们知道曲线 A 下面的区域面积表示企业 A 的总污染物排放量,同理,曲线 B 下面的区域面积是企业 B 的总污染物排放量,而曲线 A 和 B 之间区域的面积表示两个企业在 $0 \sim 16$ 内(早 6 点记作 0,以此类推) 的污染物排放量的差,即 $S = \int_0^{16} (v_A - v_B)\mathrm{d}t$.利用图形得到每 2 小时的污染排放速度的表格,见表 3.2.2.

表 3.2.2　排污速度(单位:g/h) 与时间

t	0	2	4	6	8	10	12	14	16
v_A	0	24	36	46	52	57	61	63	65
v_B	0	17	24	30	35	38	41	43	44
$v_A - v_B$	0	7	12	16	17	19	20	20	21

把区间 $[0,16]$ 等分成 8 个小区间,构造左和来估计 $\int_0^{16} (v_A - v_B)\mathrm{d}t$:

$$S \approx (0 + 7 + 12 + 16 + 17 + 19 + 20 + 20) \times 2 = 222 \, (\text{g})$$

3.2.2　连续函数的平均值

我们知道 n 个数的平均值是这些数的和除以 n 得到的商,而闭区间 $[a,b]$ 上的一个连续函数 $f(x)$ 有无穷多个值,那么如何求其平均值?我们可以有序地对其进行取样.首先将 $[a,b]$ 分割成 n 个等长的子区间,分别记为 $[x_0,x_1],[x_1,x_2],\cdots,[x_{n-1},x_n]$,其中 $x_0 = a, x_n = b$,每个子区间的长度为 $\Delta x = (b-a)/n$,并且对每个子区间取其左端点的函数值,如 $[x_{i-1},x_i]$ 上,取点 x_{i-1} 的函数值 $f(x_{i-1})$,这样可以得到 n 个样本:$f(x_0), f(x_1), \cdots, f(x_{n-1})$,其平均值为

$$\frac{f(x_0) + f(x_1) + \cdots + f(x_{n-1})}{n} = \frac{1}{n} \sum_{i=0}^{n-1} f(x_i)$$

$$= \frac{\Delta x}{b-a} \sum_{i=0}^{n-1} f(x_i)$$

$$= \frac{1}{b-a} \sum_{i=0}^{n-1} f(x_i) \Delta x$$

于是样本的平均值总是 $f(x)$ 在 $[a,b]$ 上的左和的 $1/(b-a)$ 倍.当 n 无限增大时,由上式,可知平均值趋于 $\dfrac{1}{b-a} \displaystyle\int_a^b f(x)\mathrm{d}x$,因此有如下结论:

> 若 $f(x)$ 为 $[a,b]$ 上的一个连续函数,则 $f(x)$ 在 $[a,b]$ 上的平均值为
>
> $$\frac{1}{b-a} \int_a^b f(x)\mathrm{d}x$$

上述平均值的定义告诉我们:

$$f(x) \text{ 在 } [a,b] \text{ 上的平均值} \times (b-a) = \int_a^b f(x)\mathrm{d}x$$

这样,如果把定积分解释为 $f(x)$ 图像下的面积,就可以把 $f(x)$ 的平均值想象为具有相同面积且底仍为 $b-a$ 的矩形的高,如图 3.2.5 所示.

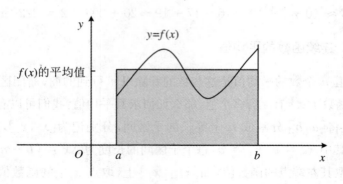

图 3.2.5

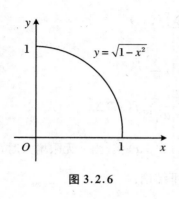

图 3.2.6

例 3.2.3　求 $f(x) = \sqrt{1 - x^2}$ 在 $[0,1]$ 上的平均值.

解　函数 $f(x) = \sqrt{1 - x^2}$ 的图像如图 3.2.6 所示.

易知，$\int_0^1 \sqrt{1 - x^2} \mathrm{d}x$ 表示的是单位圆面积的 $1/4$，因此 $\int_0^1 \sqrt{1 - x^2} \mathrm{d}x = \dfrac{\pi}{4}$. 由此可得函数 $f(x)$ 的平均值为

$$\frac{1}{1 - 0} \int_0^1 \sqrt{1 - x^2} \mathrm{d}x = \frac{\pi}{4}$$

3.3　定积分的性质

在定积分 $\int_a^b f(t) \mathrm{d}t$ 的概念引入中，我们其实默认了 $a < b$. 事实上，若 $a > b$，黎曼和要改变的仅仅是 Δt，即把原来的小区间长度由 $(b - a)/n$ 改为 $(a - b)/n$，因此

$$\int_b^a f(t) \mathrm{d}t = -\int_a^b f(t) \mathrm{d}t$$

若 $a = b$，则 $\Delta t = 0$，故有

$$\int_a^a f(t)\mathrm{d}t = 0$$

为了便于今后计算定积分,下面我们将进一步给出若干定积分的性质(后面我们假定 $f(x)$ 和 $g(x)$ 都是连续函数):

性质 3.3.1 $\quad \int_a^b c\mathrm{d}x = c(b-a)(c \in \mathbf{R})$.

性质 3.3.2 $\quad \int_a^b cf(x)\mathrm{d}x = c\int_a^b f(x)\mathrm{d}x$.

性质 3.3.3 $\quad \int_a^b [f(x)+g(x)]\mathrm{d}x = \int_a^b f(x)\mathrm{d}x + \int_a^b g(x)\mathrm{d}x$.

性质 3.3.1 说明了常数函数的定积分等于区间长度的常数倍. 若 $c > 0, a < b$,则性质 3.3.1 可由图 3.3.1 所示.

性质 3.3.2 可直观地理解如下: $cf(x)$ 等于把函数 $f(x)$ 的函数图像相应放大或缩小 c 倍,因此黎曼和中的矩形面积也放大或缩小 c 倍(因为区间长度不变). 由定积分定义可知,定积分相应地放大或缩小 c 倍,即

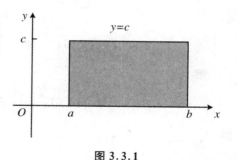

图 3.3.1

$$\int_a^b cf(x)\mathrm{d}x = c\int_a^b f(x)\mathrm{d}x$$

性质 3.3.3 表示对两个函数先求和再求定积分,可以分别求定积分再求和.

如图 3.3.2 所示, $f(x)+g(x)$ 和 $x = a, x = b, x$ 轴围成的面积等于 $f(x)$ 和 $x = a, x = b$ 以及 $g(x)$ 和 $x = a, x = b$ 围成面积的和.

性质 3.3.4 $\quad \int_a^c f(x)\mathrm{d}x + \int_c^b f(x)\mathrm{d}x = \int_a^b f(x)\mathrm{d}x$.

为方便起见,我们不妨假定 $f(x)$ 为非负函数,且 $a < c < b$,其他情况类似可得,则性质 3.3.4 可理解为: $f(x)$ 和 $x = a, x = b, x$ 轴围成的面积恰好为 $f(x)$ 和 $x = a, x = c$ 以及 $f(x)$ 和 $x = c, x = b$ 围成的面积和,如图 3.3.3 所示.

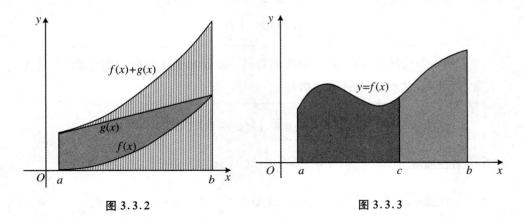

图 3.3.2　　　　　　　　　　图 3.3.3

例 3.3.1 已知

$$\int_0^{10} f(x)\mathrm{d}x = 17, \quad \int_0^8 f(x)\mathrm{d}x = 12, \quad \int_0^{10} h(x)\mathrm{d}x = 9$$

求

$$\int_{10}^8 f(x)\mathrm{d}x \quad 和 \quad \int_0^{10}[2f(x) - 3h(x)]\mathrm{d}x$$

解 由

$$\int_0^8 f(x)\mathrm{d}x + \int_8^{10} f(x)\mathrm{d}x = \int_0^{10} f(x)\mathrm{d}x$$

得

$$\int_8^{10} f(x)\mathrm{d}x = \int_0^{10} f(x)\mathrm{d}x - \int_0^8 f(x)\mathrm{d}x = 5$$

所以

$$\int_{10}^8 f(x)\mathrm{d}x = -\int_8^{10} f(x)\mathrm{d}x = -5$$

$$\int_0^{10}[2f(x) - 3h(x)]\mathrm{d}x = 2\int_0^{10} f(x)\mathrm{d}x - 3\int_0^{10} h(x)\mathrm{d}x = 7$$

性质 3.3.1～3.3.4 不用考虑 a 和 b 的大小关系,而下面给出的性质 3.3.5 和 3.3.6 必须要求 $a \leqslant b$.

性质 3.3.5 设 $f(x) \geqslant g(x), \forall x \in [a, b]$,则

$$\int_a^b f(x)\mathrm{d}x \geqslant \int_a^b g(x)\mathrm{d}x$$

> **性质 3.3.6**　对 $\forall x \in [a,b]$,若 $m \leqslant f(x) \leqslant M$,则
> $$m(b-a) \leqslant \int_a^b f(x)\mathrm{d}x \leqslant M(b-a)$$

若被积函数为非负函数,则定积分是非负的(表示的是面积),由此可证得性质 3.3.5 的结论:对 $\forall x \in [a,b]$,由于 $f(x) \geqslant g(x)$,故 $f(x) - g(x) \geqslant 0$,所以

$$\int_a^b [f(x) - g(x)]\mathrm{d}x \geqslant 0$$

整理得

$$\int_a^b f(x)\mathrm{d}x - \int_a^b g(x)\mathrm{d}x \geqslant 0, \quad 即 \quad \int_a^b f(x)\mathrm{d}x \geqslant \int_a^b g(x)\mathrm{d}x$$

对于性质 3.3.6,可直接利用性质 3.3.5 得出,留作练习.

例 3.3.2　用性质 3.3.6 估计 $\int_0^1 \mathrm{e}^{-x^2}\mathrm{d}x$ 的范围.

解　易知,函数 $f(x) = \mathrm{e}^{-x^2}$ 在区间 $[0,1]$ 上是单调减的函数,因此其最大值是 $M = f(0) = 1$,最小值是 $m = f(1) = \mathrm{e}^{-1}$.由性质 3.3.6 得

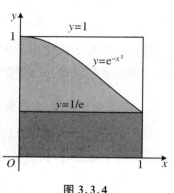

$$\mathrm{e}^{-1}(1-0) \leqslant \int_0^1 \mathrm{e}^{-x^2}\mathrm{d}x \leqslant 1 \times (1-0)$$

即

$$\mathrm{e}^{-1} \leqslant \int_0^1 \mathrm{e}^{-x^2}\mathrm{d}x \leqslant 1$$

图 3.3.4

结果如图 3.3.4 所示,该定积分的值比长为 1、宽为 1/e 的矩形面积大,比边长为 1 的正方形面积要小.

3.4　定积分的计算

下载速度的定积分可以解释为下载总量.如果 $v(t)$ 表示 t 时刻的下载速度,$L(t)$ 表示 t 时刻的下载量,则 $L'(t) = v(t)$,并且有

$$L(b) - L(a) = \int_a^b L'(t)\mathrm{d}t = \int_a^b v(t)\mathrm{d}t$$

在这一节中,我们将把这一结果一般化,即由任一量的变化率的积分可以给出

该变量总改变量的结论. 假设 $F'(t)$ 是 $F(t)$ 的变化率,并假定 $F(t)$ 是在 $t = a$ 和 $t = b$ 之间的总改变量,把区间 $[a,b]$ 分割成 n 个等长的小区间:$[t_0,t_1]$,$[t_1,t_2]$,$\cdots$,$[t_{n-1},t_n]$,其中 $t_0 = a$,$t_n = b$,每一个小区间的长度为 Δt. 我们将在每一个小区间对 $F(t)$ 的改变量 ΔF 进行计算,然后叠加起来. 假设 $F(t)$ 在这些小区间上的变化率近似为某一个常量,则可以得到

$$\Delta F \approx F \text{ 的变化率} \times \text{时间}$$

假定 $F(t)$ 在第一个小区间 $[t_0,t_1]$ 上的变化率近似为 $F'(t_0)$,于是有 $\Delta F \approx F'(t_0)\Delta t$.

假定 $F(t)$ 在第二个区间 $[t_1,t_2]$ 上的变化率近似为 $F'(t_1)$,于是有 $\Delta F \approx F'(t_1)\Delta t$.

依次进行下去,把 n 个小区间上得到的近似值全部累加起来,有

$$\text{总改变量} = \sum \Delta F \approx \sum_{i=0}^{n-1} F'(t_i)\Delta t$$

这样我们以左和形式得到了 $F(t)$ 在 $[t_0,t_n]$ 时间段内的总改变量. 类似也可以得到以右和形式估计的总改变量,即

$$\text{总改变量} = \sum \Delta F \approx \sum_{i=1}^{n} F'(t_i)\Delta t$$

$F(t)$ 在 $[t_0,t_n]$ 时间段内的总改变量为 $F(b) - F(a)$. 由定积分的定义可知,当 n 趋于无穷时,我们可以得到下面的结论:

$$F(b) - F(a) = \int_a^b F'(t)\mathrm{d}t$$

这一结论使得导数和定积分之间建立了联系,我们称之为微积分第一基本定理:

> 假定 $f(x)$ 是连续函数,且 $f(x) = F'(x)$,则
> $$\int_a^b f(t)\mathrm{d}t = F(b) - F(a)$$
> 此公式称为微积分公式.

常记 $F(b) - F(a) = F(x)\Big|_a^b$,则上述定理可表示为

$$\int_a^b f(t)\mathrm{d}t = F(x)\Big|_a^b$$

例 3.4.1　求 $\int_1^{10} \dfrac{1}{x}\mathrm{d}x$.

解　因为 $(\ln x)' = 1/x$,则由微积分第一基本定理得到

$$\int_1^{10} \frac{1}{x}\mathrm{d}x = \ln 10 - \ln 1 = \ln 10$$

例 3.4.2 设某一类细胞不断分裂产生新的细胞，t（小时）时刻的细胞分裂瞬时速率为 $F'(t) = 2^t$ 百万个 / 小时，假定初始时刻有 5 百万个细胞，试计算第一小时内细胞增加的个数，以及时间刚到 1 小时细胞的瞬时个数.

解 由 $F'(t) = 2^t$ 得

$$总的变化 = \int_0^1 2^t \mathrm{d}t = \frac{2^t}{\ln 2}\Big|_0^1 = \frac{1}{\ln 2} \approx 1.44$$

故第一小时内细胞增加了 1.44 百万个. 又因为初始时刻细胞数为 5 百万，所以时间刚到 1 小时细胞的瞬时个数为 $F(1) = 6.44$ 百万.

例 3.4.3 设某企业的边际成本函数为 $C'(q) = q^2 - 16q + 70$（单位：千元），其中 q 为产品的个数. 若固定成本 $C(0) = 500$（单位：千元），求生产 20 件产品的总花费.

解 因为固定成本为 $C(0) = 500$，所以生产 20 件产品的总花费为

$$C(20) = C(0) + \int_0^{20} (q^2 - 16q + 70)\mathrm{d}q$$

$$= 500 + \int_0^{20} q^2\mathrm{d}q - 16\int_0^{20} q\mathrm{d}q + 70\int_0^{20}\mathrm{d}q$$

$$= 500 + \frac{q^3}{3}\Big|_0^{20} - 16\frac{q^2}{2}\Big|_0^{20} + 70 \times 20$$

$$\approx 1\,366.7（千元）$$

例 3.4.4 某公路管理处在城市高速公路出口处记录了几个星期内车辆行驶的速度. 数据统计表明，一个普通工作日的下午 1:00 到 6:00 之间，此出口处在 t 时刻的车辆行驶速度约为 $s(t) = 2t^3 - 21t^2 + 60t + 40$（km/h），试计算下午 1:00 到 6:00 内车辆平均的行驶速度.

解 一般地，连续函数 $f(x)$ 在区间 $[a,b]$ 上的平均值，等于函数 $f(x)$ 在区间 $[a,b]$ 上的定积分除以区间 $[a,b]$ 的长度 $b - a$，因此

$$车辆平均的行驶速度 = \frac{1}{6-1}\int_1^6 s(t)\mathrm{d}t = \frac{1}{5}\int_1^6 (2t^3 - 21t^2 + 60t + 40)\mathrm{d}t$$

$$= \frac{1}{5}\left(\frac{1}{2}t^4 - 7t^3 + 30t^2 + 40t\right)\Big|_1^6 = 78.5 \,(\mathrm{km/h})$$

即下午 1:00 到 6:00 内车辆平均的行驶速度为 78.5 km/h.

例 3.4.5 求在区间 $[0, \pi/2]$ 上函数 $y = \sin x$ 和 $y = \cos x$ 之间的区域（如图

3.4.1所示）面积 S.

解　区间$[0,\pi/2]$上，函数 $y = \sin x$ 和 $y = \cos x$ 之间的区域如图3.4.1所示，可以划分为两块. 在 A_1 上，也就是 $x \in [0,\pi/4]$ 时，$\cos x \geqslant \sin x$；而在 A_2 上，也就是 $x \in [\pi/4,\pi/2]$ 时，$\cos x \leqslant \sin x$. 因此

$$S = A_1 + A_2$$
$$= \int_0^{\pi/4}(\cos x - \sin x)\mathrm{d}x + \int_{\pi/4}^{\pi/2}(\sin x - \cos x)\mathrm{d}x$$
$$= (\sin x + \cos x)\Big|_0^{\pi/4} + (-\cos x - \sin x)\Big|_{\pi/4}^{\pi/2} = 2\sqrt{2} - 2$$

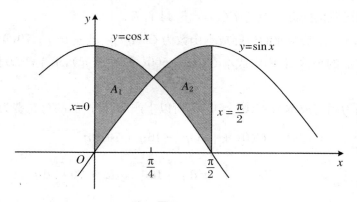

图 3.4.1

3.5　定积分的近似计算

定积分的计算可用微积分公式来计算，然而实际问题中，往往遇到以下情况：

（1）函数 $f(x)$ 是以表格形式给出的；

（2）从 $f(x)$ 的表达式很难得出 $F(x)$，例如 $\int_0^1 \mathrm{e}^{-x^2}\mathrm{d}x$ 等.

因而也就无法精确地计算其定积分，只能计算其近似值. 在定积分的引入中，我们其实已给出一种利用矩形法（黎曼和）来估计定积分的方法，下面将进一步给出其他两个方法来估计定积分.

3.5.1　梯形法

梯形法就是在每个小区间上以窄梯形的面积近似代替窄曲边梯形的面积. 如

图 3.5.1 所示,把区间 $[a,b]$ 均匀地分割为 n 段,分割点依次记为 $a = x_0, x_1,$ $x_2, \cdots, x_n = b$,对应的函数值依次为 $y_0, y_1, y_2, \cdots, y_n$,区间长度为 Δx,则有

$$\int_a^b f(x)\mathrm{d}x \approx \frac{1}{2}(y_0 + y_1)\Delta x + \frac{1}{2}(y_1 + y_2)\Delta x + \cdots + \frac{1}{2}(y_{n-1} + y_n)\Delta x$$

$$= \frac{b-a}{n}\left[\frac{1}{2}(y_0 + y_n) + y_1 + y_2 + \cdots + y_{n-1}\right]$$

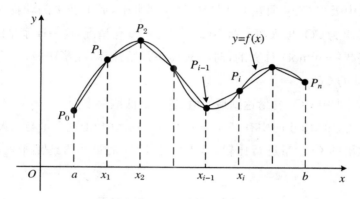

图 3.5.1

例 3.5.1（平均体温）　一名病人连续 12 小时的体温记录如表 3.5.1 所示,试给出他 12 小时内的平均温度.

表 3.5.1　体温记录表

t(h)	0	1	2	3	4	5	6	7	8	9	10	11	12
T(℃)	39.5	38	39	39.2	39.8	40	39.6	39.5	38	39	39.6	39	39.1

注　t 为记录的时刻,T 为体温.

解　表 3.5.1 只记录了体温的 13 个数值,而体温是时间 t 的连续函数,记为 $f(t)$.在 3.2 节中我们给出了求连续函数平均值的方法,即求 $\dfrac{1}{b-a}\displaystyle\int_a^b f(t)\mathrm{d}t$,但这里 $f(t)$ 的具体表达式未知,所以无法直接求 $\displaystyle\int_0^{12} f(t)\mathrm{d}t$,但可以利用由表中的时间刻度划分的 12 个小区间,用梯形法来逼近 $\displaystyle\int_0^{12} f(t)\mathrm{d}t$:

$$\int_0^{12} f(t)\mathrm{d}t \approx \frac{12-0}{12}\left[\frac{1}{2}(y_0 + y_{12}) + y_1 + y_2 + \cdots + y_{11}\right]$$

$$= \frac{1}{2}(y_0 + y_{12} + 2y_1 + 2y_2 + \cdots + 2y_{11})$$

$$= \frac{1}{2} \times 940 = 470$$

因此,所求 12 小时内的平均温度为

$$\frac{1}{12} \int_0^{12} f(t) \mathrm{d}t \approx 39.17 \,(\text{℃})$$

例 3.5.2 池塘中的生物活动反映在 CO_2 出入池塘的速率上,植物白天因光合作用从水中吸收 CO_2,而晚上则释放 CO_2 到水中,而池塘中的动物向水中释放 CO_2.表3.5.2为CO_2出入池塘速率(24小时)的变化情况,这一速率是以每升水每小时多少毫摩尔(mmol)计算的,时间从黎明开始计算,在黎明时,每升水中含有 2.600 mmol 的 CO_2.

(1) 何时水中 CO_2 含量达到最低值?这一最低值为多少?

(2) 在晚上的12小时中有多少 CO_2 被释放到水中?把这个量与白天12个小时中水中释放出的 CO_2 量进行比较,就池塘中 CO_2 的量是否达到平衡,给出你的回答.

表 3.5.2 CO_2 出入水塘的速率

t	$f'(t)$	t	$f'(t)$	t	$f'(t)$	t	$f'(t)$	t	$f'(t)$	t	$f'(t)$
0	0.000	4	−0.039	8	−0.026	12	0.000	16	0.035	20	0.020
1	−0.042	5	−0.038	9	−0.023	13	0.054	17	0.030	21	0.015
2	−0.044	6	−0.035	10	−0.020	14	0.045	18	0.027	22	0.012
3	−0.041	7	−0.030	11	−0.008	15	0.040	19	0.023	23	0.005

注 $f(t)$ 表示黎明后 t 小时池塘水中的 CO_2 的含量,单位是 mmol/L.

解 (1) 在黎明时刻,水中CO_2的含量为2.600 mmol/L,于是$f(0) = 2.600$.由表3.5.2,观察得$0 < t < 12$时,$f'(t) < 0$,故 CO_2 含量$f(t)$在白天$0 < t < 12$之间的12个小时内是下降的.同理可得,在随后的12个小时内CO_2含量是增加的.故 $f(t)$ 在 $t = 12$ 时(中午)达到最小值.由微积分基本定理有

$$f(12) = f(0) + \int_0^{12} f'(t)\mathrm{d}t = 2.600 + \int_0^{12} f'(t)\mathrm{d}t$$

可用梯形法来近似计算这一定积分.取 $n = 12$,即 $\Delta t = 1$,于是,由梯形法可得

$$\int_0^{12} f'(t)\mathrm{d}t \approx 1 \times \left[\frac{1}{2}(0.000 + 0.000) - 0.042 - 0.044 - \cdots - 0.008\right]$$
$$= -0.346$$

因此,在黎明过后的第 12 个小时,池塘水中的 CO_2 含量达到最低值,这一最低值近似为 $2.600 - 0.346 = 2.254$ mmol/L.

(2) 晚上的 12 个小时内 CO_2 的增加量为

$$f(24) - f(12) = \int_{12}^{24} f'(t) \mathrm{d}t$$

使用梯形法来估算这一积分,可得晚上大约有 0.306 mmol/L 的 CO_2 被释放到水塘中.在(1) 中,已计算出白天大约有 0.346 mmol/L 的 CO_2 由池塘水中释放.如果水塘中 CO_2 含量处于平衡,则白天池塘水中释放出的 CO_2 应与晚上被释放到池塘水中的 CO_2 量相等.这两个量是如此接近(0.306 和 0.346),因此可以断定它们之间的差可能是由测量误差引起的.

3.5.2　抛物线法

由矩形法和梯形法给出了闭区间上连续函数积分的合理逼近,其不足之处在于这两种方法都用直线段逼近弯曲的弧,如果能用曲线段来逼近,将更加有效. 为了进一步提高精确度,可以考虑在小范围内用二次函数来近似 $f(x)$,这种方法称为抛物线法.

具体操作如下:

用分点 $a = x_0, x_1, x_2, \cdots, x_n = b$ 将积分区间 $[a, b]$ 分割成 n(要求 n 为偶数) 等份,各分点对应的函数值分别为 $y_0, y_1, y_2, \cdots, y_n$,即 $y_i = f(x_i) = f\left(a + i\dfrac{b-a}{n}\right)$.平面上三点可以确定一条抛物线 $y = px^2 + qx + r$,取相邻的两个小区间上经过曲线上的三个点,由这三点作抛物线(因此抛物线法必须将区间等分为偶数个小区间),把这些抛物线构成的曲边梯形的面积相加,就得到了所求定积分的近似值.

先计算区间 $[-h, h]$ 上,以过 $(-h, y_0), (0, y_1), (h, y_2)$ 三点的抛物线 $y = px^2 + qx + r$ 为曲边的曲边梯形面积:

$$S = \int_{-h}^{h} (px^2 + qx + r) \mathrm{d}x = 2\int_0^h (px^2 + r) \mathrm{d}x = \frac{2}{3} ph^3 + 2rh$$

由 $y_0 = ph^2 - qh + r, y_1 = r, y_2 = ph^2 + qh + r$,得 $ph^2 = y_0 + y_2 - 2y_1$,所以

$$S = \frac{1}{3} (2ph^3 + 6rh) = \frac{1}{3} h(2ph^2 + 6r) = \frac{1}{3} h(y_0 + 4y_1 + y_2)$$

取 $h = \dfrac{b-a}{n}$,则上面所求的 S 等于区间 $[x_0, x_2]$ 上以抛物线为曲边的曲边梯形的

面积.同理,可以得到区间$[x_{i-1}, x_{i+1}]$上以抛物线为曲边的曲边梯形的面积:

$$S_i = \frac{b-a}{3n}(y_{i-1} + 4y_i + y_{i+1}) \quad (i = 1, 2, \cdots, n-1)$$

于是,将这 $n/2$ 个曲边梯形的面积加起来,就得到定积分的近似值为(设 $n = 2k$)

$$S_n = \frac{b-a}{3n}\big[y_0 + y_n + 4(y_1 + y_3 + \cdots + y_{n-1})$$
$$+ 2(y_2 + y_4 + \cdots + y_{n-2})\big]$$

例 3.5.3 用抛物线法($n = 6$)逼近$\int_0^3 6x^5 \mathrm{d}x$.

解 将区间$[0,3]$等分成6个小区间,分点及其函数值如表3.5.3所示.因此

$$S_6 = \frac{3}{18}\big[y_0 + y_6 + 4(y_1 + y_3 + y_5) + 2(y_2 + y_4)\big]$$

$$= \frac{1}{6}\Big[0 + 1\,458 + 4\Big(\frac{6}{32} + \frac{1\,458}{32} + \frac{18\,750}{32}\Big) + 2(6 + 192)\Big]$$

$$= \frac{35\,046}{48} = 730.125$$

表 3.5.3

x	0	1/2	1	3/2	2	5/2	3
y	0	6/32	6	1 458/32	192	18 750/32	1 458

可见,估计值和精确值(729)之间的误差仅为1.125,相对误差只有0.001 5.

习 题 3

1. 一辆汽车在司机猛踩刹车制动后5秒停下.在这一刹车过程中,下表记录了各速度值.

题 1 表

踩下刹车后的时间(s)	0	1	2	3	4	5
速度(m/s)	27	18	12	7	3	0

(1) 给出踩下刹车后汽车滑过的距离的不足估计值和过剩估计值;

(2) 在速度随时间变化的坐标系中,用图像表示不足估计值和过剩估计值及两值之间的差.

2. 煤气厂生产煤气. 煤气中的污染物质是通过涤气器去除的, 而这种涤气器的有效作用会随时间变得越来越低. 每月开始时进行用显示污染物质自动从涤气器中逃回煤气中的速率的检测, 其结果如表所示.

题 2 表

时间(月)	0	1	2	3	4	5	6
速率(吨 / 月)	3	7	8	10	13	16	20

(1) 给出第一个月内逃回的污染物质总量的不足估计值和过剩估计值;

(2) 给出前六个月内逃回的污染物质总量的不足估计值和过剩估计值;

(3) 为使不足估计值和过剩估计值相对于这六个月内实际逃回的污染物质的总量的误差不超过 1 吨, 必须每隔多长时间就要进行一次检测?

3. 对于 $f(x) = 2 - x^2 (0 \leqslant x \leqslant 2)$, 取四个子区间, 求样本点取右端点的黎曼和, 并利用图形解释该黎曼和对应的含义.

4. 设 $f(x) = \ln x - 1 (1 \leqslant x \leqslant 4)$, 求 $n = 6$ 时, 取样本点为左端点的黎曼和(结果取 6 位有效数字). 用图形解释该黎曼和对应的含义.

5. 用定义计算下列定积分的值:

(1) $\displaystyle\int_{-1}^{5} (1 + 3x) \mathrm{d}x$;　　(2) $\displaystyle\int_{1}^{4} (x^2 + 2x - 5) \mathrm{d}x$.

6. 计算 $y = x^2 - 9$ 与 x 轴围成的区域的面积.

7. 函数 $g(x)$ 如图所示, 对应两条直线和一个半圆, 求下列定积分的值:

(1) $\displaystyle\int_{0}^{2} g(x) \mathrm{d}x$;

(2) $\displaystyle\int_{2}^{6} g(x) \mathrm{d}x$;

(3) $\displaystyle\int_{0}^{7} g(x) \mathrm{d}x$.

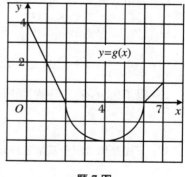

题 7 图

8. 某人每天的热量是 2 500 cal, 其中 1 200 cal 用于基本的新陈代谢. 在健身训练中, 他所消耗的大约是 16 cal/(kg · d) 乘以他的体重(kg). 假设以脂肪形式储存的热量 100% 有效, 而 1 kg 脂肪含热量 10 000 cal. 问此人的体重是怎样随时间变化的?

9. 假设 $C(t)$ 代表房间取暖每天的花费, 以元 / 天为计算单位; t 是以天为计算单位的时间, $t = 0$ 对应于 2009 年 3 月 1 日. 请解释 $\displaystyle\int_{0}^{90} C(t) \mathrm{d}t$ 和 $\dfrac{1}{90 - 0} \displaystyle\int_{0}^{90} C(t) \mathrm{d}t$ 的意思.

10. 假设墨西哥的人口（以百万计）P 由下式给出：

$$P = 67.38 \times 1.026^t$$

其中 t 是以年为计算单位的时间，$t = 0$ 表示 1980 年.

(1) 1980 ～ 1990 年墨西哥的平均人口是多少？

(2) 1980 年和 1990 年这两年墨西哥的平均人口是多少？

11. 利用面积求定积分的值：

(1) $\int_0^3 \left(\dfrac{1}{2} x - 1 \right) \mathrm{d}x$；　　　　(2) $\int_{-3}^0 (1 + \sqrt{9 - x^2}) \mathrm{d}x$；

(3) $\int_{-1}^2 |x| \, \mathrm{d}x$；　　　　　　(4) $\int_0^{10} |x - 5| \, \mathrm{d}x$.

12. 已知 $\int_0^9 f(x) \mathrm{d}x = 37, \int_0^9 g(x) \mathrm{d}x = 16$，求 $\int_0^9 [2f(x) + 3g(x)] \mathrm{d}x$.

13. 将下式写成定积分 $\int_a^b f(x) \mathrm{d}x$ 的形式：

$$\int_{-2}^2 f(x) \mathrm{d}x + \int_2^5 f(x) \mathrm{d}x - \int_{-2}^{-1} f(x) \mathrm{d}x$$

14. 如果

$$f(x) = \begin{cases} 3, & x < 3 \\ x, & x \geqslant 3 \end{cases}$$

求 $\int_0^5 f(x) \mathrm{d}x$.

15. 利用定积分的性质而不求定积分值，验证下列不等式：

(1) $\int_0^{\pi/4} \sin^3 x \mathrm{d}x \leqslant \int_0^{\pi/4} \sin^2 x \mathrm{d}x$；　　　　(2) $\int_1^2 \sqrt{5 - x} \mathrm{d}x \geqslant \int_1^2 \sqrt{x + 1} \mathrm{d}x$；

(3) $2 \leqslant \int_{-1}^1 \sqrt{1 + x^2} \mathrm{d}x \leqslant 2\sqrt{2}$；　　　　(4) $\dfrac{\pi}{6} \leqslant \int_{\pi/6}^{\pi/2} \sin x \mathrm{d}x \leqslant \dfrac{\pi}{3}$.

16. 设 f 在 $[a, b]$ 上连续，证明：

$$\left| \int_a^b f(x) \mathrm{d}x \right| \leqslant \int_a^b |f(x)| \, \mathrm{d}x$$

17. 下面是用微积分基本定理计算的一个定积分，问计算有无错误？

$$\int_{-1}^3 \frac{1}{x^2} \mathrm{d}x = -x^{-1} \Big|_{-1}^3 = -\frac{1}{3} - 1 = -\frac{4}{3}$$

18. 利用微积分基本定理，计算下列定积分：

(1) $\int_{-1}^2 x^5 \mathrm{d}x$；　　　(2) $\int_2^8 (4x + 3) \mathrm{d}x$；　　　(3) $\int_0^4 (1 + 3y - y^2) \mathrm{d}y$；

(4) $\int_0^{\pi/4} \sec^2 t \mathrm{d}t$；　　　(5) $\int_\pi^{2\pi} \cos \theta \mathrm{d}\theta$；　　　(6) $\int_1^2 \frac{4 + u^2}{u^3} \mathrm{d}u$；

(7) $\int_1^4 \left(3 + \dfrac{1}{\sqrt{x}}\right)\mathrm{d}x$；(8) $\int_0^1 10^x \mathrm{d}x$；　　　(9) $\int_{1/2}^{\sqrt{3}/2} \dfrac{6}{\sqrt{1-t^2}}\mathrm{d}t$；

(10) $\int_{-1}^1 \mathrm{e}^{x+1}\mathrm{d}x$；　　(11) $\int_{-\pi}^{\pi} f(x)\mathrm{d}x$，其中 $f(x) = \begin{cases} x, & -\pi \leqslant x \leqslant 0 \\ \sin x, & 0 < x \leqslant \pi \end{cases}$.

19. 图中斜线部分是由抛物线 $y = \dfrac{1}{2}x^2$ 和直线 $y = \dfrac{1}{2}x + 1$ 所围成的，求其面积.

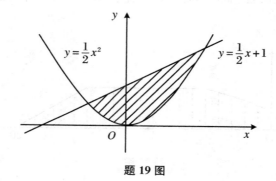

题 19 图

20. 设一个蜜蜂种群开始时有 100 只蜜蜂，并且以每周 $n'(t)$ 只的速度增加，那么 $100 + \int_0^{15} n'(t)\mathrm{d}t$ 表示什么？

21. 长为 4 m 的杆的密度为 $\rho(x) = 9 + 2\sqrt{x}\,(\mathrm{kg/m})$，其中 x 为某点到杆的一端的距离（单位：m），求杆的总质量.

22. 生产 x m 某种布的边际成本是 $C'(x) = 3 - 0.01x + 0.0006x^2$（单位：元/m），求生产量从 2 000 m 增加到 4 000 m 时增加的成本.

23. 将区间 $[0,1]$ 等分成 10 份，设分点为 $x_i (i = 0,1,\cdots,10)$，函数 $f(x) = \mathrm{e}^{-x^2}$ 在各个分点处的函数值 $y_i = \mathrm{e}^{-x_i^2}(i = 0,1,\cdots,10)$ 列于下表.

题 23 表

i	0	1	2	3	4	5
x_i	0	0.1	0.2	0.3	0.4	0.5
y_i	1.000 00	0.990 05	0.960 79	0.913 93	0.852 14	0.778 80
i	6	7	8	9	10	
x_i	0.6	0.7	0.8	0.9	1	
y_i	0.697 68	0.612 63	0.527 29	0.444 86	0.367 88	

用梯形法计算定积分 $\int_0^1 e^{-x^2} dx$ 的近似值.

24. 用梯形法计算定积分 $\int_0^1 \dfrac{1}{1+x^2} dx$ 的近似值(取 $n = 10$).

25. 对如图所示的图形测量,所得的数据如表所示,用抛物线法计算该图形的面积 A. 这里,0 站到 20 站之间的距离为 147.18 m,相邻两站之间的距离为 147.18 ÷ 20 = 7.359(m).而 −1 站到 0 站之间的距离为 5 m.(提示:从 −1 站到 0 站的面积 A_1 可用三角形面积来近似.)

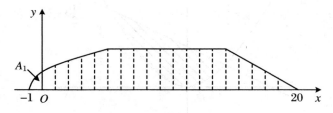

题 25 图

题 25 表

站号	−1	0	1	2	3	4	5	6	7	8	9
高 y	0	2.305	4.865	6.974	8.568	9.559	10.011	10.183	10.200	10.200	10.200

站号	10	11	12	13	14	15	16	17	18	19	20
高 y	10.200	10.200	10.200	10.200	10.400	9.416	8.015	6.083	3.909	1.814	0

第4章 积分计算

对于形式简单的被积函数,利用微积分第一基本定理,可以直接求出其积分值.但我们遇到的被积函数往往都比较复杂,很难这样直接计算.本章我们将介绍积分计算的分部积分法和换元法,运用这些方法,可以解决比较复杂的被积函数积分计算问题.此外,我们还介绍反常积分,即积分上限或下限为无穷大,或者被积函数在积分区间上为无界函数的积分计算问题.

4.1 不定积分

数学中很多运算都有其逆运算,例如加法与减法、乘法与除法、开方与幂运算等.我们已学习了如何求一个函数的导数,本节就是要讨论求一个函数导数的逆运算,这种求一个函数导数的逆运算称为求这个函数的原函数.

4.1.1 原函数

> 若 $F'(x) = f(x)(\forall x \in I)$,则称函数 $F(x)$ 是函数 $f(x)$ 在区间 I 上的原函数.

函数 $F(x) = x^3/3$ 是 $f(x) = x^2$ 的一个原函数,因为 $(x^3/3)' = x^2$.我们发现: $(x^3/3 + 2)' = x^2, (x^3/3 - 2\pi)' = x^2, (x^3/3 + 4)' = x^2, \cdots$,故 $F(x) = x^3/3$ 并不是 $f(x) = x^2$ 的唯一原函数.事实上,$F(x) = x^3/3 + C, \forall C \in \mathbf{R}$(表示的是一簇函数,如图 4.1.1 所示)都是 $F(x) = x^2$ 的原函数,满足 $(x^3/3 + C)' = x^2$.

我们可以得出结论,若 $F(x)$ 为 $f(x)$ 的原函数,则 $F(x) + C(\forall C \in \mathbf{R})$ 也是 $f(x)$ 的原函数.由两个原函数得到的差是不是常数呢?请看如下定理:

> 两个函数在区间 $[a, b]$ 上的导数相等，等价于这两个函数相差一个常数，即
>
> $$F'(x) = G'(x) \iff F(x) = G(x) + C \ (a \leqslant x \leqslant b, C \in \mathbf{R})$$

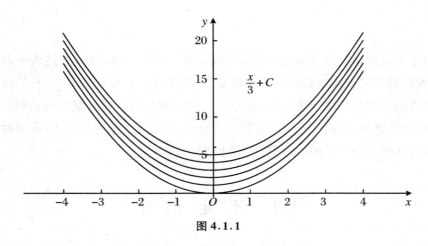

图 4.1.1

由上述定理可知，在求一个函数的原函数时，只需求出其中的某一个，其他的原函数可表示为该原函数加上一个常数 C，求一个函数原函数的计算我们用不定积分来表示，其定义如下.

4.1.2　不定积分

> 设 $F(x)$ 是 $f(x)$ 的一个原函数，则 $F(x) + C$ 表示 $f(x)$ 的全体原函数，记作 $\int f(x)\mathrm{d}x$，称之为函数 $f(x)$ 的不定积分，即
>
> $$\int f(x)\mathrm{d}x = F(x) + C$$

注 4.1.1　（1）$\int$ 为积分符号，$f(x)$ 为被积函数，$\mathrm{d}x$ 表示积分对象为 x.

（2）$\dfrac{\mathrm{d}}{\mathrm{d}x}\left[\int f(x)\mathrm{d}x\right] = f(x)$，$\int F'(x)\mathrm{d}x = F(x) + C$.

（3）在 2.4 节中我们给出了常用函数导数的 16 个基本公式. 类似地，对于不定积分，也有如下公式：

$$\int 0 \mathrm{d}x = C$$

$$\int 1 \mathrm{d}x = \int \mathrm{d}x = x + C$$

$$\int x^{\alpha} \mathrm{d}x = \frac{x^{\alpha+1}}{\alpha+1} + C \quad (\alpha \neq -1, x > 0)$$

$$\int \frac{1}{x} \mathrm{d}x = \ln |x| + C \quad (x \neq 0)$$

$$\int \mathrm{e}^x \mathrm{d}x = \mathrm{e}^x + C$$

$$\int a^x \mathrm{d}x = \frac{a^x}{\ln a} + C \quad (a > 0, a \neq 1)$$

$$\int \cos ax \mathrm{d}x = \frac{1}{a}\sin ax + C \quad (a \neq 0)$$

$$\int \sin ax \mathrm{d}x = -\frac{1}{a}\cos ax + C \quad (a \neq 0)$$

$$\int \sec^2 x \mathrm{d}x = \tan x + C$$

$$\int \csc^2 x \mathrm{d}x = -\cot x + C$$

$$\int \sec x \tan x \mathrm{d}x = \sec x + C$$

$$\int \csc x \cot x \mathrm{d}x = -\csc x + C$$

$$\int \frac{\mathrm{d}x}{\sqrt{1-x^2}} = \arcsin x + C$$

$$\int \frac{-1}{\sqrt{1-x^2}} \mathrm{d}x = \arccos x + C$$

$$\int \frac{\mathrm{d}x}{1+x^2} = \arctan x + C$$

$$\int \frac{-1}{1+x^2} \mathrm{d}x = \operatorname{arccot} x + C$$

下面给出函数和、差以及数乘的不定积分计算的三个基本法则. 假定 $f(x)$ 与 $g(x)$ 可导, 则有:

$$\int kf(x)\mathrm{d}x = k\int f(x)\mathrm{d}x \quad (\forall k \in \mathbf{R}\text{ 且 }k \neq 0) \quad (4.1.1)$$

$$\int [f(x) + g(x)]\mathrm{d}x = \int f(x)\mathrm{d}x + \int g(x)\mathrm{d}x \quad (4.1.2)$$

$$\int [f(x) - g(x)]\mathrm{d}x = \int f(x)\mathrm{d}x - \int g(x)\mathrm{d}x \quad (4.1.3)$$

例 4.1.1　求下列函数的不定积分：

(1) $f(x) = 3x^5 + 4x + 7$；

(2) $f(t) = 5\sin t + 8\cos t$；

(3) $f(x) = \dfrac{\sqrt{x} + (2x+3)^2}{x^5}$.

解　(1) $\displaystyle\int (3x^5 + 4x + 7)\mathrm{d}x = 3\int x^5\mathrm{d}x + 4\int x\mathrm{d}x + 7\int \mathrm{d}x$

$$= 3\left(\frac{x^6}{6}\right) + 4\left(\frac{x^2}{2}\right) + 7x + C$$

$$= \frac{1}{2}x^6 + 2x^2 + 7x + C；$$

(2) $\displaystyle\int (5\sin t + 8\cos t)\mathrm{d}t = 5\int \sin t\,\mathrm{d}t + 8\int \cos t\,\mathrm{d}t$

$$= 5(-\cos t) + 8\sin t + C$$

$$= -5\cos t + 8\sin t + C；$$

(3) $\displaystyle\int \left[\frac{\sqrt{x} + (2x+3)^2}{x^5}\right]\mathrm{d}x = \int \frac{x^{1/2} + 4x^2 + 12x + 9}{x^5}\mathrm{d}x$

$$= \int (x^{-9/2} + 4x^{-3} + 12x^{-4} + 9x^{-5})\mathrm{d}x$$

$$= -\frac{2}{7}x^{-7/2} - 2x^{-2} - 4x^{-3} - \frac{9}{4}x^{-4} + C.$$

下面通过几个例子来说明求一个函数的原函数方法的实际应用.

例 4.1.2　已知曲线 $y = f(x)$，其斜率为 $\dfrac{\mathrm{d}y}{\mathrm{d}x} = 2x$，并且曲线经过点 $(2,5)$，求 $y = f(x)$ 的表达式.

解　由题设可知，函数 $y = f(x)$ 为 $2x$ 的一个原函数，则 $y = \displaystyle\int 2x\mathrm{d}x = x^2 + C$. 又 $x = 2$ 时，$y = 5$，故 $C = 1$. 这样我们便得到函数的表达式为 $y = x^2 + 1$.

例 4.1.3　某广播电台希望通过策划一系列的广告活动来增加其听众，管理

人员希望听众 $S(t)$ 的增长率为 $S'(t) = 60t^{1/2}$ (t 是自策划实施后的天数). 电台目前的听众为 27 000 人, 如果电台希望其听众达到 41 000 人, 那么要实施多久这样的计划?

解 由 $S'(t) = 60t^{1/2}$ 得

$$S(t) = 60\int t^{1/2}\mathrm{d}t = 60\frac{t^{3/2}}{3/2} + C = 40t^{3/2} + C$$

又 $S(0) = 40 \cdot 0^{3/2} + C = 27\,000$, 可得 $C = 27\,000$, 所以 $S(t) = 40t^{3/2} + 27\,000$. 令 $S(t) = 41\,000$, 得 $t = 49.664\,419$. 因此, 计划要实施 50 天, 观众才能达到 41 000 人.

例 4.1.4 设火箭运行的速度 $v = 3t^2$ (m/s), 已知 2 s 时火箭距离地面的高度为 30 m, 试给出火箭距离地面的高度关于时间 t 的方程.

解 火箭向上运行的高度 h 即为其运行的位移, 因此 $\dfrac{\mathrm{d}h}{\mathrm{d}t} = v = 3t^2$. 由不定积分的定义可得 $h = \displaystyle\int 3t^2\mathrm{d}t = t^3 + C$. 又 $t = 2$ 时, $h = 30$, 可得 $C = 22$. 故火箭离地面的高度关于时间 t 的方程为 $h = t^3 + 22$.

知道函数的原函数, 便于我们熟练地使用微积分第一基本定理求解定积分.

例 4.1.5 有一种医疗手段, 是把示踪染色注射到胰脏里去以检查其功能. 正常胰脏每分钟吸收掉染色的 40%, 现内科医生给某人注射了 0.3 g 染色, 30 分钟后还剩下 0.1 g, 试问此人的胰脏是否正常?

解 假设此人的胰脏是正常的, 用 $P(t)$ 表示注射染色后 t 分钟时此人胰脏中的染色量. 由于正常胰脏每分钟吸收掉染色的 40%, 即染色的衰减率为 $0.4P$, 从而得到

$$\frac{\mathrm{d}P}{\mathrm{d}t} = -0.4P \quad \text{或} \quad \frac{1}{P}\mathrm{d}P = -0.4\mathrm{d}t$$

求不定积分, 得 $P(t) = C\mathrm{e}^{-0.4t}$, 其中 t 的单位是分钟. 由 $P(0) = 0.3$ g 得 $C = 0.3$. 故 $P(t) = 0.3\mathrm{e}^{-0.4t}$, 30 分钟后剩下的染色应为 $P(30) = 0.3\mathrm{e}^{-0.4\times30} \approx 0$. 这与实际上 30 分钟后还剩下 0.1 g 染色不符, 因此此人胰脏不正常.

例 4.1.6 设 $f(x) = \dfrac{1}{1 + x^2} + x^3\displaystyle\int_0^1 f(x)\mathrm{d}x$, 求 $\displaystyle\int_0^1 f(x)\mathrm{d}x$.

解 因为定积分 $\displaystyle\int_0^1 f(x)\mathrm{d}x$ 是一个常数, 可设 $\displaystyle\int_0^1 f(x)\mathrm{d}x = A$, 故

$$f(x) = \frac{1}{1 + x^2} + x^3 A$$

上式两边在 $[0,1]$ 上积分, 得

$$A = \int_0^1 f(x)\mathrm{d}x = \int_0^1 \frac{1}{1+x^2}\mathrm{d}x + \int_0^1 x^3 A\,\mathrm{d}x$$

$$= \arctan x\Big|_0^1 + A \cdot \frac{x^4}{4}\Big|_0^1 = \frac{\pi}{4} + \frac{A}{4}$$

移项后得 $\frac{3}{4}A = \frac{\pi}{4}$，所以 $A = \int_0^1 f(x)\mathrm{d}x = \frac{\pi}{3}$.

4.2　积分第二基本定理

如图 4.2.1 所示，我们要计算函数 $y = t^2$ 在区间 $[0,x]$ 上的面积，即要计算

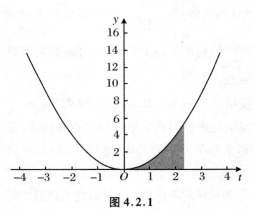

图 4.2.1

$\int_0^x t^2\mathrm{d}t$. 对任意 $x\,(x>0)$，都有一数值 $\int_0^x t^2\mathrm{d}t$ 与之对应，故我们可将 $\int_0^x t^2\mathrm{d}t$ 看成 x 的函数，记为 $g(x)$，则

$$g(x) = \int_0^x t^2\mathrm{d}t = \frac{1}{3}t^3\Big|_0^x = \frac{1}{3}x^3$$

显然，$\left(\frac{1}{3}x^3\right)' = x^2$，因此 $g'(x) = x^2$，这样便得出

$$\frac{\mathrm{d}}{\mathrm{d}x}\left[\int_0^x t^2\mathrm{d}t\right] = x^2$$

这并不是偶然现象. 事实上，我们有更广泛的结论，即微积分第二基本定理：

若 f 在开区间 I 上连续，$a \in I$，则对 $\forall x \in I$，有

$$\frac{\mathrm{d}}{\mathrm{d}x}\left[\int_a^x f(t)\mathrm{d}t\right] = f(x)$$

证　令 $F(x) = \int_a^x f(t)\mathrm{d}t\ (\forall x \in I)$，下证 $F'(x) = f(x)$：

$$F'(x) = \lim_{h\to0}\frac{F(x+h)-F(x)}{h}$$

$$= \lim_{h\to0}\frac{1}{h}\left[\int_a^{x+h}f(t)\mathrm{d}t - \int_a^x f(t)\mathrm{d}t\right]$$

$$= \lim_{h\to0}\frac{1}{h}\left[\int_x^{x+h}f(t)\mathrm{d}t + \int_a^x f(t)\mathrm{d}t - \int_a^x f(t)\mathrm{d}t\right]$$

$$= \lim_{h \to 0} \frac{1}{h} \int_x^{x+h} f(t) \mathrm{d}t$$

如图 4.2.2 所示，$\int_x^{x+h} f(t)\mathrm{d}t$ 代表的是阴影部

分的面积. 易知 $f(t)$ 在区间 $[x, x+h]$ 上连续，因

此一定有最大值 M 与最小值 m，即 $m \leqslant f(t) \leqslant$

M，所以 $mh \leqslant \int_x^{x+h} f(t)\mathrm{d}t \leqslant Mh$. 当 $h \to 0$ 时，m

与 M 均无限靠近 $f(x)$，从而 $\lim\limits_{h \to 0} m = \lim\limits_{h \to 0} M$

$= f(x)$.

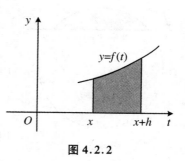

图 4.2.2

综上，得

$$F'(x) = \lim_{h \to 0} \frac{\displaystyle\int_x^{x+h} f(t)\mathrm{d}t}{h} = f(x)$$

例 4.2.1　求：(1) $\dfrac{\mathrm{d}}{\mathrm{d}x} \displaystyle\int_1^x \sqrt{t^4 + 7}\,\mathrm{d}t$；　(2) $\dfrac{\mathrm{d}}{\mathrm{d}x} \displaystyle\int_x^5 \mathrm{e}^{\sqrt{t}}\mathrm{d}x \Big|_{x=4}$.

解　(1) 因为 $f(t) = \sqrt{t^4 + 7}$ 的图像在 $(-\infty, +\infty)$ 内连续，由微积分第二基

本定理，可得 $\dfrac{\mathrm{d}}{\mathrm{d}x} \displaystyle\int_1^x \sqrt{t^4 + 7}\,\mathrm{d}t = \sqrt{x^4 + 7}$.

(2) 易知 $\dfrac{\mathrm{d}}{\mathrm{d}x} \displaystyle\int_x^5 \mathrm{e}^{\sqrt{t}}\mathrm{d}x = \dfrac{\mathrm{d}}{\mathrm{d}x}\left(-\displaystyle\int_5^x \mathrm{e}^{\sqrt{t}}\mathrm{d}x\right) = -\mathrm{e}^{\sqrt{x}}$，所以在 $x = 4$ 处导数为 $-\mathrm{e}^2$.

例 4.2.2　试给出一个函数 $y = f(x)$，在 $(0, \pi)$ 内其导数 $\dfrac{\mathrm{d}y}{\mathrm{d}x} = \cot x$，并且 $f(2)$

$= 6$.

解　由微积分第二基本定理，可构造导数为 $\cot x$ 的函数 $y = \displaystyle\int_2^x \cot t\mathrm{d}t$. 又

$y(2) = 0$，因此我们只需在上述表达式右边加上 6 即可. 因此，

$$f(x) = \int_2^x \cot t\mathrm{d}t + 6$$

注 4.2.1　随着计算机的发展以及积分近似计算能力的提高，这种含有积分

形式的函数越来越受到人们的重视.

例 4.2.3　图 4.2.3 为月亮从海平面升起的示意图. 设 t 时刻露在海平面以上

月亮的面积为 $R(t)$，$R(t)$ 可用下面的数学模型表示：

$$R(t) = \pi a^2 - 2\int_{-a}^{a-kt} \sqrt{a^2 - w^2}\,\mathrm{d}w \quad \left(0 \leqslant t \leqslant \frac{2a}{k}\right)$$

其中 a 为月亮的半径,k 为常数,求 $R'(t)$ 以及 $R(t)$ 在 $t = \dfrac{a}{2k}$ 处的变化率.

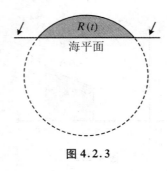

图 4.2.3

解 令 $x = a - kt$,则有

$$R(t) = \pi a^2 - 2 \int_{-a}^{x} \sqrt{a^2 - w^2}\,\mathrm{d}w$$

由复合函数的链式求导法则可得

$$R'(t) = \frac{\mathrm{d}R}{\mathrm{d}t} = \frac{\mathrm{d}R}{\mathrm{d}x} \cdot \frac{\mathrm{d}x}{\mathrm{d}t}$$

由 $x = a - kt$ 得 $\dfrac{\mathrm{d}x}{\mathrm{d}t} = -k$.利用微积分第二基本定理,可得

$$\begin{aligned}
R'(t) &= \frac{\mathrm{d}}{\mathrm{d}x}\left(\pi a^2 - 2 \int_{-a}^{x} \sqrt{a^2 - w^2}\,\mathrm{d}w\right) \cdot \frac{\mathrm{d}x}{\mathrm{d}t} \\
&= (0 - 2\sqrt{a^2 - x^2}) \cdot (-k) \\
&= 2k\sqrt{a^2 - x^2}
\end{aligned}$$

代入 $x = a - kt$,则有 $R'(t) = 2k\sqrt{a^2 - (a - kt)^2}$.在 $t = \dfrac{a}{2k}$ 处,$R(t)$ 的变化率为 $R'\left(\dfrac{a}{2k}\right) = ka\sqrt{3}$.

通过微积分第二定理可以求积分上下限为变量 x 的积分函数的导数.事实上,我们可以给出更一般化的结论：

> 若函数 $a(x)$ 与 $b(x)$ 可导,并且它们的函数值在开区间 I 内不间断,则有
>
> $$\frac{\mathrm{d}}{\mathrm{d}x} \int_{a(x)}^{b(x)} f(t)\,\mathrm{d}t = f(b(x))b'(x) - f(a(x))a'(x)$$

如图 4.2.4 所示,积分 $\displaystyle\int_{a(x)}^{b(x)} f(t)\,\mathrm{d}t$ 表示函数 $f(t)$ 与 t 轴在 $a(x)$ 与 $b(x)$ 之间的面积.$\dfrac{\mathrm{d}}{\mathrm{d}x} \displaystyle\int_{a(x)}^{b(x)} f(t)\,\mathrm{d}t$ 表示此面积的变化率,$f(b(x))b'(x) - f(a(x))a'(x)$ 表示右边的高度 $f(b(x))$ 乘以其向右移动的变化率 $b'(x)$,再减去左边的高度和其向右移动的变化率的乘积.

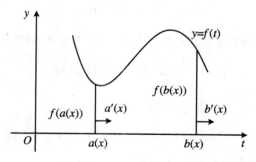

图 4.2.4

证　取 $t_0 \in I$,令 $F(u) = \int_{t_0}^{u} f(t)\mathrm{d}t$,则 $F'(u) = f(u)$,因此

$$\frac{\mathrm{d}}{\mathrm{d}x}\int_{a(x)}^{b(x)} f(t)\mathrm{d}t = \frac{\mathrm{d}}{\mathrm{d}x}\Big[\int_{a(x)}^{t_0} f(t)\mathrm{d}t + \frac{\mathrm{d}}{\mathrm{d}x}\int_{t_0}^{b(x)} f(t)\mathrm{d}t\Big]$$

$$= \frac{\mathrm{d}}{\mathrm{d}x}\Big[-\int_{t_0}^{b(x)} f(t)\mathrm{d}t + \int_{t_0}^{b(x)} f(t)\mathrm{d}t\Big]$$

$$= \frac{\mathrm{d}}{\mathrm{d}x}[-F(a(x)) + F(b(x))]$$

$$= -F'(a(x))a'(x) + F'(b(x))b'(x)$$

$$= F'(b(x))b'(x) - F'(a(x))a'(x)$$

$$= f(b(x))b'(x) - f(a(x))a'(x)$$

例 4.2.4　设 $F(x) = \int_{4x}^{x^4} \mathrm{e}^t\mathrm{d}t$,求 $F'(2)$.

解　易知

$$F'(x) = \frac{\mathrm{d}}{\mathrm{d}x}\int_{4x}^{x^4} \mathrm{e}^t\mathrm{d}t = \mathrm{e}^{x^4}(x^4)' - \mathrm{e}^{4x}(4x)' = 4x^3\mathrm{e}^{x^4} - 4\mathrm{e}^{4x}$$

所以

$$F'(2) = 32\mathrm{e}^{16} - 4\mathrm{e}^8$$

例 4.2.5　求 $y = \int_0^x \frac{\sin t}{1+t}\mathrm{d}t$ 在 $(-1,1)$ 内的极值.

解　当 $x \in (-1,1)$ 时,$\frac{\sin t}{1+t}$ 在以 0 和 x 为端点的闭区间上连续,所以 $y' = \frac{\sin x}{1+x}$.令 $y' = 0$,求得唯一的临界点 $x = 0$.当 $-1 < x < 0$ 时,$y' < 0$;当 $0 < x < 1$ 时,$y' > 0$.因此 $y = \int_0^x \frac{\sin t}{1+t}\mathrm{d}t$ 在 $x = 0$ 处取得极小值

$$y \mid_{x=0} = \int_0^0 \frac{\sin t}{1+t} \mathrm{d}t = 0$$

例 4.2.6　证明：若 $f(x)$ 是周期为 T 的连续函数,则对任意的常数 a,有

$$\int_a^{a+T} f(x)\mathrm{d}x = \int_0^T f(x)\mathrm{d}x$$

证　令 $F(a) = \int_a^{a+T} f(x)\mathrm{d}x$,则

$$F'(a) = f(a+T) - f(a) = 0 \quad \Rightarrow \quad F(a) = C$$

其中 C 为常数,故有 $F(a) = F(0)$,即

$$\int_a^{a+T} f(x)\mathrm{d}x = \int_0^T f(x)\mathrm{d}x$$

4.3　反　常　积　分

"香港型流感"是 20 世纪 60 年代在香港被检测出来的,之后在全球开始传播,表 4.3.1 给出了美国纽约因该流感而死亡的人数.

表 4.3.1

周数	死亡人数	周数	死亡人数	周数	死亡人数
1	21	9	79	17	61
2	38	10	79	18	58
3	51	11	77	19	55
4	61	12	75	20	52
5	68	13	73	21	48
6	73	14	70	22	45
7	77	15	67	23	42
8	78	16	64	24	40

我们想了解的是,随着时间的发展由流感而引发的总死亡人数.设 $F(w)$ 为第 w 周死亡的人数,则 $\int_1^{13} F(w)\mathrm{d}w$ 表示从第 1 周到第 13 周的总死亡人数.类似地,我们可用 $\int_1^n F(w)\mathrm{d}w$ 求出第 n 周时的总死亡人数.若我们想用该方法预测 $n \to \infty$ 时的总死亡人数,则要用积分 $\int_1^{+\infty} F(w)\mathrm{d}w$ 来计算,这便是我们这一节要讨论的无穷

限反常积分.

4.3.1 无穷限反常积分

以 $+\infty$ 或者 $-\infty$ 为其积分上限或者下限的积分称为无穷限反常积分.

要估计 $\int_1^{+\infty} F(w)\mathrm{d}w$ 的值,我们得首先确定 F 与 w 之间的函数关系.表 4.3.1 中的数据散点图如图 4.3.1 所示,我们可建立数学模型[10] $F(w)=24we^{-w/9}$,如图 4.3.2 所示,模型 $F(w)=24we^{-w/9}$ 较好地模拟了流感的传播.

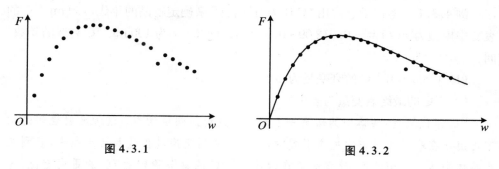

图 4.3.1   图 4.3.2

我们发现 N 无限增大时,$\int_1^N F(w)\mathrm{d}w$ 无限接近 1 932.8(表 4.3.2),据此可判断 $\lim_{N\to+\infty}\int_1^N F(w)\mathrm{d}w$ 大约为 1 932.8.

表 4.3.2

N	30	50	100	200	800	1 600
$\int_1^N F(w)\mathrm{d}w$	1 632.3	1 883.6	1 932.5	1 932.8	1 932.8	1 932.8

事实上,

$$\lim_{N\to+\infty} F(w)\mathrm{d}w = \lim_{N\to+\infty} 24\int_1^N we^{w/9}\mathrm{d}w$$
$$= 2\,160e^{1/9} \approx 1\,932.8$$

(注:计算涉及的技巧将在 4.6 节中详细阐述).

综上,我们可得求无穷限反常积分的方法:

> 设 $f(x)$ 的原函数为 $F(x)$，则
> $$\int_a^{+\infty} f(x)\mathrm{d}x = \lim_{N \to +\infty} \int_a^N f(x)\mathrm{d}x = \lim_{N \to +\infty} F(N) - F(a)$$

类似地，有

$$\int_{-\infty}^b f(x) = \lim_{N \to -\infty} \int_N^b f(x)\mathrm{d}x = F(b) - \lim_{N \to -\infty} F(N)$$

$$\int_{-\infty}^{+\infty} f(x) = \lim_{b \to +\infty} F(b) - \lim_{a \to -\infty} F(a)$$

例 4.3.1　考古学家常用 ^{14}C 作为"计时钟"来确定物品的年代，100 mg ^{14}C 的衰变率模型为 $r(t) = -0.012\,09 \cdot 0.999\,879^t$ (g/a)，t 为 100 mg ^{14}C 衰变的年数. 问：

(1) 1 000 年中 ^{14}C 的衰变量为多少？

(2) ^{14}C 的最终衰变量为多少？

^{14}C 年代测定：活体中的碳有一小部分是放射性同位素 ^{14}C，这种放射性碳是由宇宙射线在高层大气中的撞击引起的，经过一系列交换过程进入活组织中，直到在生物体中达到平衡浓度. 这意味着在活体中，^{14}C 的量与稳定的 ^{12}C 的量成定比. 生物体死亡后，交换过程就停止了，放射性 ^{14}C 便以每年 1/8 000 的速度减少.

解　(1) $\displaystyle\int_1^{1\,000} r(t)\mathrm{d}t = \int_1^{1\,000} -0.012\,09 \cdot 0.999\,879^t \mathrm{d}t$

$$= \left. \frac{-0.012\,09 \cdot 0.999\,879^t}{\ln 0.999\,879} \right|_1^{1\,000}$$

$$= -11.4,$$

即在开始的 1 000 年中大约有 11.4 mg 的 ^{14}C 会衰变.

(2) $\displaystyle\int_1^{+\infty} r(t)\mathrm{d}t = \lim_{N \to +\infty} \int_1^N r(t)\mathrm{d}t = \lim_{N \to +\infty} \left. \frac{-0.012\,09 \cdot 0.999\,879^t}{\ln 0.999\,879} \right|_1^N$

$$= \lim_{N \to +\infty} \frac{-0.012\,0\,9 \cdot 0.999\,879^N}{\ln 0.999\,879} + \frac{0.012\,09 \times 0.999\,879}{\ln 0.999\,879}$$

$$\approx 99.911\,31 \lim_{N \to \infty} 0.999\,879^N - 99.911\,3$$

$$= 99.911\,31 \times 0 - 99.911\,31 \approx -100,$$

随着时间的流逝，最终 ^{14}C 都会衰变.

例 4.3.2　求 $\displaystyle\int_{-\infty}^{+\infty} \frac{x}{(1+x^2)^2}\mathrm{d}x$.

解　因为 $\left[-\dfrac{1}{2(1+x^2)}\right]' = \dfrac{x}{(1+x^2)^2}$，故有

$$\int_{-\infty}^{+\infty} \frac{x}{(1+x^2)^2} \mathrm{d}x = \int_{-\infty}^{0} \frac{x}{(1+x^2)^2} \mathrm{d}x + \int_{0}^{+\infty} \frac{x}{(1+x^2)^2} \mathrm{d}x$$

$$= \lim_{a \to -\infty} \int_{a}^{0} \frac{x}{(1+x^2)^2} \mathrm{d}x + \lim_{b \to +\infty} \int_{0}^{b} \frac{x}{(1+x^2)^2} \mathrm{d}x$$

$$= \lim_{a \to -\infty} \left. -\frac{1}{2(1+x^2)} \right|_{a}^{0} + \lim_{b \to +\infty} \left. -\frac{1}{2(1+x^2)} \right|_{0}^{b}$$

$$= \lim_{a \to -\infty} \left[-\frac{1}{2} + \frac{1}{2(1+a^2)} \right] + \lim_{b \to +\infty} \left[-\frac{1}{2(1+b^2)} + \frac{1}{2} \right]$$

$$= -\frac{1}{2} + \frac{1}{2} = 0$$

如图 4.3.3 所示,函数 $y = \dfrac{x}{(1+x^2)^2}$ 的图像与 x 轴围成的面积在 x 轴上方和下方是对称的,同定积分性质一样,x 轴上方定积分表示面积,下方则表示面积的相反数,刚好相互抵消.

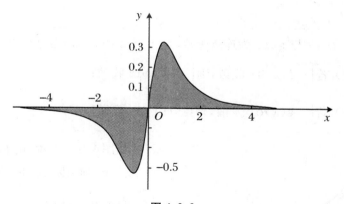

图 4.3.3

例 4.3.3　p 为何值时,$\displaystyle\int_{1}^{+\infty} \frac{1}{x^p} \mathrm{d}x$ 收敛或发散?

解　当 $p = 1$ 时,

$$\int_{1}^{+\infty} \frac{1}{x} \mathrm{d}x = \lim_{t \to +\infty} \int_{1}^{t} \frac{1}{x} \mathrm{d}x = \lim_{t \to +\infty} \ln t \Big|_{1}^{t} = \lim_{t \to +\infty} \ln t = +\infty$$

当 $p \neq 1$ 时,

$$\int_{1}^{+\infty} \frac{1}{x^p} \mathrm{d}x = \lim_{t \to +\infty} \int_{1}^{t} \frac{1}{x^p} \mathrm{d}x = \lim_{t \to +\infty} \int_{1}^{t} x^{-p} \mathrm{d}x$$

$$= \lim_{t \to +\infty} \left. \frac{x^{-p+1}}{-p+1} \right|_{1}^{t} = \lim_{t \to +\infty} \frac{1}{1-p} \left(\frac{1}{t^{p-1}} - 1 \right)$$

若 $p > 1$,则 $p-1 > 0$. 当 $t \to +\infty$ 时, $t^{p-1} \to +\infty$,从而 $\dfrac{1}{t^{p-1}} \to 0$,所以

$$\int_{1}^{+\infty} \frac{1}{x^p} \mathrm{d}x = \frac{1}{p-1}$$

若 $p < 1$,则 $p-1 < 0$, $\dfrac{1}{t^{p-1}} = t^{1-p}$. 当 $t \to +\infty$ 时, $t^{1-p} \to +\infty$,所以

$$\int_{1}^{+\infty} \frac{1}{x^p} \mathrm{d}x = +\infty$$

综上, $\displaystyle\int_{1}^{+\infty} \frac{1}{x^p} \mathrm{d}x$ 在 $p > 1$ 时收敛, $p \leqslant 1$ 时发散.

4.3.2　判别收敛性

有时反常积分的准确值难以得出,这时我们可用数值方法(利用 MATLAB)给出其近似解,而前提是我们要知道其收敛与否. 因此,有必要给出判别收敛性定理:

设 $f(x)$ 与 $g(x)$ 为连续函数,且 $x \geqslant a$ 时, $f(x) \geqslant g(x) \geqslant 0$.

(1) 若 $\displaystyle\int_{a}^{+\infty} f(x)\mathrm{d}x$ 收敛,则 $\displaystyle\int_{a}^{+\infty} g(x)\mathrm{d}x$ 收敛;

(2) 若 $\displaystyle\int_{a}^{+\infty} g(x)\mathrm{d}x$ 发散,则 $\displaystyle\int_{a}^{+\infty} f(x)\mathrm{d}x$ 发散.

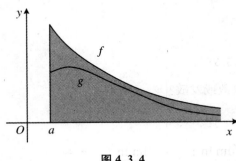

图 4.3.4

如图 4.3.4 所示,记 $f(x)$ 与 $x = a$ 以 及 x 轴 围 成 的 面 积 为 A_1 $\left(\displaystyle\int_{a}^{+\infty} f(x)\mathrm{d}x\right)$, $g(x)$ 与 $x = a$, x 轴三者围成的面积为 A_2,因此 $\displaystyle\int_{a}^{+\infty} f(x)\mathrm{d}x$ 收敛,即面积 A_1 可计算,故 A_2 一定可计算;反之,若 $\displaystyle\int_{a}^{+\infty} g(x)\mathrm{d}x$ 发散,即面积 A_2 为无穷大,则 A_1 一定也为无穷大.

例 4.3.4　计算 $\displaystyle\int_{1}^{+\infty} \mathrm{e}^{-x^2} \mathrm{d}x$.

解　显然很难求出 e^{-x^2} 的原函数,因此不易得出其精确值.

当 $x \geqslant 1$ 时, $x^2 \geqslant x$,故 $\mathrm{e}^{-x^2} \leqslant \mathrm{e}^{-x}$. 又

$$\int_1^{+\infty} e^{-x} dx = -\lim_{t \to +\infty} \int_1^t e^{-x} d(-x) = \lim_{t \to +\infty} (e^{-1} - e^{-t}) = e^{-1}$$

所以 $\int_1^{+\infty} e^{-x} dx$ 收敛. 又 $\int_1^{+\infty} e^{-x^2} dx \leqslant \int_1^{+\infty} e^{-x} dx$, 故 $\int_1^{+\infty} e^{-x^2} dx$ 收敛. 观察 $\int_1^t e^{-x^2} dx$ 的取值, 见表 4.3.3.

表 4.3.3

t	2	3	5	100
$\int_1^t e^{-x^2} dx$	0.135 809 644 3	0.139 995 938 1	0.144 001 612 93	0.144 001 612 93

因此, 可认为 $\int_1^{+\infty} e^{-x^2} dx$ 的值为 0.140 0.

4.3.3 无界函数的反常积分

若函数 $f(x)$ 在区间 $[a, b]$ 上的某点无界, 不妨设为 a 点, $\lim_{x \to a^+} |f(x)| = +\infty$.

对 $\forall c \in (a, b)$, 若 $f(x)$ 在 $[c, b]$ 上定积分存在, 则可利用 $\lim_{c \to a^+} \int_c^b f(x) dx$ 来计算 $\int_a^b f(x) dx$.

如图 4.3.5 所示, $f(x)$ 在 $x = c$, $x = b$ 之间的面积为 A. 当 $c \to a$ 时, A 无限接近于 $f(x)$ 在 $x = a$, $x = b$ 之间的区域面积.

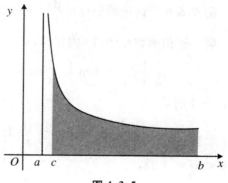

图 4.3.5

无界函数积分 (1) 设 $f(x)$ 在 $[a, b]$ 上连续, 在 b 点无界, 若 $\lim_{t \to b^-} \int_a^t f(x) dx = A$(常数), 则 $\int_a^b f(x) dx = A$;

(2) 设 $f(x)$ 在 $(a, b]$ 上连续, 在 a 点无界, 若 $\lim_{t \to a^+} \int_t^b f(x) dx = A$(常数), 则 $\int_a^b f(x) dx = A$;

$$\boxed{\begin{array}{l}（3）设 f(x) 在 [a,c)，(c,b] 上连续，在 c 点无界，且\\[6pt]
\displaystyle\lim_{t\to c^-}\int_a^t f(x)\mathrm{d}x 与 \lim_{t\to c^+}\int_t^b f(x)\mathrm{d}x 都存在,则\\[10pt]
\displaystyle\int_a^b f(x)\mathrm{d}x = \int_a^c f(x)\mathrm{d}x + \int_c^b f(x)\mathrm{d}x\\[10pt]
\displaystyle\qquad\qquad = \lim_{t\to c^-}\int_a^t f(x)\mathrm{d}x + \lim_{t\to c^+}\int_t^b f(x)\mathrm{d}x
\end{array}}$$

注 4.3.1　无界函数也满足收敛性判别定理,这里不在叙述.

例 4.3.5　求瑕积分 $\displaystyle\int_0^1 \frac{\mathrm{d}x}{\sqrt{1-x^2}}$ 的值.

解　被积函数 $f(x)=\dfrac{1}{\sqrt{1-x^2}}$ 在 $[0,1)$ 上连续,$x=1$ 为其瑕点.因此得

$$\int_0^1 \frac{\mathrm{d}x}{\sqrt{1-x^2}} = \lim_{u\to 1^-}\int_0^u \frac{\mathrm{d}x}{\sqrt{1-x^2}} = \lim_{u\to 1^-}\arcsin u = \frac{\pi}{2}$$

例 4.3.6　讨论瑕积分 $\displaystyle\int_0^1 \frac{\mathrm{d}x}{x^q}(q>0)$ 的收敛性.

解　被积函数在 $(0,1)$ 内连续,$x=0$ 为其瑕点.当 $q=1$ 时,

$$\int_0^1 \frac{1}{x}\mathrm{d}x = \lim_{c\to 0^+}\int_c^1 \frac{1}{x}\mathrm{d}x = \lim_{c\to 0^+}\ln x\Big|_c^1 = -\lim_{c\to 0^+}\ln c = \infty$$

当 $q\neq 1$ 时,

$$\int_0^1 \frac{1}{x^q}\mathrm{d}x = \lim_{c\to 0^+}\int_c^1 \frac{1}{x^q}\mathrm{d}x = \lim_{c\to 0^+}\frac{1}{1-q}(1-u^{1-q})$$

当 $0<q<1$ 时,

$$\lim_{c\to 0^+}\frac{1}{1-q}(1-u^{1-q}) = \frac{1}{1-q}$$

当 $q>1$ 时,

$$\lim_{c\to 0^+}\frac{1}{1-q}(1-u^{1-q}) = \infty$$

综上,当 $0<q<1$ 时,瑕积分 $\displaystyle\int_0^1 \frac{\mathrm{d}x}{x^q}$ 收敛,且 $\displaystyle\int_0^1 \frac{\mathrm{d}x}{x^q} = \frac{1}{1-q}$;而当 $q\geqslant 1$ 时,瑕积分 $\displaystyle\int_0^1 \frac{\mathrm{d}x}{x^q}$ 发散.

4.4　换　元　法

在求不定积分和定积分时,大家都希望被积函数的表达式简单一点,这样便于求出原函数.如果正确地使用换元法,则可把被积函数变得简单点,这种方法源于复合函数的求导法则.

若函数 $F(u)$ 与 $u = g(x)$ 均可导,$F'(u) = f(u)$,则由

$$\frac{\mathrm{d}}{\mathrm{d}x}F(g(x)) = f(g(x))g'(x)$$

得

$$\int f(g(x))g'(x)\mathrm{d}x = F(g(x)) + C$$

又由 $u = g(x)$ 可得 $\mathrm{d}u = g'(x)\mathrm{d}x$,所以

$$\int f(g(x))g'(x)\mathrm{d}x = \int f(u)\mathrm{d}u = F(g(x)) + C$$

这样我们便得到如下的换元法则:

> 若 $u = g(x)$ 在定义域内可导,$f(u)$ 在定义域内连续,则
> $$\int f(g(x))g'(x)\mathrm{d}x = \int f(u)\mathrm{d}u$$

换元法可分为三步:

(1) 找出 $g(x)$,令 $u = g(x)$;

(2) 求 $f(u)$ 的原函数 $F(u)$;

(3) 将 $F(u)$ 中的 u 换为 $g(x)$.

例 4.4.1　求下列不定积分:

(1) $\int x^2(x+1)^7\mathrm{d}x$;　　(2) $\int 2x\sin^2(x^2+5)\mathrm{d}x$;　　(3) $\int x\sqrt{1+2x}\mathrm{d}x$.

解　(1) 令 $u = x + 1$,则 $\mathrm{d}u = \mathrm{d}x$,$x = u - 1$,所以

$$\int x^2(x+1)^7\mathrm{d}x = \int (u-1)^2 u^7 \mathrm{d}u$$

$$= \int (u^2 - 2u + 1)u^7 \mathrm{d}u$$

$$= \int (u^9 - 2u^8 + u^7)\mathrm{d}u$$

$$= \frac{1}{10}u^{10} - \frac{2}{9}u^{9} + \frac{1}{8}u^{8} + C$$

$$= \frac{1}{10}(x+1)^{10} - \frac{2}{9}(x+1)^{9} + \frac{1}{8}(x+1)^{8} + C$$

(2) 令 $u = x^2 + 5$，则 $\mathrm{d}u = 2x\mathrm{d}x$，利用 $\sin^2 a = \dfrac{1 - \cos 2a}{2}$，得

$$\int 2x\sin^2(x^2+5)\mathrm{d}x = \int \sin^2 u\,\mathrm{d}u$$

$$= \frac{1}{2}\int(1 - \cos 2u)\mathrm{d}u + C$$

$$= \frac{1}{2}\left(u - \frac{1}{2}\sin 2u\right) + C$$

$$= \frac{1}{2}\left[(x^2+5) - \frac{1}{2}\sin 2(x^2+5)\right] + C$$

(3) 为了去掉被积函数的根式，令 $t = \sqrt{1+2x}$，即作变量代换 $x = \dfrac{1}{2}(t^2-1)$ $(t \geqslant 0)$，则 $\mathrm{d}x = t\mathrm{d}t$，从而有

$$\int x\sqrt{1+2x}\,\mathrm{d}x = \int \frac{1}{2}(t^2-1)t\,\mathrm{d}t = \frac{1}{2}\left(\frac{t^5}{5} - \frac{t^3}{3}\right) + C$$

$$= \frac{1}{10}(1+2x)^{5/2} - \frac{1}{6}(1+2x)^{3/2} + C$$

在计算积分的过程中，有时需要使用两次（甚至更多次）换元法来求解.

例 4.4.2　求不定积分 $\int(x^2+1)\sin^3(x^3+3x-2)\cos(x^3+3x-2)\mathrm{d}x$.

解　令 $u = x^3 + 3x - 2$，则 $\mathrm{d}u = 3(x^2+1)\mathrm{d}x$，所以

$$\int(x^2+1)\sin^3(x^3+3x-2)\cos(x^3+3x-2)\mathrm{d}x = \frac{1}{3}\int \sin^3 u\cos u\,\mathrm{d}u$$

再令 $v = \sin u$，则 $\mathrm{d}v = \cos u\,\mathrm{d}u$，因此

$$\frac{1}{3}\int \sin^3 u\cos u\,\mathrm{d}u = \frac{1}{3}\int v^3\mathrm{d}v = \frac{1}{12}v^4 + C = \frac{1}{12}\sin^4 u + C$$

又 $u = x^3 + 3x - 2$，所以

$$\int(x^2+1)\sin^3(x^3+3x-2)\cos(x^3+3x-2)\mathrm{d}x = \frac{1}{12}\sin^4(x^3+3x-2) + C$$

4.4.1　换元法求定积分

由前面的分析可知，$g'(x)$ 为连续函数. 若函数 $f(x)$ 的原函数为 $F(x)$，则

$F(g(x))$ 为 $f(g(x))g'(x)$ 的原函数,故有

$$\int_a^b f(g(x))g'(x)\mathrm{d}x = F(g(x))\Big|_a^b = F(u)\Big|_{g(a)}^{g(b)} = \int_{g(a)}^{g(b)} f(u)\mathrm{d}u$$

这样便得到求定积分的换元法:

> 如果 $g'(x)$ 在区间 $[a,b]$ 上连续,$f(u)$ 在 $u = g(x)$ 的值域上连续,则
>
> $$\int_a^b f(g(x))g'(x)\mathrm{d}x = \int_{g(a)}^{g(b)} f(u)\mathrm{d}u$$

例 4.4.3 求 $\int_0^4 \sqrt{2x+1}\mathrm{d}x$.

解 令 $u = 2x+1$,则 $\mathrm{d}u = 2\mathrm{d}x$,即 $\mathrm{d}x = \dfrac{1}{2}\mathrm{d}u$.当 $x = 0$ 时,$u = 1$;当 $x = 4$ 时,$u = 9$.因此得

$$\int_0^4 \sqrt{2x+1}\mathrm{d}x = \int_1^9 \frac{\sqrt{u}}{2}\mathrm{d}u = \frac{1}{2} \times \frac{2}{3}u^{3/2}\Big|_1^9 = \frac{26}{3}$$

如图 4.4.1 和图 4.4.2 所示,$y = \sqrt{2x+1}$ 与 $x = 0, x = 4$ 围成的区域面积和 $y = \dfrac{\sqrt{u}}{2}$ 与 $u = 1, u = 9$ 围成的区域面积是相等的.

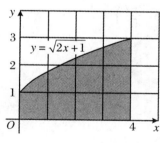

图 4.4.1

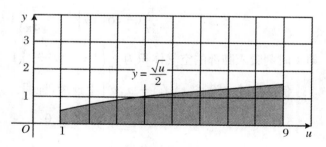

图 4.4.2

例 4.4.4 某地两周内降雪量的数学模型为

$$S(t) = t\sqrt{14-t} \quad (0 \leqslant t \leqslant 14)$$

其中 S 为降雪量(单位:mm),t 为天数,求两周内的累计降雪量.

解 设 y 为累计降雪量,则 $y = \int_0^{14} t\sqrt{14-t}\mathrm{d}t$.令 $u = \sqrt{14-t}$,则 $u^2 = 14 - t$,即 $t = 14 - u^2$,从而 $\mathrm{d}t = -2u\mathrm{d}u$.当 $t = 0$ 时,$u = \sqrt{14}$;当 $t = 14$ 时,

$u = 0.$ 故有

$$\int_0^{14} t \sqrt{14 - t}\,\mathrm{d}t = \int_{\sqrt{14}}^0 (14 - u^2)u(-2u)\,\mathrm{d}u$$

$$= 2\int_0^{\sqrt{14}} (14u^2 - u^4)\,\mathrm{d}u$$

$$= \left(\frac{28}{3}u^3 - \frac{2}{5}u^5\right)\Big|_0^{\sqrt{14}}$$

$$= \frac{28}{3} \times 14^{3/2} - \frac{2}{5} \times 14^{5/2} \approx 204.9\,(\mathrm{mm})$$

例 4.4.5　人体通过肺与外界进行气体交换，吸入空气中的氧气. 生物学家常用 $f(t) = \dfrac{1}{2}\sin\dfrac{2\pi t}{5}\,(\mathrm{L/s})$ 作为空气进入肺内的速度模型. 求 t 时刻吸入肺部的空气体积 $V(t)$.

解　易知

$$V(t) = \int_0^t f(u)\,\mathrm{d}u = \frac{1}{2}\int_0^t \sin\frac{2\pi u}{5}\,\mathrm{d}u$$

令 $v = \dfrac{2\pi u}{5}$，则 $\mathrm{d}v = \dfrac{2\pi}{5}\mathrm{d}u$. 当 $v = 0$ 时，$u = 0$；当 $v = t$ 时，$u = \dfrac{2\pi t}{5}$. 因此

$$V(t) = \frac{1}{2}\int_0^{\frac{2\pi t}{5}} \sin v \cdot \frac{5}{2\pi}\,\mathrm{d}v$$

$$= \frac{5}{4\pi}(-\cos v)\Big|_0^{\frac{2\pi t}{5}} = \frac{5}{4\pi}\left(1 - \cos\frac{2\pi t}{5}\right)$$

即 t 时刻吸入肺部的空气体积为 $\dfrac{5}{4\pi}\left(1 - \cos\dfrac{2\pi t}{5}\right)$ L.

例 4.4.6　设 $f(x)$ 在 $[-a, a]$ 上连续，证明：

(1) 若 $f(x)$ 为奇函数，则 $\displaystyle\int_{-a}^a f(x)\,\mathrm{d}x = 0$；　　　.

(2) 若 $f(x)$ 为偶函数，则 $\displaystyle\int_{-a}^a f(x)\,\mathrm{d}x = 2\int_0^a f(x)\,\mathrm{d}x$.

证　易知

$$\int_{-a}^a f(x)\,\mathrm{d}x = \int_{-a}^0 f(x)\,\mathrm{d}x + \int_0^a f(x)\,\mathrm{d}x$$

对上式右端第一个积分作变换 $x = -t$，有

$$\int_{-a}^0 f(x)\,\mathrm{d}x = -\int_a^0 f(-t)\,\mathrm{d}t = \int_0^a f(-t)\,\mathrm{d}t = \int_0^a f(-x)\,\mathrm{d}x$$

故

$$\int_{-a}^{a} f(x)\mathrm{d}x = \int_{0}^{a}\big[f(-x)+f(x)\big]\mathrm{d}x$$

(1) 当 $f(x)$ 为奇函数时,$f(-x)=-f(x)$,故

$$\int_{-a}^{a} f(x)\mathrm{d}x = \int_{0}^{a}0\mathrm{d}x = 0$$

(2) 当 $f(x)$ 为偶函数时,$f(-x)=f(x)$,故

$$\int_{-a}^{a} f(x)\mathrm{d}x = \int_{0}^{a}2f(x)\mathrm{d}x = 2\int_{0}^{a}f(x)\mathrm{d}x$$

例 4.4.7　求下列定积分的值:

(1) $\displaystyle\int_{-1}^{1} x^{2}\,|\,x\,|\,\mathrm{d}x$;　　　(2) $\displaystyle\int_{-1}^{1}\frac{x\cos x}{\sqrt{1+x^{2}}}\mathrm{d}x$.

解　(1) 因为被积函数 $x^{2}\,|\,x\,|$ 是 $[-1,1]$ 上的偶函数,所以有

$$\int_{-1}^{1} x^{2}\,|\,x\,|\,\mathrm{d}x = 2\int_{0}^{1} x^{2}\,|\,x\,|\,\mathrm{d}x = 2\int_{0}^{1} x^{2}\cdot x\,\mathrm{d}x$$

$$= 2\int_{0}^{1} x^{3}\mathrm{d}x = \left.\frac{x^{4}}{2}\right|_{0}^{1} = \frac{1}{2}$$

(2) 因为被积函数 $\dfrac{x\cos x}{\sqrt{1+x^{2}}}$ 是 $[-1,1]$ 上的奇函数,所以有

$$\int_{-1}^{1}\frac{x\cos x}{\sqrt{1+x^{2}}}\mathrm{d}x = 0$$

4.5　三角积分与三角换元法

在求圆的面积时,常要计算积分 $\displaystyle\int \sqrt{a^{2}-x^{2}}\mathrm{d}x$,而在实际运算中也常涉及被积函数包含 $\sqrt{a^{2}-x^{2}}$ 因子的情况, 比如求积分 $\displaystyle\int\frac{1}{\sqrt{9-x^{2}}}\mathrm{d}x$,如果用 $u=9-x^{2}$ 进行换元求解会很繁琐.

如图 4.5.1 所示,为方便计算,我们构造一直角三角形,斜边为 3,两直角边分别为 x 与 $\sqrt{9-x^{2}}$,显然

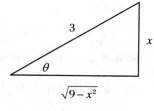

图 4.5.1

$\sin\theta=\dfrac{x}{3}$.令 $x=3\sin\theta$,则 $\theta=\arcsin\dfrac{x}{3}$,并取 $-\dfrac{\pi}{2}\leqslant\theta\leqslant\dfrac{\pi}{2}$,使 θ 与 x 满足一

一映射的关系,且 $\mathrm{d}x = 3\cos\theta\mathrm{d}\theta$,则

$$\int \frac{1}{\sqrt{9-x^2}}\mathrm{d}x = \int \frac{3\cos\theta}{\sqrt{9-9\sin^2\theta}}\mathrm{d}\theta = \int \frac{3\cos\theta}{3\cos\theta}\mathrm{d}\theta$$

$$= \int \mathrm{d}\theta = \theta + C = \arcsin\frac{x}{3} + C$$

可见,利用三角函数换元法可以极大地简化一些积分的计算,故本节我们将讨论如何使用三角换元法.这种方法必然要涉及被积函数为三角函数的积分,因此首先讨论三角积分.

4.5.1　三角积分

首先来讨论形如 $\int \sin^m x \cos^n x\mathrm{d}x$ 的积分,其中 m 与 n 为自然数.

> **规律4.5.1**　若 $\sin x$ 与 $\cos x$ 中有一个是奇次幂,则将其用另一个来替换.

例4.5.1　计算 $\int \sin^2 x \cos^3 x\mathrm{d}x$.

解　易知

$$\int \sin^2 x \cos^3 x\mathrm{d}x = \int \sin^2 x \cos^2 x\cos x\mathrm{d}x$$

$$= \int \sin^2 x(1 - \sin^2 x)\cos x\mathrm{d}x$$

令 $u = \sin x$,则 $\mathrm{d}u = \cos x\mathrm{d}x$,所以

$$\int \sin^2 x \cos^3 x\mathrm{d}x = \int u^2(1 - u^2)\mathrm{d}u$$

$$= \int (u^2 - u^4)\mathrm{d}u = \frac{u^3}{3} - \frac{u^5}{5} + C$$

$$= \frac{\sin^3 x}{3} - \frac{\sin^5 x}{5} + C$$

例4.5.2　计算 $\int \cos^5 x\mathrm{d}x$.

解　被积函数中没有 $\sin x$,可以看为 $\cos^5 x \sin^0 x$,故仍用 $u = \sin x$ 来替换:

$$\int \cos^5 x\mathrm{d}x = \int (\cos^2 x)^2\cos x\mathrm{d}x = \int (1 - \sin^2 x)^2\cos x\mathrm{d}x$$

$$= \int (1 - u^2)^2\mathrm{d}u = \int (1 - 2u^2 + u^4)\mathrm{d}u$$

$$= u - \frac{2}{3} u^3 + \frac{1}{5} u^5 + C$$

$$= \sin x - \frac{2}{3} \sin^3 x + \frac{1}{5} \sin^5 x + C$$

例 4.5.3 求 $\int \sin^9 x \cos^3 x \mathrm{d}x$.

解 当 $\sin x$ 与 $\cos x$ 均为奇次幂的时候,可任取其中一个来替换. 一般取次数大的替换次数小的. 本题可以用 $\sin x$ 来替换 $\cos x$,即令 $u = \sin x$,因此

$$\int \sin^9 x \cos^3 x \mathrm{d}x = \int \sin^9 x \cdot \cos^2 x \cdot \cos x \mathrm{d}x = \int (1 - u^2) u^9 \mathrm{d}u$$

$$= \int (u^9 - u^{11}) \mathrm{d}u = \frac{1}{10} u^{10} - \frac{1}{12} u^{12} + C$$

$$= \frac{1}{10} \sin^{10} x - \frac{1}{12} \sin^{12} x + C$$

规律 4.5.2 若 $\sin x$ 与 $\cos x$ 均为偶数次幂,则可用下面的等式来降幂:

$$\sin^2 x = \frac{1 - \cos 2x}{2}, \quad \cos^2 x = \frac{1 + \cos 2x}{2}, \quad \sin x \cos x = \frac{\sin 2x}{2}$$

例 4.5.4 计算 $\int \sin^4 x \mathrm{d}x$.

解 注意到 $\sin^4 x = (\sin^2 x)^2$,再利用公式 $\sin^2 x = \dfrac{1 - \cos 2x}{2}$,可得

$$\int \sin^4 x \mathrm{d}x = \int (\sin^2 x)^2 \mathrm{d}x$$

$$= \int \left(\frac{1 - \cos 2x}{2} \right)^2 \mathrm{d}x$$

$$= \frac{1}{4} \int (1 - 2\cos 2x + \cos^2 2x) \mathrm{d}x$$

对于 $\cos^2 2x$,利用降幂公式,得

$$\cos^2 2x = \frac{1}{2} (1 + \cos 4x)$$

于是

$$\int \sin^4 x \mathrm{d}x = \frac{1}{4} \int \left[1 - 2\cos 2x + \frac{1}{2} (1 + \cos 4x) \right] \mathrm{d}x$$

$$= \frac{1}{4} \int \left(\frac{3}{2} - 2\cos 2x + \frac{1}{2} \cos 4x \right) \mathrm{d}x$$

$$= \frac{1}{4}\left(\frac{3}{2}x - \sin 2x + \frac{1}{8}\sin 4x\right) + C$$

类似地,可以讨论被积函数为$\tan^m x \sec^n x$ 的形式,求解中常用公式 $1 + \tan^2 x = \sec^2 x$.

> **规律 4.5.3**　若 $\tan x$ 为奇次幂,则用 $u = \cos x$ 来替换.

例 4.5.5　计算$\displaystyle\int \tan^5 \theta \sec^7 \theta \mathrm{d}\theta$.

解　直接计算得

$$\int \tan^5 \theta \sec^7 \theta \mathrm{d}\theta = \int \frac{\sin^5 \theta}{\cos^5 \theta}\frac{1}{\cos^7 \theta}\mathrm{d}\theta = \int \frac{\sin^5 \theta}{\cos^{12} \theta}\mathrm{d}\theta$$

$$= \int \frac{\sin^4 \theta \sin \theta}{\cos^{12} \theta}\mathrm{d}\theta = -\int \frac{(1 - \cos^2 \theta)^2}{\cos^{12} \theta}\mathrm{d}(\cos \theta)\quad(\diamondsuit\ u = \cos\theta)$$

$$= -\int \frac{(1 - u^2)^2}{u^{12}}\mathrm{d}u = -\int \frac{1 - 2u^2 + u^4}{u^{12}}\mathrm{d}u$$

$$= -\int (u^{-12} - 2u^{-10} + u^{-8})\mathrm{d}u$$

$$= \frac{1}{11}u^{-11} - \frac{2}{9}u^{-9} + \frac{1}{7}u^{-7} + C$$

$$= \frac{1}{11\cos^{11}\theta} - \frac{2}{9\cos^9 \theta} + \frac{1}{7\cos^7 \theta} + C$$

> **规律 4.5.4**　若 $\sec x$ 为偶数次幂,则用 $u = \tan x$ 来替换.

例 4.5.6　计算$\displaystyle\int \tan^4 x \sec^4 x \mathrm{d}x$.

解　直接计算得

$$\int \tan^4 x \sec^4 x \mathrm{d}x = \int \tan^4 x \sec^2 x \sec^2 x \mathrm{d}x$$

$$= \int \tan^4 x(1 + \tan^2 x)\mathrm{d}(\tan x)\quad(\diamondsuit\ u = \tan x)$$

$$= \int u^4(1 + u^2)\mathrm{d}u = \int (u^4 + u^6)\mathrm{d}u$$

$$= \frac{1}{5}u^5 + \frac{1}{7}u^7 + C$$

$$= \frac{1}{5}\tan^5 x + \frac{1}{7}\tan^7 x + C$$

注 4.5.1 对于有些问题,上述方法并不一定有效,需要我们综合三角公式与积分技巧来计算,这里不再叙述.

4.5.2 三角换元法

本节的开头我们给出了如何计算被积函数含有因子$\sqrt{a^2-x^2}$的积分,常见的还有$\sqrt{a^2+x^2}$及$\sqrt{x^2-a^2}$的情况.

如出现$\sqrt{a^2-x^2}$,可以作代换$x=a\sin t$,则$\sqrt{a^2-x^2}\mathrm{d}x=a^2|\cos t|\cos t\mathrm{d}t$;

如出现$\sqrt{a^2+x^2}$,可以作代换$x=a\tan t$,则$\sqrt{a^2+x^2}\mathrm{d}x=a^2|\sec t|\cos t\mathrm{d}t$;

如出现$\sqrt{x^2-a^2}$,可以作代换$x=a\sec t$,则$\sqrt{x^2-a^2}\mathrm{d}x=a^2|\tan t|\sec t\tan t\mathrm{d}t$.

例 4.5.7 计算$\int\frac{1}{x^2\sqrt{x^2-4}}\mathrm{d}x$.

图 4.5.2

解 如图 4.5.2 所示,构造一直角三角形,斜边为x,两直角边分别为 2 和$\sqrt{x^2-4}$.由图知$\sec\theta=\frac{x}{2}$,用$x=2\sec\theta$进行积分换元,不妨设$0\leqslant\theta\leqslant\frac{\pi}{2}$,则

$$\mathrm{d}x=2\sec\theta\tan\theta\mathrm{d}\theta,\quad \sqrt{x^2-4}=2\tan\theta$$

$$\begin{aligned}\int\frac{1}{x^2\sqrt{x^2-4}}\mathrm{d}x&=\int\frac{2\sec\theta\tan\theta}{(2\sec\theta)^2 2\tan\theta}\mathrm{d}\theta\\&=\int\frac{1}{4}\cos\theta\mathrm{d}\theta=\frac{1}{4}\sin\theta+C\end{aligned}$$

又$\sin\theta=\frac{\sqrt{x^2-4}}{x}$,因此

$$\int\frac{1}{x^2\sqrt{x^2-4}}\mathrm{d}x=\frac{\sqrt{x^2-4}}{4x}+C$$

例 4.5.8 计算$\int_{-1}^{1}\frac{1}{(1+x^2)^2}\mathrm{d}x$.

图 4.5.3

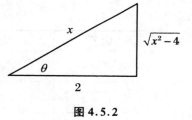

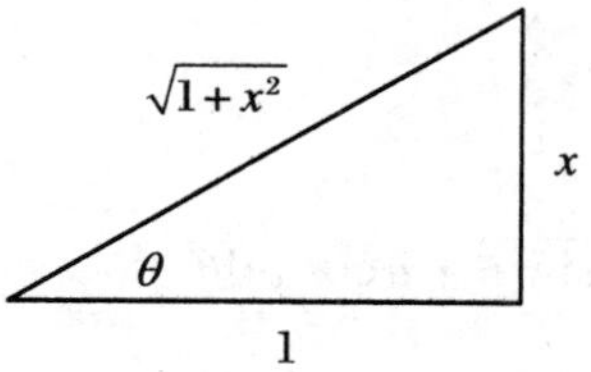

解 如图 4.5.3 所示,构造一直角三角形,边长如图所示.由图知$\tan\theta=x$,令$-\frac{\pi}{2}\leqslant\theta\leqslant\frac{\pi}{2}$,则$\mathrm{d}x=$

$\sec^2\theta \mathrm{d}\theta$, $(1 + x^2)^2 = \sec^4\theta$. 当 $x = 1$ 时, $\theta = \dfrac{\pi}{4}$; 当 $x = -1$ 时, $\theta = -\dfrac{\pi}{4}$, 因此

$$\int_{-1}^{1} \frac{1}{(1+x^2)^2}\mathrm{d}x = \int_{-\frac{\pi}{4}}^{\frac{\pi}{4}} \frac{\sec^2\theta}{\sec^4\theta}\mathrm{d}\theta = \int_{-\frac{\pi}{4}}^{\frac{\pi}{4}} \cos^2\theta \mathrm{d}\theta$$

$$= \int_{-\frac{\pi}{4}}^{\frac{\pi}{4}} \frac{1}{2}(1 + \cos 2\theta)\mathrm{d}\theta = \frac{1}{2}\left(\theta + \frac{1}{2}\sin 2\theta\right)\Big|_{-\frac{\pi}{4}}^{\frac{\pi}{4}}$$

$$= \frac{\pi}{4} + \frac{1}{2}$$

　　通过上述分析,我们将被积函数中的因子 $\sqrt{a^2 - x^2}$, $\sqrt{a^2 + x^2}$, $\sqrt{x^2 - a^2}$ 进行了下述三角替换,见表 4.5.1,限制 θ 的范围,保证替代函数为一一映射,今后大家可以作为公式直接使用.

表 4.5.1

因子	换元
$\sqrt{a^2 - x^2}$	$x = a\sin\theta\left(-\dfrac{\pi}{2} \leqslant \theta \leqslant \dfrac{\pi}{2}\right)$
$\sqrt{a^2 + x^2}$	$x = a\tan\theta\left(-\dfrac{\pi}{2} \leqslant \theta \leqslant \dfrac{\pi}{2}\right)$
$\sqrt{x^2 - a^2}$	$x = a\sec\theta\left(0 \leqslant \theta \leqslant \dfrac{\pi}{2} \text{ 或 } \pi \leqslant \theta \leqslant \dfrac{3\pi}{2}\right)$

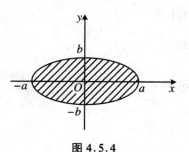

图 4.5.4

例 4.5.9　求椭圆 $\dfrac{x^2}{a^2} + \dfrac{y^2}{b^2} = 1$ 的面积.

解　由对称性可知, S 等于

$$y = \frac{b}{a}\sqrt{a^2 - x^2} \quad (0 \leqslant x \leqslant a)$$

和 x 轴、y 轴所围成的面积的 4 倍,即为第一象限面积的 4 倍,所以

$$S = 4\int_0^a \frac{b}{a}\sqrt{a^2 - x^2}\mathrm{d}x = \frac{4b}{a}\int_0^a \sqrt{a^2 - x^2}\mathrm{d}x$$

取 $x = a\sin\theta\left(-\dfrac{\pi}{2} \leqslant \theta \leqslant \dfrac{\pi}{2}\right)$,则 $\mathrm{d}x = a\cos\theta\mathrm{d}\theta$. 当 $x = 0$ 时, $\theta = 0$; 当 $x = a$ 时, $\theta = \dfrac{\pi}{2}$. 因此

$$S = \frac{4b}{a}\int_0^a \sqrt{a^2 - x^2}\mathrm{d}x = \frac{4b}{a}\int_0^{\frac{\pi}{2}} \sqrt{a^2 - a^2\sin^2\theta} \cdot a\cos\theta\mathrm{d}\theta$$

$$= \frac{4b}{a} \int_0^{\frac{\pi}{2}} a^2 \cos^2 \theta \mathrm{d}\theta = 4ab \int_0^{\frac{\pi}{2}} \frac{1 + \cos 2\theta}{2} \mathrm{d}\theta$$

$$= 2ab \left(\theta + \frac{1}{2} \sin 2\theta \right) \Big|_0^{\frac{\pi}{2}}$$

$$= \pi ab$$

即椭圆的面积为 πab，特别当 $a = b$ 时，半径为 r 的圆面积为 πr^2．

4.6　分 部 积 分

　　植物传播种子的方式多种多样，例如蒲公英借助风力传播种子，大豆凭借自身的弹射力，等等．为了避免拥挤，种子常被传播到离植物较远的地方．例如，荞麦种子的传播满足指数函数，假如某次试验得出种子分布的密度函数为 $f(x) = 2.08\mathrm{e}^{-2.08x}$，生物学家常用数学期望来计算种子的平均传播距离，即求

$$\int_0^{+\infty} 2.08x\mathrm{e}^{-2.08x} \mathrm{d}x$$

当被积函数为指数函数（或者对数函数）与幂函数乘积时，对这种积分的计算常难以下手．因此我们有必要给出一种方法来求解此类积分，这就是分部积分法，是一种由导数乘法法则而得出的方法：

$$\frac{\mathrm{d}(uv)}{\mathrm{d}x} = u\frac{\mathrm{d}v}{\mathrm{d}x} + v\frac{\mathrm{d}u}{\mathrm{d}x} \qquad （求导的乘法法则）$$

$$uv = \int u\frac{\mathrm{d}v}{\mathrm{d}x}\mathrm{d}x + \int v\frac{\mathrm{d}u}{\mathrm{d}x}\mathrm{d}x \quad （等号两边同时积分）$$

$$uv = \int u\mathrm{d}v + \int v\mathrm{d}u \qquad （化为微分形式）$$

$$\int u\mathrm{d}v = uv - \int v\mathrm{d}u \qquad （分部积分法则）$$

　　　假定 u 与 v 是关于 x 的可微函数，则

$$\int u\mathrm{d}v = uv - \int v\mathrm{d}u$$

　　注 4.6.1　用分部积分法计算，关键是合理选取函数 u 与 v．一般来说，选择函数 $u(x)$ 可以按照下列顺序：对数函数、反三角函数、多项式函数、三角函数、指数函数．

例 4.6.1　求 $\int x\mathrm{e}^x\mathrm{d}x$.

解　根据优先顺序，令 $u(x)=x$，则

$$\int x\mathrm{e}^x\mathrm{d}x=\int x\mathrm{d}(\mathrm{e}^x)=x\mathrm{e}^x-\int \mathrm{e}^x\mathrm{d}x$$
$$=x\mathrm{e}^x-\mathrm{e}^x+C$$

例 4.6.2　求 $\int x^2\sin x\mathrm{d}x$.

解　被积函数为 x^2 和 $\sin x$ 的乘积，x^2 为多项式函数，$\sin x$ 为三角函数，故令 $u(x)=x^2$，因此

$$\int x^2\sin x\mathrm{d}x=-\int x^2\mathrm{d}(\cos x)=-x^2\cos x+\int \cos x\mathrm{d}(x^2)$$
$$=-x^2\cos x+2\int x\cos x\mathrm{d}x$$

积分 $\int x\cos x\mathrm{d}x$ 比 $\int x^2\sin x\mathrm{d}x$ 简单，但结果也不明显，于是继续用分部积分法. 令 $u(x)=x$，则

$$\int x\cos x\mathrm{d}x=\int x\mathrm{d}(\sin x)=x\sin x-\int \sin x\mathrm{d}x$$
$$=x\sin x+\cos x+\frac{C}{2}$$

综上，有

$$\int x^2\sin x\mathrm{d}x=-x^2\cos x+2x\sin x+2\cos x+C$$

例 4.6.3　设 e^{-x^2} 是 $f(x)$ 的一个原函数，求 $\int xf''(x)\mathrm{d}x$.

解　易知

$$\int xf''(x)\mathrm{d}x=\int x\mathrm{d}f'(x)=xf'(x)-\int f'(x)\mathrm{d}x$$
$$=xf'(x)-f(x)+C$$

因为 e^{-x^2} 是 $f(x)$ 的一个原函数，所以

$$f(x)=(\mathrm{e}^{-x^2})'=-2x\mathrm{e}^{-x^2},\quad f'(x)=-2\mathrm{e}^{-x^2}+4x^2\mathrm{e}^{-x^2}$$

因此

$$\int xf''(x)\mathrm{d}x=x(-2\mathrm{e}^{-x^2}+4x^2\mathrm{e}^{-x^2})+2x\mathrm{e}^{-x^2}+C$$
$$=4x^3\mathrm{e}^{-x^2}+C$$

例 4.6.4 求 $\int e^x \cos x \mathrm{d}x$.

解 e^x 为指数函数，$\cos x$ 为三角函数．根据优先顺序，令 $u(x) = \cos x$，则

$$\int e^x \cos x \mathrm{d}x = \int \cos x \mathrm{d}e^x = e^x \cos x - \int e^x \mathrm{d}(\cos x)$$

$$= e^x \cos x + \int e^x \sin x \mathrm{d}x$$

对于 $\int e^x \sin x \mathrm{d}x$，仍需用分部积分法．此时，令 $u(x) = \sin x$，则

$$\int e^x \cos x \mathrm{d}x = e^x \cos x + \int e^x \sin x \mathrm{d}x = e^x \cos x + \int \sin x \mathrm{d}(e^x)$$

$$= e^x \cos x + e^x \sin x - \int e^x \mathrm{d}(\sin x)$$

$$= e^x(\cos x + \sin x) - \int e^x \cos x \mathrm{d}x$$

注 4.6.2 我们使用了两次分部积分法，并没有把 $\int e^x \cos x \mathrm{d}x$ 化简，但仔细观察，我们得到了关于 $\int e^x \cos x \mathrm{d}x$ 的一个方程，对关于该积分的方程进行求解即可：

$$\int e^x \cos x \mathrm{d}x = e^x(\cos x + \sin x) - \int e^x \cos x \mathrm{d}x$$

$$\Rightarrow 2\int e^x \cos x \mathrm{d}x = e^x(\cos x + \sin x)$$

$$\Rightarrow \int e^x \cos x \mathrm{d}x = \frac{1}{2}e^x(\cos x + \sin x) + C$$

对于定积分的计算，可以类似地使用分部积分方法，假定 $f'(x)$ 与 $g'(x)$ 均连续，则有

$$\int_a^b f(x)g'(x)\mathrm{d}x = f(x)g(x)\Big|_a^b - \int_a^b f'(x)g(x)\mathrm{d}x$$

例 4.6.5 心理学家发现，参与记忆实验的人能回忆起 $a\% \sim b\%$ 内容的概率为

$$P(a\% \leqslant x \leqslant b\%) = \int_{a\%}^{b\%} \frac{-64}{9e^{-8}-1}xe^{-8x}\mathrm{d}x \quad (0 \leqslant a\% \leqslant b\% \leqslant 1)$$

试给出一名随机参与实验的人员能回忆起 $0\% \sim 60\%$ 内容的概率.

解 计算得

$$P(0\% \leqslant x \leqslant 60\%) = \frac{-64}{9e^{-8}-1}\int_0^{0.6} xe^{-8x}\mathrm{d}x$$

$$\int_0^{0.6} x\mathrm{e}^{-8x}\mathrm{d}x = -\frac{1}{8}\int_0^{0.6} x\mathrm{d}\mathrm{e}^{-8x}$$

$$= -\frac{1}{8}\left(x\mathrm{e}^{-8x}\Big|_0^{0.6} - \int_0^{0.6}\mathrm{e}^{-8x}\mathrm{d}x\right)$$

$$= -\frac{1}{8}x\mathrm{e}^{-8x}\Big|_0^{0.6} + \frac{1}{8}\left(-\frac{1}{8}\mathrm{e}^{-8x}\right)\Big|_0^{0.6}$$

$$= -\frac{1}{8}\mathrm{e}^{-8x}\left(x + \frac{1}{8}\right)\Big|_0^{0.6}$$

所以

$$P(0\% \leqslant x \leqslant 60\%) = \frac{-64}{9\mathrm{e}^{-8}-1}\int_0^{0.6} x\mathrm{e}^{-8x}\mathrm{d}x$$

$$= \frac{-64}{9\mathrm{e}^{-8}-1}\left[-\frac{1}{8}\mathrm{e}^{-8x}\left(x+\frac{1}{8}\right)\Big|_0^{0.6}\right]$$

$$\approx 0.955$$

即随机参与实验的人员能回忆起 $0\% \sim 60\%$ 内容的概率为 0.955.

例 4.6.6　　与摩托车相关的交通死亡事故一直占交通事故中的大份额,调查显示某市因驾驶摩托车而死亡的人数 m 可由下面的模型给出:

$$m(t) = 853.3 + 65.92\ln t \quad (1 \leqslant t \leqslant 16)$$

其中 t 表示距 1979 年的年数,如 $t = 1$ 表示 1980 年.问该市 1980 ~ 1995 年因驾驶摩托车而死亡的总人数 A 是多少?

解　直接计算得

$$A = \int_1^{16}(843.3 + 65.92\ln t)\mathrm{d}t$$

$$= 843.3t\Big|_1^{16} + 65.92\int_1^{16}\ln t\mathrm{d}t$$

$$= 843.3t\Big|_1^{16} + 65.92\left[t\ln t\Big|_1^{16} - \int_1^{16}t\mathrm{d}(\ln t)\right]$$

$$= 843.3t\Big|_1^{16} + 65.92\left(t\ln t\Big|_1^{16} - \int_1^{16}1\mathrm{d}t\right)$$

$$= 843.3t\Big|_1^{16} + 65.92(t\ln t - t)\Big|_1^{16}$$

$$\approx 12\,649.5 + 1\,935.5 = 14\,585$$

即该市 1980 ~ 1985 年因驾驶摩托车而死亡的总人数为 $14\,585$.

例 4.6.7　　若种子的密度函数为 $f(x) = 2.08\mathrm{e}^{-2.08x}$,试求种子距植物的平均距离 $\int_0^{+\infty} 2.08x\mathrm{e}^{-2.08x}\mathrm{d}x$.

解　计算得

$$\int_0^{+\infty} 2.08x\mathrm{e}^{-2.08x}\mathrm{d}x = \lim_{A\to+\infty}\int_0^A 2.08x\mathrm{e}^{-2.08x}\mathrm{d}x$$

$$= -\lim_{A\to+\infty}\int_0^A x\mathrm{d}(\mathrm{e}^{-2.08x})$$

$$= -\lim_{A\to+\infty}\left(x\mathrm{e}^{-2.08x}\Big|_0^A - \int_0^A \mathrm{e}^{-2.08x}\mathrm{d}x\right)$$

$$= -\lim_{A\to+\infty}\left(x\mathrm{e}^{-2.08x}\Big|_0^A + \frac{\mathrm{e}^{-2.08x}}{2.08}\Big|_0^A\right)$$

$$= -\lim_{A\to+\infty}\left(A\mathrm{e}^{-2.08A} + \frac{\mathrm{e}^{-2.08A}}{2.08} - \frac{1}{2.08}\right)$$

$$= \frac{1}{2.08} \approx 0.481\ (\mathrm{m})$$

因此种子距植物的平均距离约为 0.481 m.

习　题　4

1. 求下列函数的不定积分:

(1) $\int (5x+7)\mathrm{d}x$;　　　　　　(2) $\int \cos 5x\mathrm{d}x$;

(3) $\int (x+1)^3\mathrm{d}x$;　　　　　　(4) $\int (3\cos x - 7\sin x)\mathrm{d}x$;

(5) $\int \left(x^{3/2} + \dfrac{\sqrt{x}}{5} - \dfrac{2}{x}\right)\mathrm{d}x$;　　(6) $\int (2^x + \sin x)\mathrm{d}x$.

2. 设

$$f(x) = \frac{1}{1+x^2} - 2\int_0^1 f(x)\mathrm{d}x$$

求 $\int_0^1 f(x)\mathrm{d}x$.

3. 设 $f(x)$ 在 $[0,1]$ 上连续, 且满足

$$f(x) = 4x^3 - 3x^2\int_0^1 f(x)\mathrm{d}x$$

求 $f(x)$.

4. 考虑钻一口油井的成本. 有两种成本: 固定成本(与钻井深度无关)和边际成本(每深钻 1 m 的成本增额). 用这两种数据就能确定总成本 C, 边际成本与正在采掘的深度有关: 在地下掘得越深, 每钻 1 m 的成本就越高. 假设固定成本为 1 000 000 里亚尔(里亚尔是沙特阿

拉伯的货币单位),且边际成本为

$$C'(x) = 4\,000 + 10x$$

单位为里亚尔 /m,这里 x 为深度(m),求一口钻 x m 深的油井的总成本.

5. 列车快进站时必须减速.若列车减速后的速度为 $v(t) = 1 - \dfrac{1}{3}t$ (km/min),问列车应在离站台多远的地方开始减速?

6. 某种商品一年中的销售速度为 $v(t) = 100 + 100\sin\left(2\pi t - \dfrac{\pi}{2}\right)$($t$ 的单位:月,$0 \leqslant t \leqslant 12$),求此商品前三个月的销售总量.

7. 设 $f(x)$ 连续,且

$$\int_0^{x^2-1} f(t)\mathrm{d}t = 1 + x^3 \quad (x > 1)$$

求 $f(8)$.

8. 设 $f(x)$ 连续,且 $F(x) = \int_x^{\mathrm{e}^{-x}} f(t)\mathrm{d}t$,求 $F'(x)$.

9. 设 $f(x)$ 连续,且

$$\int_0^{x^2-1} f(t)\mathrm{d}t = 1 + x^3 \quad (x > 1)$$

求 $f(8)$.

10. 求极限

$$\lim_{x \to 0} \frac{\left(\int_0^x \mathrm{e}^{t^2}\mathrm{d}t\right)^2}{\int_0^x t\mathrm{e}^{2t^2}\mathrm{d}t}$$

11. 设

$$F(x) = \frac{x^2}{x-a}\int_a^x f(t)\mathrm{d}t$$

其中 $f(x)$ 为连续函数,求 $\lim\limits_{x \to a} F(x)$.

12. 设

$$f(x) = \int_0^x (t-1)\mathrm{d}t$$

求 $f(x)$ 的极小值.

13. 证明:方程

$$3x - 1 - \int_0^x \frac{1}{1+t^4}\mathrm{d}t = 0$$

在区间 $(0,1)$ 内有且仅有一个实根.

14. 设 $f(x)$ 在 $[a,b]$ 上连续,且 $f(x) > 0$,又

$$F(x) = \int_a^x f(t)\mathrm{d}t + \int_b^x \frac{1}{f(t)}\mathrm{d}t$$

证明：

   (1) $F'(x) \geqslant 2$；

   (2) $F(x) = 0$ 在 $[a, b]$ 上有且仅有一个实根.

15. 已知 $\int_{-\infty}^{+\infty} \dfrac{k}{4 + x^2}\mathrm{d}x = 1$，求 k 的值.

16. 求下列无穷积分：

(1) $\displaystyle\int_2^{+\infty} \frac{1}{x^2 - 1}\mathrm{d}x$；   (2) $\displaystyle\int_1^{+\infty} \frac{\mathrm{d}x}{x(1 + x^2)}$；

(3) $\displaystyle\int_0^{+\infty} x\mathrm{e}^{-ax^2}\mathrm{d}x\ (a > 0)$；   (4) $\displaystyle\int_0^{+\infty} \frac{\sqrt{x}}{1 + x^2}\mathrm{d}x$.

17. 下列积分是否收敛？若收敛，试求其值.

(1) $\displaystyle\int_0^{1/2} \cot x\,\mathrm{d}x$；   (2) $\displaystyle\int_0^1 \ln x\,\mathrm{d}x$；

(3) $\displaystyle\int_0^a \frac{\mathrm{d}x}{\sqrt{a - x}}$；   (4) $\displaystyle\int_0^1 \sqrt{\frac{x}{1 - x}}\,\mathrm{d}x$.

18. 求下列各积分的值：

(1) $\displaystyle\int \frac{1}{x^2}\mathrm{e}^{1/x}\mathrm{d}x$；   (2) $\displaystyle\int \frac{\mathrm{d}x}{a^2 + x^2}$；

(3) $\displaystyle\int x\mathrm{e}^{x^2}\mathrm{d}x$；   (4) $\displaystyle\int \frac{\mathrm{d}x}{x(1 + 2\ln x)}$；

(5) $\displaystyle\int \frac{1}{x\ln x}\mathrm{d}x$；   (6) $\displaystyle\int x^2\sqrt{4 - 3x^3}\mathrm{d}x$；

(7) $\displaystyle\int \frac{x + 5}{x^2 - 6x + 13}\mathrm{d}x$；   (8) $\displaystyle\int \frac{\mathrm{d}x}{x\ln x\ln\ln x}$；

(9) $\displaystyle\int \frac{1}{1 + \mathrm{e}^x}\mathrm{d}x$；   (10) $\displaystyle\int \frac{\arctan x}{1 + x^2}\mathrm{d}x$.

19. 证明：

$$\int_a^b f(x)\mathrm{d}x = \int_a^b f(a + b - x)\mathrm{d}x$$

20. 证明：

$$\int_0^{\pi/2} \sin^n x\,\mathrm{d}x = \int_0^{\pi/2} \cos^n x\,\mathrm{d}x$$

21. 计算下列不定积分的值：

(1) $\displaystyle\int \frac{\mathrm{d}x}{1 + \sqrt{1 - x^2}}$；   (2) $\displaystyle\int \frac{\mathrm{d}x}{x + \sqrt{1 - x^2}}$；

(3) $\int x^3 \sqrt{4 - x^2}\mathrm{d}x$；　　　　(4) $\int \sqrt{a^2 - x^2}\mathrm{d}x \ (a > 0)$；

(5) $\int \dfrac{\mathrm{d}x}{\sqrt{x^2 + a^2}} \ (a > 0)$；　　(6) $\int \dfrac{\mathrm{d}x}{\sqrt{x^2 - a^2}} \ (a > 0)$.

22. 求下列不定积分的值：

(1) $\int \sin 2x \cos 3x\mathrm{d}x$；　　　　(2) $\int \cos^2(\omega t + \varphi)\mathrm{d}t$；

(3) $\int \tan^3 x \sec x\mathrm{d}x$；　　　　(4) $\int \cos^2 x \sin x\mathrm{d}x$；

(5) $\int \csc x\mathrm{d}x$.

23. 求下列不定积分的值：

(1) $\int \arctan x\mathrm{d}x$；　　　　(2) $\int \mathrm{e}^x \sin x\mathrm{d}x$；

(3) $\int \cos \ln x\mathrm{d}x$；　　　　(4) $\int \mathrm{e}^{\sqrt{x}}\mathrm{d}x$；

(5) $\int \sec^3 x\mathrm{d}x$；　　　　(6) $\int \mathrm{e}^x \sin x\mathrm{d}x$；

(7) $\int x\sin 2x\mathrm{d}x$；　　　　(8) $\int x\mathrm{e}^{-x}\mathrm{d}x$；

(9) $\int \mathrm{e}^{-x}\sin 2x\mathrm{d}x$；　　　(10) $\int x^2 \arctan x\mathrm{d}x$；

(11) $\int x\cos^2 x\mathrm{d}x$；　　　　(12) $\int x \cos^2 \dfrac{x}{2}\mathrm{d}x$.

24. 已知 $F(x)$ 在 $[-1,1]$ 上连续，在 $(-1,1)$ 内，$F'(x) = \dfrac{1}{\sqrt{1 - x^2}}$，且 $F(1) = \dfrac{3\pi}{2}$，求 $F(x)$.

25. 已知 $f(x)$ 的一个原函数是 $(1 + \sin x)\ln x$，求：

(1) $\int xf'(x)\mathrm{d}x$；　　(2) $\int xf''(x)\mathrm{d}x$.

26. 求 $\int \mathrm{e}^{kx}\sin(ax + b)\mathrm{d}x$，其中 $a \neq 0, k \neq 0, b$ 为常数.

27. 已知 $f(\ln x) = \dfrac{\ln(1 + x)}{x}$，求 $\int f(x)\mathrm{d}x$.

第 5 章 定积分应用

经典几何学的成就在于给出了三角形、球体以及圆锥的面积或体积的计算公式,但是这些公式不具有普遍的意义.在这一章,我们将给出一些不规则图形的面积以及体积计算的一般方法 —— 微元法,其核心思想是"分割、近似、作和、取极限",并用微元法去阐述定积分在统计学、经济学、生物学等领域的应用,例如解决商品的储存、血管稳定流动时的血流量、人口统计模型等问题.

5.1 弧 长 计 算

5.1.1 直角坐标系中弧长的计算

我们已学会求直线的长度:若直线的端点坐标为 $P_0(x_0, y_0)$,$P_1(x_1, y_1)$,那么这两点间的距离为 $\sqrt{(x_1 - x_0)^2 + (y_1 - y_0)^2}$.

若函数图像为一条曲线,那么如何求其长度?中学时,我们利用圆的内接正 n 边形周长来估计圆的周长,当 n 无限大时认为圆周长就是多边形的周长,如图 5.1.1 所示.

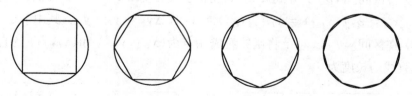

图 5.1.1

这种方法的核心思想是在两点距离很近时,利用两点间的直线代替曲线.采用这一方法可求曲线的长度.以函数 $y = x^3 - 3x^2 - 4x + 2(-3 \leqslant x \leqslant 3)$ 为例(图 5.1.2),可见:随着 n 的增大,以直代曲的效果越来越好.

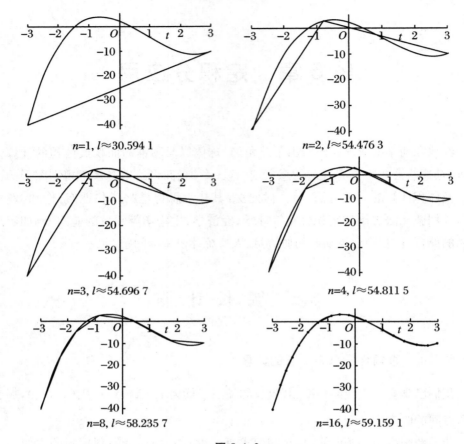

图 5.1.2

求连续函数 $y = f(x)$ 在区间 $[a,b]$ 上的长度 l,具体的方法如下:

(1) 将区间 $[a,b]$ 等分成 n 份,每份的长度记为 Δx,$x_0 = a < x_1 < x_2 < x_3 < \cdots < x_n = b$,$f(x_{i-1}) = y_{i-1}$,$f(x_i) = y_i$ 且 $\Delta y_i = y_i - y_{i-1}$,其中 $1 \leqslant i \leqslant n$.

(2) 在区间 $[x_{i-1}, x_i]$ 上将函数看成端点为 (x_{i-1}, y_{i-1}) 和 (x_i, y_i) 的直线,则第 i 段直线的长度为

$$\sqrt{(x_{i-1} - x_i)^2 + (y_{i-1} - y_i)^2} = \sqrt{(\Delta x)^2 + (\Delta y_i)^2} = \sqrt{1 + \left(\frac{\Delta y_i}{\Delta x}\right)^2} \Delta x$$

$$\approx \sqrt{1 + [f_i'(x_{i-1})]^2} \Delta x$$

(3) 以 n 段直线的长度来代替曲线的长度 l,则 $l \approx \sum_{i=1}^{n} \sqrt{1 + [f_i'(x_{i-1})]^2} \Delta x$.

（4）当 $n \to \infty$ 时，$l = \lim\limits_{n \to \infty} \sum\limits_{i=1}^{n} \sqrt{1 + [f_i'(x_{i-1})]^2} \, \Delta x$.

根据定积分的定义，上述表达式等价于

$$\int_a^b \sqrt{1 + [f'(x)]^2} \, \mathrm{d}x$$

综上，我们证明了下面的定理：

> 如果 $f'(x)$ 在区间 $[a,b]$ 上连续，则曲线 $y = f(x)$（$a \leqslant x \leqslant b$）的长度为
>
> $$L = \int_a^b \sqrt{1 + [f'(x)]^2} \, \mathrm{d}x = \int_a^b \sqrt{1 + \left(\frac{\mathrm{d}y}{\mathrm{d}x}\right)^2} \, \mathrm{d}x$$

注 5.1.1　（1）若函数 $g'(y)$ 在区间 $[c,d]$ 上连续，则曲线 $x = g(y)$（$c \leqslant y \leqslant d$）的长度为

> $$\int_c^d \sqrt{1 + [g'(y)]^2} \, \mathrm{d}y = \int_c^d \sqrt{1 + \left(\frac{\mathrm{d}x}{\mathrm{d}y}\right)^2} \, \mathrm{d}y$$

（2）设函数 $y = f(x)$ 在区间 $[a,b]$ 上具有连续导函数，$S(x)$ 为沿曲线 $y = f(x)$ 的端点 $(a, f(a))$ 移动至 $(x, f(x))$ 的轨迹，则 $S(x)$ 可表示为 $S(x) = \int_a^x \sqrt{1 + [f'(t)]^2} \, \mathrm{d}t$，因此 $\dfrac{\mathrm{d}S}{\mathrm{d}x} = \sqrt{1 + [f'(x)]^2} \Rightarrow \mathrm{d}S = \sqrt{1 + [f'(x)]^2} \, \mathrm{d}x$，这样我们可方便地把弧长公式记为

$$L = \int_a^b \mathrm{d}S$$

其中 $\mathrm{d}S = \sqrt{1 + [f'(x)]^2} \, \mathrm{d}x$，称为弧长的微元.

例 5.1.1　计算圆：$x^2 + y^2 = r^2$ 的周长.

解　如图 5.1.3 所示，以圆心为中心建立直角坐标系. 由对称性可知，圆周长是曲线 $y = \sqrt{r^2 - x^2}$（$0 \leqslant x \leqslant r$）的 4 倍，$y' = \dfrac{-x}{\sqrt{r^2 - x^2}}$，代入弧长公式，有

$$L = 4\int_0^r \sqrt{1 + \left(\frac{-x}{\sqrt{r^2 - x^2}}\right)^2} \, \mathrm{d}x$$

$$= 4\int_0^r \sqrt{1 + \frac{x^2}{r^2 - x^2}} \, \mathrm{d}x = 4\int_0^r \frac{r}{\sqrt{r^2 - x^2}} \, \mathrm{d}x$$

利用三角换元法，令 $x = r\sin\theta\left(-\dfrac{\pi}{2} \leqslant \theta \leqslant \dfrac{\pi}{2}\right)$. 由 $0 = x = r\sin\theta$，得 $\theta = 0$；由

$r = x = r\sin\theta$，得 $\theta = \dfrac{\pi}{2}$．因此

$$L = 4\int_0^r \frac{r}{\sqrt{r^2 - x^2}}\,dx = 4\int_0^{\frac{\pi}{2}} \frac{r}{\sqrt{r^2 - (r\sin\theta)^2}}\,d(r\sin\theta)$$

$$= 4\int_0^{\frac{\pi}{2}} \frac{r}{r\cos\theta} \cdot r\cos\theta\,d\theta$$

$$= 4\int_0^{\frac{\pi}{2}} r\,d\theta = 4r \times \frac{\pi}{2} = 2\pi r$$

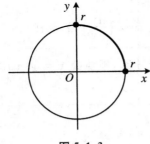

图 5.1.3

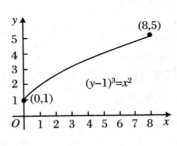

图 5.1.4

例 5.1.2　如图 5.1.4 所示，求曲线 $(y - 1)^3 = x^2 (0 \leqslant x \leqslant 8)$ 的长度．

解　$(y - 1)^3 = x^2 (0 \leqslant x \leqslant 8)$ 可等价表述为

$$x = (y - 1)^{3/2} \quad (1 \leqslant y \leqslant 5)$$

求得 $\dfrac{dx}{dy} = \dfrac{3}{2}(y - 1)^{1/2}$，代入弧长公式，得

$$L = \int_c^d \sqrt{1 + \left(\frac{dx}{dy}\right)^2}\,dy = \int_1^5 \sqrt{1 + \left[\frac{3}{2}(y - 1)^{1/2}\right]^2}\,dy$$

$$= \int_1^5 \sqrt{\frac{9}{4}y - \frac{5}{4}}\,dy = \frac{1}{2}\int_1^5 \sqrt{9y - 5}\,dy$$

$$= \frac{1}{18}\int_1^5 \sqrt{9y - 5}\,d(9y - 5)$$

$$= \frac{1}{27}(40^{3/2} - 4^{3/2}) \approx 9.073$$

例 5.1.3　若粒子的运动轨迹方程为 $y^2 = 4x^3$，求其从原点出发向 $x (x > 0)$ 的方向移动的位移方程．

解　由 $y^2 = 4x^3$ 得 $y = 2x^{3/2} (x \geqslant 0)$，$\dfrac{dy}{dx} = 3\sqrt{x}$，因此其位移方程为

$$S(x) = \int_0^x \sqrt{1 + (3\sqrt{t})^2}\,dt = \int_0^x \sqrt{1 + 9t}\,dt$$

令 $u = 1 + 9t$,则 $dt = \dfrac{1}{9}du$. 当 $t = 0$ 时,$u = 1$;当 $t = x$ 时,$u = 1 + x$. 因此

$$S(x) = \int_0^x \sqrt{1 + 9t}\,dt = \frac{1}{9}\int_1^{1+9x} \sqrt{u}\,du = \frac{2}{27}u^{3/2}\Big|_1^{1+9x}$$

$$= \frac{2}{27}\big[(1 + 9x)^{3/2} - 1\big].$$

例 5.1.4 设飞机从 $2\,304$ m 的空中抛下一物体,假定物体离地面的高度为 y m,水平位移为 x m,y 与 x 的模型为 $y = 2\,304 - x^{3/2}/6$. 求物体在空中运行的轨迹长度.

解 易知 $y' = -\dfrac{3}{2} \cdot \dfrac{\sqrt{x}}{6} = -\dfrac{\sqrt{x}}{4}$. 设水平移动 x m 时,移动的轨迹长度为 $S(x)$,则

$$S(x) = \int_0^x \sqrt{1 + (-\sqrt{t}/4)^2}\,dt = \frac{1}{4}\int_0^x \sqrt{16 + t}\,dt$$

令 $u = 16 + t$,则 $dt = du$. 当 $t = 0$ 时,$u = 16$;当 $t = x$ 时,$u = 16 + x$. 因此

$$S(x) = \frac{1}{4}\int_{16}^{16+x} \sqrt{u}\,du = \frac{1}{6}u^{3/2}\Big|_{16}^{16+x} = \frac{(16 + x)^{3/2} - 64}{6}$$

当 $y = 0$ 时,$2\,304 - \dfrac{x^{3/2}}{6} = 0$,取 $x = 576$,此时物体落地,因此运行的轨迹长度为

$$S(576) = \frac{(16 + 576)^{3/2} - 64}{6} \approx 2\,389.997\,(\text{m})$$

5.1.2 参数方程下弧长的计算公式

若曲线方程为 $\begin{cases} x = \varphi(t) \\ y = \psi(t) \end{cases}$ $(\alpha \leqslant t \leqslant \beta)$,则弧长微元为

$$dS = \sqrt{[\varphi'(t)]^2 + [\psi'(t)]^2}\,dt$$

因此,所求弧长为

$$S = \int_\alpha^\beta \sqrt{[\varphi'(t)]^2 + [\psi'(t)]^2}\,dt$$

例 5.1.5 计算星形线

$$x = a\cos^3 t, \quad y = a\sin^3 t$$

(图 5.1.5) 的全长.

解 弧长微元为

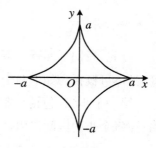

图 5.1.5

$$dS = \sqrt{[\varphi'(t)]^2 + [\psi'(t)]^2}\,dt$$

$$= \sqrt{[3a\cos^2 t \cdot (-\sin t)]^2 + [3a\sin^2 t \cdot \cos t]^2}\,dt$$

所求弧长为

$$S = \int_0^{2\pi} \sqrt{[3a\cos^2 t \cdot (-\sin t)]^2 + [3a\sin^2 t\cos t]^2}\,dt$$

$$= 4\int_0^{\frac{\pi}{2}} \sqrt{9a^2\sin^2 t\cos^2 t(\cos^2 t + \sin^2 t)}\,dt$$

$$= 12a\int_0^{\frac{\pi}{2}} \sin t\cos t\,dt$$

$$= 12a\left(\frac{1}{2}\sin^2 t\right)\Big|_0^{\frac{\pi}{2}} = 6a$$

例 5.1.6　已知一物体的运动规律为

$$x = e^t\cos\pi t, \quad y = e^t\sin\pi t$$

求它从时刻 $t = 0$ 到 $t = 1$ 所移动的轨迹 S 的长度.

解　物体的运动规律由参数方程给出，随着时间 t 的变化，物体运动的轨迹是一条曲线，事实上是求该曲线从 $t = 0$ 到 $t = 1$ 的一段弧长.

由参数方程的弧长公式得

$$S = \int_0^1 \sqrt{(x_t')^2 + (y_t')^2}\,dt$$

$$= \int_0^1 \sqrt{(e^t\cos\pi t - \pi e^t\sin\pi t)^2 + (e^t\sin\pi t + \pi e^t\cos\pi t)^2}\,dt$$

$$= \int_0^1 e^t\sqrt{1 + \pi^2}\,dt = \sqrt{1 + \pi^2}(e - 1)$$

5.2　体 积 计 算

首先，我们来回顾一下在上一节中如何求曲线 $y = f(x)$ 在区间 $[a,b]$ 上的长度，具体可概括为如下两个步骤：

第一个步骤：包括分割与求近似，其主要过程是将时间段 $[a,b]$ 细分成 n 等份，在每个小的区间段内，"以常量代替变量"，将曲线看成直线，得到曲线在第 i 个区间上的增量为 $\sqrt{1 + [f_i'(x_{i-1})]^2}\,\Delta x$. 在实际应用时，为了简便起见，省略下标，

用 ΔL 表示任意小的区间段 $[x, x + \mathrm{d}x]$ 上曲线长度的增量,并且可认为 ΔL 等于 $\sqrt{1 + [f'(x)]^2}\,\mathrm{d}x$,写成微分形式:

$$\mathrm{d}L = \sqrt{1 + [f'(x)]^2}\,\mathrm{d}x$$

第二个步骤:包括求和与取极限,即将所有小区间上的长度全部加起来:

$$L = \sum \Delta L$$

取极限,当 $n \to \infty$ 时,得到总长度:区间 $[a, b]$ 上的定积分,即

$$L = \int_a^b f(t)\,\mathrm{d}t$$

这种思想在几何、生物、经济、化学等几乎每一门学科中都有着广泛的用途,成为定量研究各种自然规律与社会现象必不可少的工具. 在整体范围内为变化的或弯曲的几何或其他学科研究对象,在经过分割后的局部范围内可以近似认为是不变的或直的,然后用定积分(求和)的思想建立定积分模型. 为了今后方便讨论,需要寻找建立这一类模型的统一的简化方法,从而在建立积分模型时,不必重复定积分概念引入时的分析和推导过程.

5.2.1　微元法的步骤

一般地,如果某一个实际问题中所求量满足下列条件:

(1) U 与变量 x 的变化区间 $[a, b]$ 有关;

(2) U 对于区间 $[a, b]$ 具有可加性,也就是说,如果把区间 $[a, b]$ 分成许多部分区间,则 U 相应地分成许多部分量,U 等于所有部分量之和;

(3) 部分量 ΔU_i 的近似值可以表示为 $f(\xi_i)\Delta x_i$.

那么,在确定了积分变量以及其取值范围后,就可以用以下两步来求解:

(1) 写出 U 在小区间 $[x, x + \mathrm{d}x]$ 上的微元 $\mathrm{d}U = f(x)\mathrm{d}x$,常运用"以常代变,以直代曲" 等方法;

(2) 以所求量 U 的微元 $f(x)\mathrm{d}x$ 为被积表达式,写出在区间 $[a, b]$ 上的定积分,得

$$U = \int_a^b f(x)\,\mathrm{d}x$$

上述方法称为微元法.

5.2.2　微元法求体积

我们首先来看一个案例,用上述方法求半径为 R 的球体体积,如图 5.2.1 所

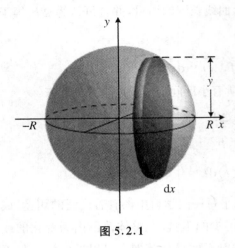

图 5.2.1

示,以球心为坐标中心建立空间直角坐标系,则球面方程为 $x^2 + y^2 + z^2 = R^2$,也可将其看成由 xy 平面内的圆 $x^2 + y^2 = R^2$ 绕 x 轴旋转所得.因此,我们可以认为球体由垂直于 x 轴的一个个圆片叠加而形成的,圆面的半径为 $y = \sqrt{R^2 - x^2}$.设 $V(x)$ 为从 $-R$ 点移动至 x 点时叠加得到的体积,则 $V(x)$ 在 $[x, x+\mathrm{d}x]$ 上增加的体积可看成一个小圆柱,高为 $\mathrm{d}x$,底面半径为 $y = \sqrt{R^2 - x^2}$,如图 5.2.1 所示,则体积的微分为

$$\mathrm{d}V = \pi\left(\sqrt{R^2 - x^2}\right)^2 \mathrm{d}x = \pi(R^2 - x^2)\mathrm{d}x$$

因此体积

$$V = \int_{-R}^{R} \pi(R^2 - x^2)\mathrm{d}x = \pi\left(R^2 x - \frac{x^3}{3}\right)\Big|_{-R}^{R} = \frac{4\pi R^3}{3}$$

由这个案例得出求物体体积的方法：

（1）给出叠加的方向和范围,例如由 a 到 b,那么积分上下限分别为 b, a；

（2）写出体积的微分形式,如 $\mathrm{d}V = A(x)\mathrm{d}x$,其中,$\mathrm{d}x$ 表示沿 x 轴方向的叠加,并且增量为无限小,$A(x)$ 表示过点 x 且垂直于 x 轴的截面面积,因此可认为 $[x, x+\mathrm{d}x]$ 上的体积增量为一平顶柱体,故有 $\Delta V = A(x)\mathrm{d}x$；

（3）写成积分的形式,如 $V = \int_a^b A(x)\mathrm{d}x$.

例 5.2.1　求底面半径为 r、高为 h 的圆锥的体积.

解　如图 5.2.2 所示,选择叠加的方向为沿圆锥的中心轴的方向自顶点而下,x 为距圆锥顶的距离,故 $0 \leqslant x \leqslant h$,在 x 点的截面为一圆盘,半径为 p,因此 $A(x) = \pi p^2$.由相似三角形的知识可得

$$\frac{p}{r} = \frac{x}{h}, \quad 即 \quad p = \frac{r}{h}x$$

所以

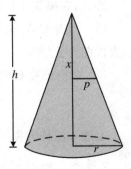

图 5.2.2

$$A(x) = \pi \frac{r^2}{h^2} x^2 \quad \Rightarrow \quad \mathrm{d}V = \pi \frac{r^2}{h^2} x^2 \mathrm{d}x$$

故有

$$V = \int_0^h \pi \frac{r^2}{h^2} x^2 \mathrm{d}x = \frac{\pi r^2}{h^2} \cdot \frac{x^3}{3} \Big|_0^h = \frac{1}{3} \pi r^2 h$$

例 5.2.2 修一个水池,底面积为 (2×3) m² 的矩形,上口为 (3×4) m² 的矩形,深 2 m,它的各个侧面均为等腰梯形,求它的容积.

解 建立直角坐标系,以水池上口处为 $z = 0$,向下为 z 轴正方向,在 $[0,2]$ 范围内,用 $z = z$ 去截几何体,其截面为矩形.由平面几何知识可知,矩形的长为 $4 - \frac{z}{2}$,宽为 $3 - \frac{z}{2}$,因此

$$S(z) = \left(4 - \frac{z}{2}\right)\left(3 - \frac{z}{2}\right) = 12 - \frac{7}{2}z + \frac{z^2}{4}$$

$$\Rightarrow \quad V = \int_0^2 S(z)\mathrm{d}z = \int_0^2 \left(12 - \frac{7}{2}z + \frac{z^2}{4}\right)\mathrm{d}z = \frac{53}{3} \text{ (m}^3)$$

5.2.3 旋转体的体积

旋转体是一种特殊的立体,它是由一个平面图形绕这平面内的一条直线旋转一周而成的,这条直线叫旋转轴.球体、圆柱体、圆台、圆锥、椭球体等都是旋转体.

1. 一条曲线绕坐标轴旋转所成的立体体积

考虑由连续曲线 $y = f(x)$ 与直线 $x = a$,$x = b$ 以及 x 轴所围成的曲边梯形绕 x 轴旋转一周而成的立体(图 5.2.3),可认为 $[x, x + \mathrm{d}x]$ 上的体积增量为圆柱体,底面面积为

$$A(x) = \pi [f(x)]^2$$

所以

$$\mathrm{d}V = \pi [f(x)]^2 \mathrm{d}x$$

2. 由两条曲线绕坐标轴而形成的立体体积

假定立体是由曲线 $C_1: y = f(x)$ 和 $C_2: y = g(x)$ 之间的区域绕 x 轴旋转一周而成的,不妨设 $f(x) \geqslant g(x)$.如图 5.2.4 所示,可认为 $[x, x + \mathrm{d}x]$ 上的体积增量为空心圆柱体,底面面积为

$$A(x) = \pi [f^2(x) - g^2(x)]$$

所以

$$\mathrm{d}V = \pi [f^2(x) - g^2(x)]\mathrm{d}x$$

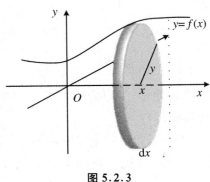

图 5.2.3　　　　　　　　　　　　图 5.2.4

例 5.2.3　求由曲线 $y = x^2$ 与直线 $x = 1$ 以及 x 轴所围成的图形分别绕 x 轴，y 轴旋转所得立体的体积.

解　绕 x 轴旋转所成立体的体积如图 5.2.5 所示.所求立体的体积为

$$V_1 = \int_0^1 \pi x^4 \mathrm{d}x = \pi\left(\frac{1}{5}x^5\right)\Big|_0^1 = \frac{1}{5}\pi$$

绕 y 轴旋转所成立体的体积如图 5.2.6 所示.所求立体的体积为

$$V_2 = \pi \cdot 1^2 - \int_0^1 \pi(\sqrt{y})^2 \mathrm{d}y = \pi - \pi\left(\frac{1}{2}y^2\right)\Big|_0^1 = \frac{1}{2}\pi$$

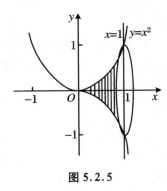
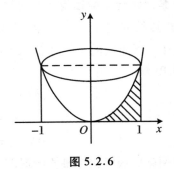

图 5.2.5　　　　　　　　　　　　图 5.2.6

例 5.2.4　某人正在用计算机设计一台机器的底座，它在第一象限的图形由 $y = 8 - x^3$，$y = 2$ 以及 x 轴，y 轴围成，底座由此图形绕 y 轴旋转一周所构成，试求此底座的体积（图 5.2.7）.

解　此体积即为由曲线 $x = \sqrt[3]{8-y}$，直线 $y = 2$，$y = 0$ 以及 y 轴围成的曲边梯形绕 y 轴旋转一周所成的立体体积.

$$V = \pi \int_0^2 (8 - y)^{2/3} dy = -\frac{3}{5}\pi(8 - y)^{5/3}\Big|_0^2$$

$$= \frac{3}{5}\pi(8^{5/3} - 6^{5/3}) \approx 7.313\pi \approx 22.975$$

例 5.2.5　一平面经过半径为 R 的圆柱体的底圆中心,并与底面交成角 α,求此平面截圆柱体所得立体的体积.

解　取此平面与圆柱体的底面的交线为 x 轴,底面上过圆心且垂直于 x 轴的直线为 y 轴,那么底圆的方程为 $x^2 + y^2 = R^2$.立体中过 x 轴上的点 x 且垂直于 x 轴的截面是一个直角三角形,它的两条直角边的长分别为 y 和 $y\tan\alpha$,即 $\sqrt{R^2 - x^2}$ 及 $\sqrt{R^2 - x^2}\tan\alpha$,因而截面面积为

$$A(x) = \frac{1}{2}(R^2 - x^2)\tan\alpha$$

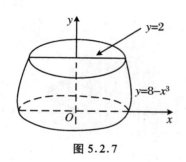

图 5.2.7

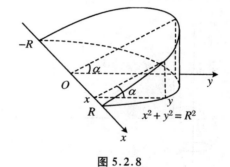

图 5.2.8

于是所求体积为

$$V = \int_{-R}^R \frac{1}{2}(R^2 - x^2)\tan\alpha\,dx = \frac{1}{2}\left(R^2 x - \frac{1}{3}x^3\right)\Big|_{-R}^R \tan\alpha = \frac{2}{3}R^3\tan\alpha$$

5.3　柱面法求体积

用上节的方法很难求解一些体积,例如由 $y = \sin x^2$ 在 $[0, \sqrt{\pi}]$ 上形成的区域(图5.3.1)绕 y 轴旋转得到的立体,用垂直于 y 轴的平面截立体,可得一圆环,因此可将立体看成由一个个圆环叠加而形成的.要求圆环的面积,则需知道其内、外半径,但由函数 $y = \sin x^2$ 得 $x = \arcsin y$,内外半径是由同一个函数表达式表示的!如何解决此类问题?

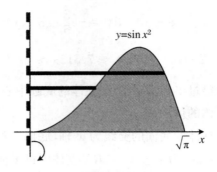

图 5.3.1

下面我们介绍另一种方法 —— 空心圆柱法.

如图 5.3.2 所示,设立体 L 是由函数 $y = f(x)$, $x = a$, $x = b$ 以及 x 轴围成的区域绕 y 轴旋转而得到的.

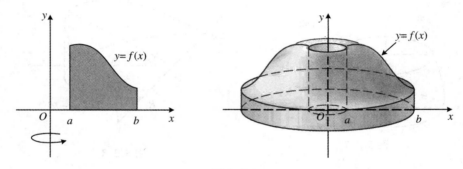

图 5.3.2

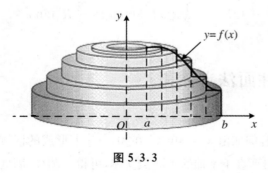

图 5.3.3

为求立体 L 的体积,我们将 L 看成是由一系列的空心圆柱叠加而形成的,具体步骤如下:将区间 $[a, b]$ 分割成 n 等份,每一个小区间对应一个矩形,例如,区间 $[x_{i-1}, x_i]$ $(1 \leqslant i \leqslant n)$ 对应的矩形底为 $[x_{i-1}, x_i]$,高为 $f(x_i)$,将 L 看成是由这 n 个矩形绕 y 轴旋转而形成的. 如图 5.3.3 所示.

利用微元法,将 L 看成由从 a 至 b 方向叠加空心圆柱而得,区间 $[x, x + \mathrm{d}x]$ 上体积的增量可看成底为 $[x, x + \mathrm{d}x]$、高为 $f(x)$ 的矩形绕 y 轴旋转而形成的部分,展开为一长方体,如图 5.3.4 所示.

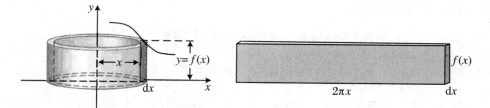

图 5.3.4

易得 $\mathrm{d}V = 2\pi x f(x)\mathrm{d}x$,这样有如下计算公式:

> 曲线 $y = f(x)$ 从 a 到 b 之下的区域绕 y 轴旋转所得的立体体积为
> $$V = \int_a^b 2\pi x f(x)\mathrm{d}x$$

更为一般的公式可记为

$$V = \int_a^b 2\pi \times 半径 \times 高度\, \mathrm{d}x$$

注 5.3.1　若曲线绕 x 轴旋转,则把上述公式中的 x 替换成 y.

例 5.3.1　求由 $y = \sin x^2$ 在 $[0, \sqrt{\pi}]$ 上形成的区域(图 5.3.1),绕 y 轴旋转得到的立体体积.

解　易知

$$V = \int_a^b 2\pi x f(x)\mathrm{d}x = \int_0^{\sqrt{\pi}} 2\pi x \sin x^2 \mathrm{d}x = \int_0^{\sqrt{\pi}} \pi \sin x^2 \mathrm{d}(x^2)$$

$$= -\pi\cos x^2 \Big|_0^{\sqrt{\pi}} = -\pi(\cos \pi - \cos 0) = 2\pi$$

例 5.3.2　如图 5.3.5 所示,求函数 $y = 2x^2 - x^3$ 和 x 轴围成的区域绕 y 轴所得的立体体积.

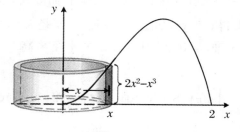

图 5.3.5

解　由图形可见,圆柱的半径为 x,高为 $2x^2 - x^3$,$y = 2x^2 - x^3$ 与 x 轴的交点为 0 和 2.代入公式,得

$$V = \int_0^2 2\pi x(2x^2 - x^3)\mathrm{d}x = 2\pi \int_0^2 (2x^3 - x^4)\mathrm{d}x$$

$$= 2\pi\left(\frac{1}{2}x^4 - \frac{1}{5}x^5\right)\Big|_0^2 = \frac{16\pi}{5}$$

例 5.3.3　求由 $y = (x-1)(x-3)^2$ 和 x 轴围成的区域绕 y 轴旋转所得的立体体积(图 5.3.6).

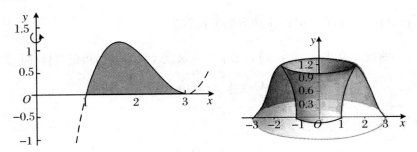

图 5.3.6

解　$V = \displaystyle\int_a^b 2\pi x f(x)\mathrm{d}x = \int_1^3 2\pi x(x-1)(x-3)^2\mathrm{d}x$

$$= 2\pi \int_1^3 (x^4 - 7x^3 + 15x^2 - 9x)\mathrm{d}x$$

$$= 2\pi\left(\frac{x^5}{5} - \frac{7x^4}{4} + 5x^3 - \frac{9x^2}{2}\right)\Big|_1^3$$

$$= \frac{24\pi}{5}.$$

下面我们通过例子说明空心圆柱法,对绕 x 轴(或某条直线)旋转也是有效的,只需确定好公式中的参数.

例 5.3.4　求 $y = \sqrt[3]{x}$ 在 $[0,8]$ 上绕 x 轴旋转而形成的立体体积.

解　由 $y = \sqrt[3]{x}$ 解得 $x = y^3$,如图 5.3.7 所示,半径为 y,高为 $8 - y^3$,并且空心圆柱的叠加方向为沿 y 轴,从 0 至 2.所以,$2\pi \times$ 半径 $\times$ 高 $= 2\pi y(8 - y^3)$,代入公式,得

$$V = \int_0^2 2\pi y(8 - y^3)\mathrm{d}y = 2\pi \int_0^2 (8y - y^4)\mathrm{d}y$$

$$= 2\pi\left(4y^2 - \frac{y^5}{5}\right)\Big|_0^2 = \frac{96}{5}\pi$$

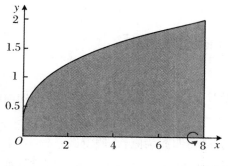 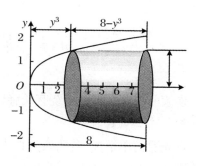

图 5.3.7

例 5.3.5　求由 $y = 2\sqrt{x-1}$ 和 $y = x - 1$ 围成的区域,绕 $x = 6$ 旋转所得的立体体积.

解　如图 5.3.8 所示,空心圆柱的半径为 $6 - x$,高为 $2\sqrt{x-1} - x + 1$,因此有

$$2\pi(6-x)(2\sqrt{x-1} - x + 1) = 2\pi(x^2 - 7x + 6 + 12\sqrt{x-1} - 2x\sqrt{x-1})$$

代入公式,可得

$$V = \int_1^5 2\pi(x^2 - 7x + 6 + 12\sqrt{x-1} - 2x\sqrt{x-1})\mathrm{d}x$$

$$= 2\pi\int_1^5 \left[x^2 - 7x + 6 + 12\sqrt{x-1} - 2(x - 1 + 1)\sqrt{x-1}\right]\mathrm{d}x$$

$$= 2\pi\int_1^5 \left[x^2 - 7x + 6 + 12\sqrt{x-1} - 2(x-1)^{3/2} - 2\sqrt{x-1}\right]\mathrm{d}x$$

$$= 2\pi\left[\frac{x^3}{3} - \frac{7x^2}{2} + 6x + 8(x-1)^{3/2} - \frac{4}{5}(x-1)^{5/2} - \frac{4}{3}(x-1)^{3/2}\right]\Bigg|_1^5$$

$$= \frac{272\pi}{15}$$

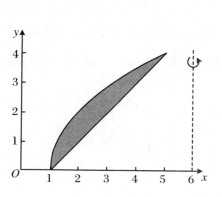 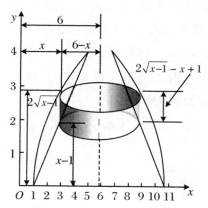

图 5.3.8

5.4　旋转曲面的面积

连续曲线若在平面上绕直线旋转,则形成旋转曲面,本节我们将讨论如何求其表面积.

首先看简单情况.若曲线为直线,那么所得曲面为圆台.假定圆台的上、下底半径分别为 r_1 和 r_2,母线长度为 L,为求其表面积,我们将其看成两个圆锥侧面积的差.

如图 5.4.1 所示,大圆锥底面半径为 r_2,母线长度为 $L_1 + L$,小圆锥的半径为 r_1,母线长度为 L_1,因此圆台的侧面积为

$$S = \pi r_2 (L_1 + L) - \pi r_1 L_1 = \pi \left[(r_2 - r_1) L_1 + r_2 L \right]$$

由相似三角形可得

$$\frac{L_1}{L_1 + L} = \frac{r_1}{r_2} \quad \Rightarrow \quad (r_2 - r_1) L_1 = r_1 L$$

所以

$$S = \pi (r_1 L + r_2 L) = 2\pi \cdot \frac{r_1 + r_2}{2} \cdot L = 2\pi r L$$

其中 r 为上、下底半径的平均值.

一般地,设连续可微曲线 $C: y = f(x) \, (a \leqslant x \leqslant b)$,不妨设 $f(x) \geqslant 0$,这段曲线绕 x 轴旋转一周所得旋转曲面的面积为 S.为求 S,将区间 $[a, b]$ 分割成 n 等份,等分点为 $a = x_0 < x_1 < x_2 < \cdots < x_n = b$.令 $y_i = f(x_i)$,则点 $P_i(x_i, y_i)$ 将曲线分成了 n 段,x_{i-1} 和 x_i 之间的表面积,可用直线段 $P_{i-1} P_i$ 绕 x 轴旋转得到的曲面(即圆台的侧面)近似,这样 S 可看成是由 a 至 b 的 n 个圆台侧面叠加而形成的.由微元法,下面只需考察 $[x, x + \Delta x]$ 上侧面积的增量,如图 5.4.2 所示,增加的部分可看成上、下底半径为 $f(x)$,$f(x + \Delta x)$,母线的长度为 $\sqrt{(\Delta x)^2 + (\Delta y)^2}$ 的圆台的侧面积.所以

$$\Delta S \approx \pi \left[f(x) + f(x + \Delta x) \right] \sqrt{(\Delta x)^2 + (\Delta y)^2}$$

$$= \pi \left[f(x) + f(x + \Delta x) \right] \sqrt{1 + \left(\frac{\Delta y}{\Delta x} \right)^2} \cdot \Delta x$$

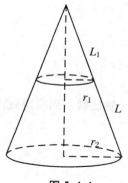

图 5.4.1

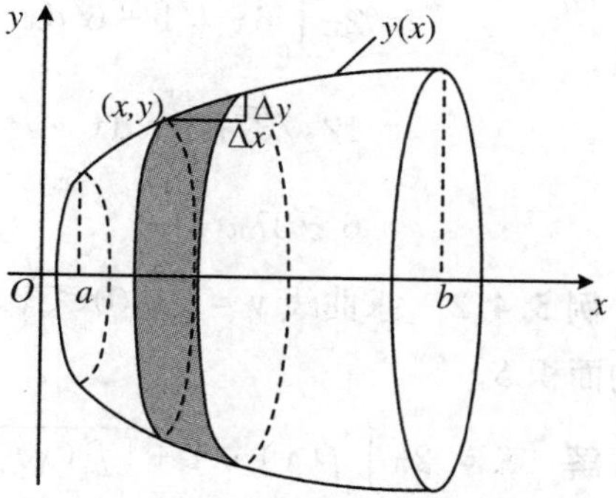

图 5.4.2

由于函数 $y = f(x)$ 是连续可微函数,可得

$$\lim_{\Delta x \to 0}\Delta y = 0, \quad \lim_{\Delta x \to 0}\sqrt{1 + \left(\frac{\Delta y}{\Delta x}\right)^2} = \sqrt{1 + [f'(x)]^2}$$

故有

$$dS = 2\pi f(x)\sqrt{1 + [f'(x)]^2}dx$$

综上,我们可得旋转曲面面积的计算公式:

设连续曲线 $y = f(x)$ $(a \leqslant x \leqslant b)$,$f(x) \geqslant 0$,则绕 x 轴旋转所得曲面的面积为

$$S = 2\pi\int_a^b f(x)\sqrt{1 + [f'(x)]^2}dx$$

注 5.4.1 (1) 利用 5.1 节中的弧长表达式,可将上述计算公式简记为

$$S = 2\pi\int_a^b y\,dS, \quad dS = \sqrt{1 + \left(\frac{dy}{dx}\right)^2}dx$$

(2) 若绕 y 轴旋转,则旋转面的计算公式为

$$S = 2\pi\int_a^b x\,dS, \quad dS = \sqrt{1 + \left(\frac{dx}{dy}\right)^2}dy$$

例 5.4.1 求由曲线 $y = 6x$ $(0 \leqslant x \leqslant 1)$(图5.4.3)绕 x 轴旋转一周所得曲面的表面积.

解 由 $f(x) = 6x$ 得 $f'(x) = 6$,因此

$$S = 2\pi\int_a^b f(x)\sqrt{1 + [f'(x)]^2}dx$$

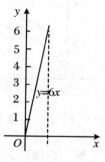

图 5.4.3

$$= 2\pi \int_0^1 6x \sqrt{1+6^2} \, \mathrm{d}x$$

$$= 12\sqrt{37}\pi \int_0^1 x \, \mathrm{d}x$$

$$= 6\sqrt{37}\pi$$

例 5.4.2　求曲线 $y = \sqrt{x}\ (0 \leqslant x \leqslant 4)$(图 5.4.4),绕 x 轴旋转一周所得旋转曲面的面积 S.

解　$S = 2\pi \int_a^b f(x) \sqrt{1 + [f'(x)]^2} \, \mathrm{d}x$

$$= 2\pi \int_0^4 \sqrt{x} \sqrt{1 + \left(\frac{1}{2\sqrt{x}}\right)^2} \, \mathrm{d}x$$

$$= 2\pi \int_0^4 \sqrt{x} \sqrt{1 + \frac{1}{4x}} \, \mathrm{d}x$$

$$= \pi \int_0^4 \sqrt{1 + 4x} \, \mathrm{d}x = \frac{\pi}{6}(17^{3/2} - 1).$$

如果光滑曲线 C 由参数方程

$$x = x(t), \quad y = y(t) \quad (\alpha \leqslant t \leqslant \beta)$$

给出,且 $y(t) \geqslant 0$,那么由面积公式,可得曲线 C 绕 x 轴旋转所得旋转曲面的面积为

$$S = 2\pi \int_\alpha^\beta y(t) \sqrt{[x'(t)]^2 + [y'(t)]^2} \, \mathrm{d}t \tag{5.4.1}$$

例 5.4.3　计算由内摆线(图 5.4.5):$x = a\cos^3 t, y = a\sin^3 t$,绕 x 轴旋转一周所得旋转曲面的面积.

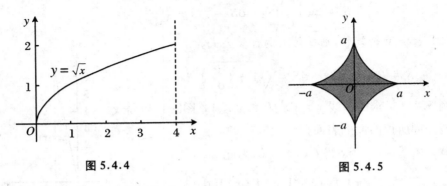

图 5.4.4　　　　　　　　　　　　图 5.4.5

解　由曲线关于 y 轴的对称性及公式(5.4.1),得

$$S = 4\pi \int_0^{\frac{\pi}{2}} a\sin^3 t \sqrt{(-3a\cos^2 t\sin t)^2 + (3a\sin^2 t\cos t)^2}\,\mathrm{d}t$$

$$= 12\pi a^2 \int_0^{\frac{\pi}{2}} \sin^4 t\cos t\,\mathrm{d}t = \frac{12}{5}\pi a^2$$

例 5.4.4　求由 $x = 1 - t^2, y = 2t\,(0 \leqslant t \leqslant 1)$，绕 x 轴旋转一周所得旋转曲面的面积.

解　由 $x(t) = 1 - t^2$ 得 $x'(t) = -2t$；由 $y(t) = 2t$ 得 $y'(t) = 2$.代入公式 (5.4.1)，得

$$S = 2\pi \int_\alpha^\beta y(t) \sqrt{[x'(t)]^2 + [y'(t)]^2}\,\mathrm{d}t$$

$$= 2\pi \int_0^1 2t \sqrt{4t^2 + 4}\,\mathrm{d}t = 8\pi \int_0^1 t \sqrt{t^2 + 1}\,\mathrm{d}t$$

$$= 8\pi \left[\frac{1}{3}(t^2 + 1)^{3/2}\right]\Big|_0^1 = \frac{8\pi}{3}(2\sqrt{2} - 1)$$

5.5　定积分在经济和生化学科中的应用

5.5.1　消费过剩

假定制造商出售 x 单位的某商品，市场价格为 $p(x)$.显然在市场的调节作用下，销售量和价格成反比.记 X 为现有商品的数量，$P = p(x)$ 为当前的零售价格.将区间 $[0, X]$ 等分成 n 份，$0 = x_0 < x_1 < x_2 < \cdots < x_{n-1} < x_n = X$，每个小区间的长度记为 $\Delta x = X/n$，区间 $[x_{i-1}, x_i]\,(1 \leqslant i \leqslant n)$ 表示：前面已销售 x_{i-1} 件商品，现有 x_i 件商品，要销售 Δx 件商品，价格应该定为 $p(x_i)$. 但消费者往往只会支付认可的价值，如果其支付价格为 L，消费者可以节省 $[p(x_i) - L]\Delta x$. 将 n 个小区间上消费者的节省金额加起来，得总的节省额为

$$\sum_{i=1}^n [p(x_i) - L]\Delta x$$

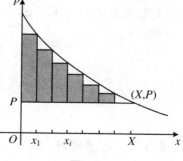

图 5.5.1

如图 5.5.1 所示，当 $n \to \infty$ 时，黎曼和 $\sum_{i=1}^n [p(x_i) - L]\Delta x$ 近似于 $\int_0^X [p(x) - L]\mathrm{d}x$，经

济学家称之为商品的消费过剩.

例 5.5.1　某商品的市场价格为 $p(x) = 1\,200 - 0.2x - 0.000\,1x^2$（元），求销量为 500 时的消费过剩.

解　易知 $p(500) = 1\,200 - 0.2 \times 500 - 0.000\,1 \times 500^2 = 1\,075$. 因此该商品的消费过剩为

$$\int_0^{500}(1\,200 - 0.2x - 0.000\,1x^2 - 1\,075)\mathrm{d}x \approx 33\,333\,(\text{元})$$

5.5.2　商品储费

例 5.5.2　某零售商收到一船大米，共 $10\,000\,\mathrm{kg}$，这批大米每月固定运出 $2\,000\,\mathrm{kg}$，要用 5 个月时间. 如果储存费是每月每千克 0.01 元，5 个月之后这位零售商需支付储存费多少元?

解　令 $Q(t)$ 表示 t 个月后储存大米的质量，则

$$Q(t) = 10\,000 - 2\,000t$$

将区间 $[0,5]$ 分为 n 个等距的小区间，并令 t_j 表示第 j 个小区间的左端点，Δt 为区间长度. 在第 j 个小区间内，每千克储存费用等于每月每千克储存费用与月数之积，于是

$$\text{每千克储存费用} = 0.01\Delta t$$

而 t_1 个月后储存量为 $Q(t_1)$，因此

$$\text{第 } j \text{ 个小区间的储存费} \approx 0.01Q(t_j)\Delta t$$

所以

$$\text{总储存费} \approx \sum_{j=1}^{n} 0.01Q(t_j)\Delta t$$

当 n 无限增加时，由定积分的定义知

$$
\begin{aligned}
\text{总储存费} &= \int_0^5 0.01Q(t)\mathrm{d}t \\
&= \int_0^5 0.01 \times (10\,000 - 2\,000t)\mathrm{d}t \\
&= 250\,(\text{元})
\end{aligned}
$$

5.5.3　币流价值

将 A 元现金存入银行，年利率按 r 计算. 若以连续计息方式结算，t 年后的存款

额为

$$a(t) = Ae^{rt}$$

因此，A 元现金 T 年之后的价值是 Ae^{rT}，称 Ae^{rT} 为 A 元现金 T 年之后的期末价值. 反过来，现在的 A 元现金相当于 T 年之前把 Ae^{-rT} 元现金存入银行所得，故现在的 A 元现金 T 年前的价值是 Ae^{-rT}，称 Ae^{-rT} 是 T 年前的贴现价值.

在银行业务中有一种"均匀流"存款方式 —— 使货币像流水一样以定常流量 a 源源不断地流进银行. 比如，商店每天把固定数量的营业额存入银行，就类似于这种方式.

例 5.5.3　设从 $t = 0$ 时开始以均匀流方式向银行存款，年流量为 a 元，年利率为 r（连续计息结算），试问 T 年后在银行有多少存款（期末利息）？这些存款相当于初始时的多少元现金（贴现价值）？

解　根据连续计息结算方式可知，向银行存入 A 元，T 年之后的存款额为 Ae^{rT}.

现对均匀货币流采取微元法计算：

在 $[t, t + \Delta t]$ 内向银行存入 $a\Delta t$ 元，T 年后这些存款的存期是 $T - t$，相应的存款额变为

$$a\Delta t e^{r(T-t)} = ae^{r(T-t)}\Delta t$$

因此，T 年后均匀货币流的总存款额为

$$F = \int_0^T ae^{r(T-t)}\mathrm{d}t = \frac{a}{r}\left[-e^{r(T-t)}\right]\Big|_0^T = \frac{a}{r}(e^{rT} - 1)$$

这就是均匀货币流的期末价值.

这 F 元现金相当于初始时的 Fe^{-rT} 元，故

$$P = Fe^{-rT} = \frac{a}{r}(e^{rT} - 1)e^{-rT} = \frac{a}{r}(1 - e^{-rT})$$

这就是均匀货币流的贴现价值.

5.5.4　就医人数

例 5.5.4　一家新的乡村精神病诊所刚开张，对同类门诊的统计表明，总有一部分病人第一次来过之后还要来此治疗. 如果现有 A 个病人第一次来这就诊，则 t 个月后，这些病人中还有 $Af(t)$ 个人在此治疗，这里 $f(t) = e^{-t/20}$. 现设这个诊所最开始时接受了300人的治疗，并且计划从现在开始每月接收10名新病人. 试估算从现在开始 15 个月后，在此诊所接受治疗的病人有多少.

解　既然 $f(15)$ 是 15 个月后还要来此就诊的病人人数的比例系数,那么在开张时接受的 300 人中有 $300f(15)$ 个人从现在开始的 15 个月还将要在此就诊.

为了计算从现在开始的 15 个月内新接受的病人人数在 15 个月后还在此就诊的人数,将 15 个月的区间 $[0,15]$ 分为 n 个间距为 Δt 的小区间,令 t_j 表示第 j 个区间的左端点 $\dfrac{15}{n}j$. 由于每月要接受 10 名新病人,在第 j 个小区间内接收的新病人人数为 $10\Delta t$,于是 $10\Delta t f(15-t_j)$ 个病人将从 t_j 个月开始,$15-t_j$ 个月后还要来此就诊. 所以从现在开始 15 个月后接受的新病人还要再次治疗的人数总和为

$$\sum_{j=1}^{n} 10f(15-t_j)\Delta t$$

所以,令 P 为开张 15 个月后在此就诊的病人总数,则 P 由上述两部分组成,即

$$P \approx 300f(15) + \sum_{j=1}^{n} 10f(15-t_j)\Delta t$$

当 $n \to \infty$ 时,得

$$P = 300f(15) + \int_{0}^{15} 10f(15-t)\mathrm{d}t$$

因为 $f(t) = \mathrm{e}^{-t/20}$,所以

$$P = 300\mathrm{e}^{-3/4} + 10\mathrm{e}^{-3/4}\int_{0}^{15} \mathrm{e}^{t/20}\mathrm{d}t = 247.24$$

所以,15 个月后,这个诊所将要接待 247 名左右的病人.

5.5.5　人口统计模型

例 5.5.5　某城市 1990 年的人口密度(距市中心 r km 区域内的人口数,单位为每平方千米 10 万人) 近似为

$$P(r) = \frac{4}{r^2 + 20}$$

(1) 试求距市中心 2 km 区域内的人口数;

(2) 若人口密度近似为 $P(r) = 1.2\mathrm{e}^{-0.2r}$ (单位不变),试求距市中心 2 km 区域内的人口数.

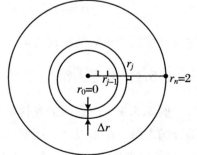

图 5.5.2

解　假设我们从城市中心画一条放射线,把这条线上从 0 到 2 之间分成 n 个小区间,每个小区间的长度为 Δr,每个小区间确定了一个环,如图 5.5.2 所示.

让我们估算每个环中的人口数并把它们相加,就得到了总人口数,所以可用微元法来计算总人口数 P. 下面讨论半径从 r 增加到 $r+dr$ 时总人口数 P 的微分. 内、外半径分别是 r 和 $r+dr$ 的圆环 C 的面积为

$$\pi(r+dr)^2 - \pi r^2 = 2\pi r dr + (dr)^2$$

当 dr 很小时,$(dr)^2$ 相对于 $2\pi r dr$ 来说很小,可忽略不计,所以此环的面积近似为 $dS = 2\pi r dr$.

在圆环 C 内,人口密度可看成常数 $P(r)$,所以总人口数 P 的微分为 $dP = P(r) \cdot 2\pi r dr$. 利用定积分,可得距市中心 $2\,km$ 区域内的人口数为

$$P = \int_0^2 P(r) \cdot 2\pi r dr$$

(1) 当 $P(r) = \dfrac{4}{r^2 + 20}$ 时,

$$N = \int_0^2 2\pi \frac{4}{r^2+20} r dr = 4\pi \int_0^2 \frac{2r}{r^2+20} dr$$

$$= 4\pi \ln(r^2+20) \Big|_0^2 = 4\pi \ln \frac{24}{20} \approx 2.291$$

距市中心 $2\,km$ 区域内的人口数大约为 $229\,100$.

(2) 当 $P(r) = 1.2 e^{-0.2r}$ 时,

$$N = \int_0^2 2.4\pi r e^{-0.2r} dr = 2.4\pi \int_0^2 r e^{-0.2r} dr$$

$$= 2.4\pi \frac{r e^{-0.2r}}{-0.2} \Big|_0^2 - 2.4\pi \int_0^2 \frac{e^{-0.2r}}{-0.2} dr$$

$$= -24\pi e^{-0.4} + 12\pi \left(\frac{e^{-0.2r}}{-0.2} \right) \Big|_0^2$$

$$= -24\pi e^{-0.4} + (-60\pi e^{-0.4} + 60\pi)$$

$$\approx 11.602$$

距市中心 $2\,km$ 区域内的人口数大约为 $1\,160\,200$.

讨论 本题中选取的两个人口密度 $P(r) = \dfrac{4}{r^2+20}$,$P(r) = 1.2 e^{-0.2r}$ 有一个共同的性质:$P'(r) < 0$,即随着 r 的增大,$P(r)$ 减少,这是符合实际的,因为随着距市中心的距离越远,人口密度越小. 另外,需要指出的是,当人口密度 $P(r)$ 选取不同的模式时,估算出的人口数可能相差很大,因此,选择适当的人口密度模式对于准确估算人口数至关重要.

5.5.6　血管稳定流动时的血流量

设有半径为 R、长为 L 的一段刚性血管,两端的血压分别为 P_1 和 P_2($P_1 >$ P_2). 在血管横截面上距血管中心 r 处的血流速度为 $v(r) = \dfrac{P_1 - P_2}{4\eta L}(R^2 - r^2)$,其中 η 为血液黏滞系数. 求在单位时间内流过该横截面的血流量 Q.

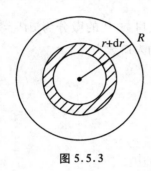

图 5.5.3

为了计算血液的流量 Q,我们将血管半径等分成 n 份,等分点记为 $0 = r_0, r_1, \cdots, r_{n-1}, r_n = R$,则血管的横切面相应地被分为 n 个圆环,$n \to +\infty$ 时,可认为在每个圆环内的血液流速是匀速的. 利用微元法,下面来考察在内、外半径分别为 r 和 $r + dr$ 的圆环上流量的微分形式. 如图 5.5.3 所示,由这两个圆所围成的圆环的面积近似为 $dS = 2\pi r dr$. 当 dr 很小时,可用 r 处的流速 $v(r)$ 近似代替圆环上各点的流速,于是圆环上单位时间内的血流量为

$$dQ = v(r)dS = \frac{P_1 - P_2}{4\eta L}(R^2 - r^2)2\pi r dr$$

这就是单位时间内血流量的微元. 所以,单位时间内流过该横截面的血流量为

$$
\begin{aligned}
Q &= \int_0^R \frac{P_1 - P_2}{4\eta L}(R^2 - r^2)2\pi r dr \\
&= \frac{P_1 - P_2}{4\eta L}\pi\left(R^2 r^2 - \frac{1}{2}r^4\right)\Big|_0^R \\
&= \frac{\pi(P_1 - P_2)}{8\eta L}R^4
\end{aligned}
$$

上述公式称为泊肃叶定律,它表明流量和血管半径的 4 次方成正比,是由法国科学家泊肃叶(1799 ~ 1869)于 1843 年在实验中发现的. 流体黏滞系数越大,流速越小,管子越细,这定律越准确,可用以测求液体的黏滞系数.

5.5.7　大脑血液流率的测定

用 N_2O 法测定大脑的血液流率,从 $t = 0$ 开始,受试者吸入恒定浓度的 N_2O. 设 $m(t)$ 为大脑血液中 N_2O 的含量,Q 为流进或流出脑部的血液稳定流率,$C_a(t)$ 和 $C_v(t)$ 分别为脑的动脉和静脉中 N_2O 的浓度. 由菲克(Fick)原理有

$$\frac{\mathrm{d}m}{\mathrm{d}t} = Q[C_a(t) - C_v(t)]$$

在区间 $[0,T]$ 上求定积分,有

$$m(T) - m(0) = Q\int_0^T [C_a(t) - C_v(t)]\mathrm{d}t \qquad (5.5.1)$$

当 $T \to +\infty$ 时,$C_a(t)$,$C_v(t)$ 和脑组织中 N_2O 的浓度都趋于 C_0,达到平衡.设脑血容积为 V_B,则 $m(\infty) = V_B C_0$.若 $m(0) = 0$,令 $T \to +\infty$,则由式(5.5.1)可得

$$V_B C_0 = Q\int_0^{+\infty} [C_a(t) - C_v(t)]\mathrm{d}t$$

所以,大脑血液流率为

$$Q = \frac{V_B C_0}{\int_0^{+\infty} [C_a(t) - C_v(t)]\mathrm{d}t}$$

5.5.8　染料稀释法测定心输出量

心输出量是指单位时间内心脏向外输出的血量,记为 Q,在生理学实验中常用染料稀释法测定.把 M_0 mg 染料注入被检测者心脏的右侧,染料将随血液循环通过心脏到达肺部,再返回心脏而进入动脉系统.染料就会在一定时间段(设为 $0 \leqslant t \leqslant T$)内流完,可通过探测仪插入动脉,在 $[0,T]$ 时间段内,每隔相同的时间段测量在心脏中剩余的颜料浓度,则染料浓度 c 是时间 t 的函数,记为 $c = c(t)$.假定测量的时间分别为 $0 = t_0, t_1, \cdots, t_{n-1}, t_n = T$,在时间间隔为无限小的情况下,可认为在 $[t_i, t_{i+1}]$ 时间段内染料的浓度恒为 $r(t_i)$,则在 $[0,T]$ 时间段内的染料流出量 L,可看成每个时间段内流出量的叠加.利用微元法给出在 $[t, t+\mathrm{d}t]$ 时间段内的染料流出量 L 的微分 $\mathrm{d}L = c(t) \cdot Q \cdot \mathrm{d}t$.又染料在 $[0,T]$ 内流完,所以有

$$M_0 = Q\int_0^T c(t)\mathrm{d}t \quad \Rightarrow \quad Q = \frac{M_0}{\int_0^T c(t)\mathrm{d}t}$$

例 5.5.6　假如 $M_0 = 5$,且测得血液中染料浓度函数为

$$c(t) = \begin{cases} 0, & 0 \leqslant t < 3 \\ (t^3 - 40t^2 + 453t - 1\,026) \cdot 10^{-2}, & 3 \leqslant t < 18 \\ 0, & 18 \leqslant t \leqslant 30 \end{cases}$$

求心输出量(1 分钟泵出的血量)Q.

解　易知

$$\int_0^{30} c(t)\mathrm{d}t = \int_3^{18}(t^3 - 40t^2 + 453t - 1\,026)\cdot 10^{-2}\mathrm{d}t$$

$$= 47.812\,5$$

从而心脏向外输出的血量为

$$Q = \frac{M_0}{\int_0^T c(t)\mathrm{d}t} = \frac{5}{47.812\,5}$$

$$\approx 0.104\,6\,(\mathrm{L/s}) = 6.276\,(\mathrm{L/min})$$

5.5.9　镭针的辐射强度

由放射学知,放射元素的辐射强度与放射元素的质量 m 成正比,与照射部位同放射源间的距离 r 的平方成反比,比例系数 $k = E/(4\pi)$,其中 E 为单位质量放射元素在单位时间内的辐射能量.设用于放射治疗的镭针质量分布均匀,密度为 ρ,长为 L,将照射部位置于镭针 AB 延长线上距 A 为 l 的 P 点.问照射部位受镭针 AB 辐射的总强度 I 是多少?

以 P 为原点,镭针 AB 所在直线为轴建立坐标系,如图 5.5.4 所示.

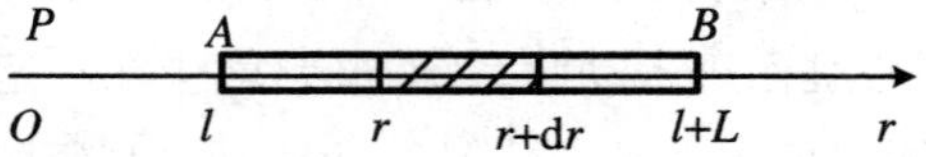

图 5.5.4

在 AB 上任取一小段 $[r, r + \mathrm{d}r]$,这段镭针的质量为 $\mathrm{d}m = \rho\mathrm{d}r$,其对点 P 辐射强度为

$$\mathrm{d}I = \rho\mathrm{d}r\,\frac{k}{r^2} = \frac{k\rho}{r^2}\mathrm{d}r$$

这就是镭针 AB 对点 P 的辐射强度的微元.所以镭针 AB 对照射部位 P 辐射的总强度为

$$I = \int_l^{l+L}\mathrm{d}I = \int_l^{l+L}\frac{k\rho}{r^2}\mathrm{d}r = \frac{E\rho L}{4\pi l(l+L)}$$

习　题　5

1. 求下列曲线的弧长：

(1) $y^2 = 4x\,(0 \leqslant x \leqslant 1)$；

(2) 旋轮线 $\begin{cases} x = a(t - \sin t) \\ y = a(1 - \cos t) \end{cases} (0 \leqslant t \leqslant 2\pi)$（如图所示）；

(3) $x = a(\cos t + t\sin t), y = a(\sin t - t\cos t)\,(0 \leqslant t \leqslant 2\pi)$；

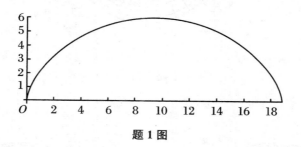

题 1 图

2. 计算曲线 $y = \ln 2x$ 上相应于 $2 \leqslant x \leqslant 6$ 的一段弧的长度.

3. 计算抛物线 $y^2 = 2px$ 从顶点到这曲线上的一点 $M(x, y)$ 的弧长.

4. 计算悬链线 $y = \dfrac{a}{2}(\mathrm{e}^{x/a} + \mathrm{e}^{-x/a})$ 上相应于 $-b \leqslant x \leqslant b$ 的一段弧的长度.

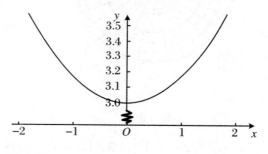

题 4 图

5. 如图所示，求阿基米德螺线 $r = a\theta\,(0 \leqslant \theta \leqslant 2\pi)$ 的弧长.

6. 如图所示，求心形线 $\rho = a(1 + \cos \theta)$ 的全长.

7. 如图所示，求对数螺线 $\rho = \mathrm{e}^{a\theta}$ 相应于 $\theta = 0$ 到 $\theta = \varphi$ 的一段弧长.

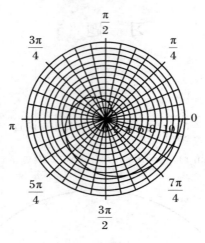

题 5 图

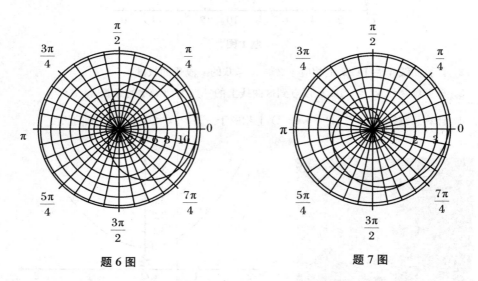

题 6 图　　　　　　　　　　　　　　题 7 图

8. 求下列已知曲线所围成的图形，按指定的轴旋转所产生的旋转体的体积：

(1) $y = x^2, x = y^2$，绕 y 轴；

(2) $x^2 + (y - 5)^2 = 16$，绕 x 轴；

(3) $y = 9ax$ 及 $x = b (b > 0)$ 围成的图形，绕 x 轴；

(4) $y = \sin x (0 \leqslant x \leqslant \pi)$，绕 x 轴.

9. 求椭圆 $\dfrac{x^2}{a^2} + \dfrac{y^2}{b^2} = 1$ 绕 x 轴旋转所得旋转体的体积.

10. 计算由 $y = x^3, x = 2, y = 0$ 所围成的图形，分别绕 x 轴及 y 轴旋转所得两个旋转体的体积.

11. 把星形线 $x^{2/3} + y^{2/3} = a^{2/3}$（如图所示）所围成的图形绕 x 轴旋转，计算所得旋转体的体积.

12. 设有一截锥体，其高为 h，上、下底均为椭圆，椭圆的轴长分别为 $2a$，$2b$ 和 $2A$，$2B$，求此截锥体的体积.

13. 利用柱面法，求由下列曲线围成的区域绕 y 轴旋转所得立体的体积：

(1) $y = \dfrac{1}{x}$，$y = 0$，$x = 1$，$x = 2$；

(2) $y = x^2$，$y = 0$，$x = 1$；

(3) $y = \mathrm{e}^{-x^2}$，$y = 0$，$x = 0$，$x = 1$.

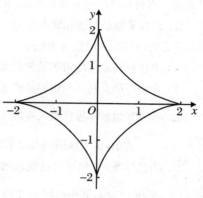

题 11 图

14. 设 V 是由曲线 $y = \sqrt{x}$ 和 $y = x^2$ 围成的区域关于 y 轴旋转所得立体的体积，分别用柱面法和 5.2 节中介绍的方法求解.

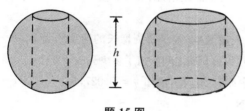

题 15 图

15. 假设有两个木质球（直径不同）通过凿洞得到两个不同直径的环状物，发现这两个环状物有相同的高 h，如图所示.

(1) 猜测哪个环状物含有更多的木头.

(2) 验证这个猜测：利用柱面法计算从半径为 R 的球体中开一条半径为 r、高为 h 的环状物的体积.

16. 求半径为 R 的球面面积.

17. 求下面的曲线绕 x 轴旋转一周所成的旋转曲面的面积：

(1) $y = ax$，$0 \leqslant x \leqslant h$；

(2) $y = \dfrac{1}{3}x^3$，$1 \leqslant x \leqslant \sqrt{7}$；

(3) $y = \sqrt{25 - x^2}$，$-2 \leqslant x \leqslant 3$；

(4) $x^2 + (y - R)^2 = r^2 (r < R)$.

18. 如图所示，求双纽线 $r^2 = 2a^2 \cos 2\theta$ 绕极轴旋转一周所成的旋转曲面的面积.

19. 汽车前灯的反光镜可以近似地看作是由抛物线 $y^2 = 10x$ 在 $x = 0\,\mathrm{cm}$ 到 $x = 10\,\mathrm{cm}$ 之间的一段曲线绕 x 轴旋转所成的旋转曲面，求此反光镜的面积.

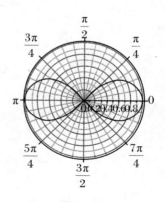

题 18 图

20. 某产品的边际成本为 $C(q) = 3 + q$(万元/百台)，边际收入为 $R(q) = 12 - q$(万元/百台)，固定成本为 5 万元，求利润函数 $L(q)$.

21. 已知某商品的边际成本为 $C(q) = q/2$(万元/台)，固定成本为 $c_0 = 10$ 万元，又已知该商品的销售收入函数为 $R(q) = 100q$(万元).

(1) 求使利润最大的销售量和最大利润.

(2) 在获得最大利润的销售量的基础上，再销售 20 台，利润将减少多少？

22. 假设某国某年国民收入在国民之间分配的洛伦茨曲线近似地由 $y = \dfrac{1}{2}x^2(x + 1)$ $(0 \leqslant x \leqslant 1)$ 表示，试求该国的基尼系数.

23. 当你呼吸时，你呼出或吸入的气流的速率 $V(t)$(L/s) 可用一个正弦曲线来描述：$V(t) = A\sin\left(\dfrac{2\pi}{T}t\right)$. 其中时间 t(单位：s) 从某次吸气开始时计算起，A 是最大的气流速率，T 为一次呼吸所需的时间. 当正弦曲线的函数值为正时，你正在吸气；反之，你正在呼气. 在你吸气的某个时间段 $[t_1, t_2]$ 上，曲线 $y = V(t)$ 与 $t = t_1, t = t_2$ 及 t 轴所围成的面积就是你在这个时间段上吸入空气的总量. 对呼气也有类似的结论，试求每次吸气时吸入空气的总量及每小时吸入空气的总量.

24. 湿热的夏季会引起湖泊地区的蚊子大量滋生. 蚊子每周增长的速度约为 $2\,200 + 10e^{0.8t}$(t 为一周中的时刻)，问在夏季的第 5 周和第 9 周之间繁殖了多少只蚊子？

25. 利用泊肃叶定律计算人类毛细血管中血流的速度，已知 $\eta = 0.027, R = 0.008\ \text{cm}$，$l = 2\ \text{cm}, P = 4\,000\ \text{dyn/cm}^2$($1\ \text{dyn} = 10^{-5}\ \text{N}$).

第6章　微分方程

　　在自然科学特别是生物学、化学和医学等学科领域中,寻求变量之间的函数关系是十分重要的.在现实生活的许多实际问题中,函数的这种量与量之间的关系往往不能直接得到,但却比较容易建立起这些变量和它们的导数(或微分)之间的关系式,再由这种关系式得到所求函数.这种含有自变量、未知函数以及其导数(或微分)的关系式,数学上称为微分方程.微分方程与微积分一样在化学、生物、力学、自动控制、经济等领域有着广泛的应用.本章将对微分方程的基本概念、一些简单微分方程的求解等内容做一个系统的介绍,同时通过具体案例分析微分方程在实际中的一些重要应用.

6.1　什么是微分方程

6.1.1　化学反应浓度

　　例 6.1.1　　一个玻璃容器中装有某种易分解的化学物质甲溶液(甲等体积分解为化学物质乙).已知甲分解的速率与其浓度成正比,甲分解其总数的一半用时10分钟.试把乙的浓度表示为时间的函数.

　　解　　由于是等体积分解,甲的分解速率等于乙生成的速率.设经过 t 分钟后,乙的浓度为 y,甲的初始浓度设为 M.由于甲分解的速率与其浓度成正比,所以

$$\frac{\mathrm{d}y}{\mathrm{d}t} = k(M - y) \tag{6.1.1}$$

其中 k 为比例系数.又当 $t = 0$ 时,$y = 0$;当 $t = 10$ 时,$y = \frac{1}{2}M$.因此乙的浓度表示为时间的函数为

$$\begin{cases} \dfrac{\mathrm{d}y}{\mathrm{d}t} = k(M - y) \\ y(0) = 0, \quad y(10) = \dfrac{1}{2}M \end{cases}$$

6.1.2　距离问题

例 6.1.2　某周末的早上 10 点，张三驾车从 A 地出发到 B 地. 他从静止开始，以 10 km/h² 均匀地加速，中间没有减速或者停车，在下午 3 点到达 B 地，那么，从 A 地到 B 地有多远呢？

解　假设经过 t 小时，驾驶员行驶的路程为 s km，此时速度为 v km/h. 由题意可知，初始时刻位移和速度均为零，加速度恒为 10 km/h²，即

$$s(0) = 0, \quad \left.\dfrac{\mathrm{d}s}{\mathrm{d}t}\right|_{t=0} = 0, \quad \dfrac{\mathrm{d}^2 s}{\mathrm{d}t^2} = 10$$

因此可建立如下方程：

$$\begin{cases} \dfrac{\mathrm{d}^2 s}{\mathrm{d}t^2} = 10 & (6.1.2) \\ s(0) = 0, \quad \left.\dfrac{\mathrm{d}s}{\mathrm{d}t}\right|_{t=0} = 0 & (6.1.3) \end{cases}$$

这就是解决问题的方案.

对式 (6.1.2) 积分一次，得 $\dfrac{\mathrm{d}s}{\mathrm{d}t} = 10t + C_1$；再积分一次，得

$$s = 5t^2 + C_1 t + C_2 \qquad (6.1.4)$$

由 $\left.\dfrac{\mathrm{d}s}{\mathrm{d}t}\right|_{t=0} = 0$ 得 $C_1 = 0$；由 $s(0) = 0$ 得 $C_2 = 0$. 代入式 (6.1.4)，得

$$s = 5t^2 \qquad (6.1.5)$$

因此从 A 地到 B 地的距离为 $s(5) = 125$ km.

上述两个问题有一个共同点：

它们都是先找出实际问题对应的"含有未知函数导数的关系式"，再对关系式进行求解得到实际问题对应的函数. 在数学上，人们把这种关系式称为微分方程：

含有未知函数的导数（或微分）的等式叫微分方程.

例如

$$(x^2 + y^2)\mathrm{d}x + 2xy\mathrm{d}y = 0$$

$$y^{(4)} - 4y''' + 10y'' - 12y' + 5y = \sin 2x$$

都是微分方程.

方程(6.1.1)和(6.1.2)有什么不同呢?怎样把它们区分开?下面给出阶的概念:

> 微分方程的阶指方程中所含未知函数导数的最高阶数.

因此,式(6.1.1)是一阶微分方程,式(6.1.2)是二阶微分方程.

又如

$$x \frac{d^2 y}{dx^2} - \frac{dy}{dx} = 3$$

$$x^2 y''' + (y')^3 - 4xy^2 = 5x^6$$

$$y^{(4)} - 4y''' + 10y'' - 12y' + 5y = \sin 2x$$

分别是二阶、三阶、四阶微分方程.

对方程(6.1.2)连续积分就得到式(6.1.4),反之,式(6.1.4)给出的就是满足方程(6.1.2)的函数;利用条件式(6.1.3)确定了式(6.1.4)中的任意常数就得到了式(6.1.5).这些又与微分方程中的哪些概念有关呢?其中之一是微分方程的解:

> 满足微分方程的函数称为微分方程的解.

因此,式(6.1.4)和(6.1.5)都是方程(6.1.2)的解,那它们又有什么不同之处呢?

> 通解:指所含任意常数的个数与微分方程的阶数相同的解.
> 特解:指确定了通解里所有的任意常数得到的解.

由通解(6.1.4)得到特解(6.1.5)所需的条件,以及由通解(6.1.4)求特解(6.1.5)的过程,又与哪些概念相关呢?

> 初始条件:指确定通解里任意常数得到特解而所需的条件.
> 初值问题:指求微分方程满足初始条件的特解问题.

微分方程解的图像称为微分方程的积分曲线.显然,通解的图像是一族积分曲线.

例 6.1.3　已知曲线上任意一点(x, y)处的切线垂直于该点与原点的连线.

(1)试建立微分方程;

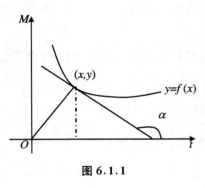

图 6.1.1

(2) 验证隐函数 $x^2 + y^2 = C$ 为该方程的解；

(3) 若曲线通过 $(1,0)$ 点，试写出该曲线方程.

解　(1) 设曲线方程为 $y = f(x)$，如图 6.1.1 所示，易得

$$\frac{\mathrm{d}y}{\mathrm{d}x} = -\frac{x}{y}$$

这就是所求的微分方程.

(2) 对于 $x^2 + y^2 = C$，先对两边求导，得 $2x + 2yy' = 0$，解出 y'，有 $\dfrac{\mathrm{d}y}{\mathrm{d}x} = -\dfrac{y}{x}$，

所以隐函数 $x^2 + y^2 = C$ 为方程 $\dfrac{\mathrm{d}y}{\mathrm{d}x} = -\dfrac{x}{y}$ 的解，且是通解. 将 $(1,0)$ 点代入通解 $x^2 + y^2 = C$，得 $C = 1$，所以该曲线方程为 $x^2 + y^2 = 1$.

例 6.1.4　已知细菌的增长率与其总数成正比. 如果某种培养的细菌总数在 6 小时的时间内由 1 000 个增长到 9 000 个，试建立求任意一段时间后细菌总数的数学模型.

分析　(1)"细菌的增长率与其总数成正比"涉及一个量相对于另一个量的变化率问题，而变化率就是导数. 若假设经过 t 小时后这种细菌的总数为 y，则"细菌的增长率与其总数成正比"用数学语言表述为 $\dfrac{\mathrm{d}y}{\mathrm{d}t} = ky$，其中 k 为比例系数.

(2)"细菌总数在 6 小时的时间内由 1 000 个增长到 9 000 个"这句话提供的信息是：细菌的原始个数是 1 000，即当 $t = 0$ 时，$y = 1 000$；经过 6 小时细菌的个数是 9 000，即当 $t = 6$ 时，$y = 9 000$.

解　综合(1)与(2)，可得到问题对应的数学模型为

$$\begin{cases} \dfrac{\mathrm{d}y}{\mathrm{d}t} = ky \\ y(0) = 1\,000, \quad y(6) = 9\,000 \end{cases}$$

6.2　两类特殊的一阶微分方程

建立微分方程只是解决问题的第一步，如何解微分方程得到实际问题对应的

函数关系式也是非常重要的. 从这一节开始, 给大家介绍一些常用的、特殊的微分方程的解法. 本节介绍两类特殊的一阶微分方程: 可分离变量微分方程、齐次微分方程.

6.2.1　可分离变量的微分方程

由微分方程的定义, 可得一阶微分方程的一般形式为

$$F(x, y, y') = 0$$

或解出导数, 形式为

$$y' = f(x, y) \tag{6.2.1}$$

若方程 (6.2.1) 中的函数 $f(x, y)$ 可表示为 $f(x, y) = g(x)h(y)$ 的形式, 则方程为

$$\frac{\mathrm{d}y}{\mathrm{d}x} = g(x)h(y) \tag{6.2.2}$$

进一步变形为

$$\frac{\mathrm{d}y}{h(y)} = g(x)\mathrm{d}x$$

上式的特点是, 变量 y 和变量 x 分别含在方程的两边.

两边同时取不定积分, 得

$$\int \frac{\mathrm{d}y}{h(y)} = \int g(x)\mathrm{d}x$$

设 $G(y)$ 及 $F(x)$ 依次为 $\frac{1}{h(y)}$ 和 $g(x)$ 的一个原函数, 于是有

$$G(y) = F(x) + C \tag{6.2.3}$$

式 (6.2.3) 叫作方程 (6.2.2) 的隐式通解. 若从方程 (6.2.3) 解出 y 或 x, 则隐式通解变为显式通解.

> 形如 $\dfrac{\mathrm{d}y}{\mathrm{d}x} = g(x)h(y)$ 的方程叫作可分离变量的微分方程.

但我们的研究对象 —— 可分离变量的微分方程, 显然不是针对一般情况, 那么它有什么结构呢?

例 6.2.1　求微分方程 $x\sec y\mathrm{d}x + (x + 1)\mathrm{d}y = 0$ 的通解.

解　分离变量得

$$\frac{\mathrm{d}y}{\sec y} = -\frac{x}{x+1}\mathrm{d}x$$

两边积分得 $\sin y = -x + \ln|x+1| + C$，即是方程的通解.

例 6.2.2　《机动车驾驶证申领和使用规定》：司机酒后驾车时血液中酒精含量大于或等于 20 mg/100 mL、小于 80 mg/100 mL 的行为属于饮酒驾车，含量大于或等于 80 mg/100 mL 的行为属于醉酒驾车. 已知血液中酒精含量的减少速度与浓度（酒精含量）成正比. 若一交通事故发生 4 小时后，测得驾驶人血液中酒精含量是 50 mg/100 mL. 再过 2 小时后，测得驾驶人血液中酒精含量降为 40 mg/100 mL. 请判断，事故发生时，驾驶人属于何种驾驶（饮酒或醉酒）？

解　设 $x(t)$ 为 t 时刻驾驶人血液中酒精的含量（单位：mg/100 mL）. "血液中酒精含量的减少速度与浓度成正比"告诉我们：

$$\frac{\mathrm{d}x}{\mathrm{d}t} = -kx$$

分离变量得

$$\frac{\mathrm{d}x}{x} = -k\,\mathrm{d}t$$

两边积分得 $\ln|x| = -kt + c_1$，再求解得 $x = Ce^{-kt}$（$C = \pm e^{c_1}$）.

假设事故发生时，驾驶人血液中酒精含量是 x_0 mg/100 mL，即 $x(0) = x_0$，代入 $x = Ce^{-kt}$，得 $C = x_0$，即 $x = x_0 e^{-kt}$.

再由题设条件 $x(4) = 50$，$x(6) = 40$，代入 $x = x_0 e^{-kt}$，可得

$$\begin{cases} 50 = x_0 e^{-4k} \\ 40 = x_0 e^{-6k} \end{cases}$$

解得 $x_0 = 1\,250/16 < 80$，所以事故发生时，驾驶人属于饮酒驾驶.

例 6.2.3　水箱中盛着 20 kg 食盐溶解在 5 000 L 水中形成的溶液。每升含 0.03 kg 食盐的盐水以 25 L/min 的速度注入水箱. 溶液充分混合后以同样的速度流出水箱. 问半个小时后水箱中还有多少食盐？

解　令 $y(t)$ 表示 t 分钟后食盐的质量（单位：kg）. 已知 $y(0) = 20$，求 $y(30)$. 首先建立满足条件的 $y(t)$ 的微分方程. 因为 $\mathrm{d}y/\mathrm{d}t$ 表示食盐质量的变化率，所以

$$\frac{\mathrm{d}y}{\mathrm{d}t} = 注入速度 - 流出速度 \tag{6.2.4}$$

其中注入速度是盐水注入水箱的速度，流出速度是盐水流出水箱的速度. 因此

$$注入速度 = 0.03 \times 25 = 0.75\,(\mathrm{kg/min})$$

水箱中始终有 5 000 L 溶液,因此在 t 时刻溶液浓度为 $y(t)/5\,000$(单位:kg/L).因为溶液以 25 L/min 的速度流出,所以

$$\text{流出速度} = \frac{y(t)}{5\,000} \cdot 25 = \frac{y(t)}{200}\ (\text{kg/min})$$

根据式(6.2.4),可得

$$\frac{\mathrm{d}y}{\mathrm{d}t} = 0.75 - \frac{y(t)}{200} = \frac{150 - y(t)}{200}$$

这是一个可分离变量的微分方程,因此

$$\int \frac{\mathrm{d}y}{150 - y} = \int \frac{\mathrm{d}t}{200} - \ln|150 - y|$$

$$= \frac{t}{200} + C$$

由于 $y(0) = 20$,令 $-\ln 130 = C$,所以

$$-\ln|150 - y| = \frac{t}{200} - \ln 130$$

则

$$|150 - y| = 130\mathrm{e}^{-t/200}$$

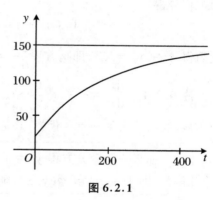

图 6.2.1

由于 $y(t)$ 连续且 $y(0) = 20$,等式右边永不为 0,因此 $150 - y(t)$ 恒为正,即 $|150 - y| = 150 - y$,所以

$$y(t) = 150 - 130\mathrm{e}^{-t/200}$$

半小时后水箱所含食盐为

$$y(30) = 150 - 130\mathrm{e}^{-\frac{30}{200}} \approx 38.1\,(\text{kg})$$

图 6.2.1 给出了 $y(t)$ 的函数图像,由图可见,随着时间推移食盐含量逐渐接近 150 kg.

6.2.2　齐次方程

例 6.2.4　求以原点为中心的一切圆所满足的微分方程.

解　设 $C > 0$,圆心在原点的圆的方程为

$$x^2 + y^2 = C^2$$

两边对 x 求导,得

$$2x + 2yy' = 0$$

即 $y' = -\dfrac{x}{y}$ 或 $\dfrac{\mathrm{d}y}{\mathrm{d}x} = -\dfrac{x}{y}$. 所以圆心在原点的圆的方程 $x^2 + y^2 = C^2$ 满足微分方程 $\dfrac{\mathrm{d}y}{\mathrm{d}x} = -\dfrac{x}{y}$.

下面再来求方程 $\dfrac{\mathrm{d}y}{\mathrm{d}x} = -\dfrac{x}{y}$ 的通解. 方法如下: 作代换 $u = \dfrac{y}{x}$, 则 $y = ux$, 于是

$$\frac{\mathrm{d}y}{\mathrm{d}x} = x\frac{\mathrm{d}u}{\mathrm{d}x} + u$$

代入方程得 $x\dfrac{\mathrm{d}u}{\mathrm{d}x} + u = -\dfrac{1}{u}$, 整理得

$$x\frac{\mathrm{d}u}{\mathrm{d}x} = -\frac{u^2 + 1}{u}$$

分离变量得

$$\frac{u}{u^2 + 1}\mathrm{d}u = -\frac{\mathrm{d}x}{x}$$

两边积分得

$$\ln(u^2 + 1) = -2\ln|x| + \ln C^2$$

化简得 $x^2 + y^2 = C^2$, 即是方程 $\dfrac{\mathrm{d}y}{\mathrm{d}x} = -\dfrac{x}{y}$ 的通解.

注 6.2.1　$\dfrac{\mathrm{d}y}{\mathrm{d}x} = -\dfrac{x}{y}$ 是一个可分离变量的方程, 当然也可以直接分离变量进行求解. 我们这里第一步作代换, 只是为了给出一种新的解法.

> 　　如果一阶微分方程 $y' = f(x, y)$ 中的函数 $f(x, y)$ 可写成 y/x 的函数, 即 $f(x, y) = \varphi(y/x)$, 则称此类方程为齐次方程.

例如, $(x + y)\mathrm{d}x + (y - x)\mathrm{d}y = 0$ 是齐次方程, 因为它可化为

$$\frac{\mathrm{d}y}{\mathrm{d}x} = \frac{x + y}{x - y} = \frac{1 + y/x}{1 - y/x}$$

齐次方程

$$f(x, y) = \varphi(y/x) \tag{6.2.5}$$

的解法如下:

作代换 $u = \dfrac{y}{x}$, 则 $y = ux$, 于是 $\dfrac{\mathrm{d}y}{\mathrm{d}x} = x\dfrac{\mathrm{d}u}{\mathrm{d}x} + u$, 从而

$$x\frac{\mathrm{d}u}{\mathrm{d}x} + u = \varphi(u)$$

分离变量得

$$\frac{\mathrm{d}u}{\varphi(u) - u} = \frac{\mathrm{d}x}{x}$$

两端积分得

$$\int \frac{\mathrm{d}u}{\varphi(u) - u} = \int \frac{\mathrm{d}x}{x}$$

求出积分后,再用 $\frac{y}{x}$ 代替 u,便得所给齐次方程的通解.

例 6.2.5　解方程 $xy' = y(1 + \ln y - \ln x)$.

解　原方程可化为

$$\frac{\mathrm{d}y}{\mathrm{d}x} = \frac{y}{x}\left(1 + \ln \frac{y}{x}\right)$$

令 $u = \frac{y}{x}$,则 $\frac{\mathrm{d}y}{\mathrm{d}x} = x \frac{\mathrm{d}u}{\mathrm{d}x} + u$,于是

$$x \frac{\mathrm{d}u}{\mathrm{d}x} + u = u(1 + \ln u)$$

分离变量得

$$\frac{\mathrm{d}u}{u \ln u} = \frac{\mathrm{d}x}{x}$$

两端积分得

$$\ln|\ln u| = \ln|x| + \ln C_1, \quad 即 \quad \ln u = Cx \quad (C = \pm C_1)$$

因此 $u = \mathrm{e}^{Cx}$.将 $u = \frac{y}{x}$ 代入,便得原方程的通解为 $y = x\mathrm{e}^{Cx}$.

例 6.2.6　求微分方程 $y^2 + (x^2 - xy)y' = 0$ 满足初始条件 $y|_{x=1} = -1$ 的特解.

解　原方程可化为

$$\frac{\mathrm{d}y}{\mathrm{d}x} = \frac{y^2}{xy - x^2} = \frac{\left(\dfrac{y}{x}\right)^2}{\dfrac{y}{x} - 1}$$

令 $u = \frac{y}{x}$,则方程变形为

$$u + x \frac{\mathrm{d}u}{\mathrm{d}x} = \frac{u^2}{u - 1}, \quad 即 \quad x \frac{\mathrm{d}u}{\mathrm{d}x} = \frac{u}{u - 1}$$

分离变量得

$$\left(1 - \frac{1}{u}\right)\mathrm{d}u = \frac{\mathrm{d}x}{x}$$

积分得

$$u - \ln|u| = \ln|x| + \ln|C|, \quad \text{或} \quad u = \ln|Cxu|$$

将 $u = \dfrac{y}{x}$ 代入，便得原方程的通解为 $\dfrac{y}{x} = \ln|Cy|$ 或 $Cy = \mathrm{e}^{y/x}$.

代入初始条件 $y(1) = -1$，得 $C = -1/\mathrm{e}$，故所求特解为 $y = -\mathrm{e}^{y/x+1}$.

6.3　一阶线性微分方程

6.3.1　液体的浓度稀释问题

例 6.3.1　有两只桶内各装 100 kg 的盐水，其浓度为 0.5 kg/L. 现用管子将净水以 2 kg/min 的速度输送到第一只桶内，搅拌均匀后（时间忽略不计），同时混合液又由管子以 2 kg/min 的速度被输送到第二只桶内，再将混合液搅拌均匀（时间忽略不计），同时用管子以 1 kg/min 的速度输出，问在 t 时刻从第二只桶流出的盐水浓度是多少？

解　设 $u = u(t), v = v(t)$ 分别表示 t 时刻第一只和第二只桶内盐的质量（单位：kg）.

第一只桶在 t 到 $t + \Delta t$ 时间内盐的改变量为

$$u(t + \Delta t) - u(t) = \textit{流入盐量} - \textit{流出盐量}$$
$$= 0 \times 2\Delta t - \frac{u(t)}{100} \times 2\Delta t$$

所以

$$\begin{cases} \dfrac{\mathrm{d}u}{\mathrm{d}t} = -\dfrac{u}{50} \\ u(0) = 50 \end{cases}$$

解得 $u = 50\mathrm{e}^{-t/50}$.

第二只桶在 t 到 $t + \Delta t$ 时间内盐的改变量为

$$v(t + \Delta t) - v(t) = \textit{流入盐量} - \textit{流出盐量}$$
$$= \frac{u(t)}{100} \times 2\Delta t - \frac{v(t)}{100 + (2 - 1)t} \times 1 \times \Delta t$$

所以

$$\frac{\mathrm{d}v}{\mathrm{d}t} = \frac{1}{50}u - \frac{v}{100+t} = \mathrm{e}^{-t/50} - \frac{v}{100+t}$$

或

$$\frac{\mathrm{d}v}{\mathrm{d}t} + \frac{v}{100+t} = \mathrm{e}^{-t/50}$$

上面的方程叫作一阶线性微分方程.

> 形如 $\dfrac{\mathrm{d}y}{\mathrm{d}x} + P(x)y = Q(x)$ 的方程叫一阶线性微分方程.

当 $Q(x) \equiv 0$ 时,称为一阶齐次线性微分方程;

当 $Q(x) \neq 0$ 时,称为一阶非齐次线性微分方程.

例如:

$(x+1)\dfrac{\mathrm{d}y}{\mathrm{d}x} = y + (x+1)^2$ 是一阶非齐次线性微分方程;

$\dfrac{\mathrm{d}y}{\mathrm{d}x} + y\sin x = 0$ 是一阶齐次线性微分方程.

6.3.2　一阶线性微分方程的解法

一阶线性微分方程

$$\frac{\mathrm{d}y}{\mathrm{d}x} + P(x)y = Q(x) \tag{6.3.1}$$

的解法如下:

（1）先求对应齐次方程

$$\frac{\mathrm{d}y}{\mathrm{d}x} + P(x)y = 0 \tag{6.3.1'}$$

的通解.

方程(6.3.1′)是可分离变量方程,分离变量得

$$\frac{\mathrm{d}y}{y} = -P(x)\mathrm{d}x$$

两边积分得

$$\ln|y| = \int -P(x)\mathrm{d}x + C_1$$

即

$$y = C\mathrm{e}^{-\int P(x)\mathrm{d}x} \quad (C = \pm\, \mathrm{e}^{C_1})$$

是方程(6.3.1′)的通解.

(2) 用常数变易法求方程(6.3.1)的通解.具体来讲,就是将(1)中求出的通解中的任意常数 C 换成待定函数 $u(x)$,令 $y = u(x)\mathrm{e}^{-\int P(x)\mathrm{d}x}$ 为方程(6.3.1)的解,于是

$$\frac{\mathrm{d}y}{\mathrm{d}x} = u'(x)\mathrm{e}^{-\int P(x)\mathrm{d}x} + u(x)\mathrm{e}^{-\int P(x)\mathrm{d}x}[-P(x)]$$

将 y, y' 代入方程(6.3.1),得

$$u'(x)\mathrm{e}^{-\int P(x)\mathrm{d}x} - P(x)u(x)\mathrm{e}^{-\int P(x)\mathrm{d}x} + P(x)u(x)\mathrm{e}^{-\int P(x)\mathrm{d}x} = Q(x)$$

整理得

$$u'(x)\mathrm{e}^{-\int P(x)\mathrm{d}x} = Q(x) \quad \text{即} \quad u'(x) = Q(x)\mathrm{e}^{\int P(x)\mathrm{d}x}$$

因此

$$u(x) = \int Q(x)\mathrm{e}^{\int P(x)\mathrm{d}x}\mathrm{d}x + C$$

再把 $u(x)$ 代入 $y = u(x)\mathrm{e}^{-\int P(x)\mathrm{d}x}$ 中,即得方程(6.3.1)的通解

$$y = \mathrm{e}^{-\int P(x)\mathrm{d}x}\left[\int Q(x)\mathrm{e}^{\int P(x)\mathrm{d}x}\mathrm{d}x + C\right]$$

例 6.3.2　求微分方程 $y' + (\cos x)y = \mathrm{e}^{-\sin x}$ 的通解.

解　这里 $P = \cos x, Q = \mathrm{e}^{-\sin x}$,代入公式,得

$$\begin{aligned}
y &= \mathrm{e}^{-\int P(x)\mathrm{d}x}\left[\int Q(x)\mathrm{e}^{\int P(x)\mathrm{d}x}\mathrm{d}x + C\right] \\
&= \mathrm{e}^{-\int \cos x\,\mathrm{d}x}\left[\int \mathrm{e}^{-\sin x}\mathrm{e}^{\int \cos x\,\mathrm{d}x}\mathrm{d}x + C\right] \\
&= \mathrm{e}^{-\sin x}\left(\int \mathrm{d}x + C\right) \\
&= \mathrm{e}^{-\sin x}(x + C)
\end{aligned}$$

例 6.3.3　(a) 设某人每天从食物中摄取的热量是 a J,其中 b J 用于新陈代谢(即自动消耗),而从事工作、生活每天每千克体重必须消耗 α J 的热量,从事体育锻炼每千克体重消耗 β J 的热量;

(b) 某人以脂肪形式储存的热量百分之百地有效,而 1 kg 脂肪含热量是 42 000 J;

(c) 设体重 w 是时间 t 的连续可微函数,即 $w = w(t)$.

假设某人体重是 w_0,试建立体重 w 与时间 t 的关系.

解　体重的变化 = 输入 − 输出；

输入：指扣除了新陈代谢后的净吸收量；

输出：就是进行工作、生活以及体育锻炼的总耗量.

于是

$$每天净吸收量 = \frac{a - b}{42\,000}$$

$$每天净输出量 = \frac{\alpha + \beta}{42\,000}w$$

所以在 t 到 $t + \Delta t$ 时间内体重的变化为

$$w(t + \Delta t) - w(t) = \frac{a - b}{42\,000}\Delta t - \frac{\alpha + \beta}{42\,000}w(t)\Delta t$$

由此可得体重变化的数学模型为

$$\begin{cases} \dfrac{\mathrm{d}w}{\mathrm{d}t} = \dfrac{(a - b) - (\alpha + \beta)w}{42\,000} \\ w(0) = w_0 \end{cases} \tag{6.3.2}$$

方程(6.3.2) 是一个一阶微分方程，整理可得

$$\frac{\mathrm{d}w}{\mathrm{d}t} + \frac{(\alpha + \beta)w}{42\,000} = \frac{a - b}{42\,000}$$

代入一阶微分方程的求解公式，有

$$\begin{aligned} w &= \mathrm{e}^{-\int P(t)\mathrm{d}t}\left[\int Q(t)\mathrm{e}^{\int P(t)\mathrm{d}t}\mathrm{d}t + C\right] \\ &= \mathrm{e}^{-\int \frac{\alpha + \beta}{42\,000}\mathrm{d}t}\left[\int \frac{a - b}{42\,000}\mathrm{e}^{\int \frac{\alpha + \beta}{42\,000}\mathrm{d}t}\mathrm{d}t + C\right] \\ &= \frac{a - b}{\alpha + \beta} + C\mathrm{e}^{-\frac{\alpha + \beta}{42\,000}t} \end{aligned}$$

又 $w(0) = w_0$，所以 $C = \dfrac{b - a}{\alpha + \beta}$.

综上，体重 w 与时间 t 的关系为

$$w = \frac{a - b}{\alpha + \beta}\left(1 - \mathrm{e}^{-\frac{\alpha + \beta}{42\,000}t}\right)$$

实际上，减肥的过程是一个非常复杂的过程. 我们的这个模型只是问题的一个简化，目的只是揭示饮食和活动这两个主要因素与减肥的关系.

6.4　几种特殊类型的二阶微分方程

二阶微分方程的一般形式为
$$F(x,y,y',y'') = 0$$
本节仅介绍三种特殊类型的二阶微分方程，它们的共同点是都可以用降阶并逐次积分的方法求通解.

6.4.1　$y'' = f(x)$ 型

这种方程求解可理解为已知函数的二阶导数求未知函数. 直接由不定积分与导数的关系，即只要积分两次就可得原方程的通解.

先积分一次，得
$$y' = \int f(x)\mathrm{d}x + C_1$$
再积分一次，得原方程的通解为
$$y = \int\left[\int f(x)\mathrm{d}x\right]\mathrm{d}x + C_1 x + C_2$$

例 6.4.1　求微分方程 $y'' = x\mathrm{e}^x$ 的通解.

解　原方程两端积分得
$$y' = \int x\mathrm{e}^x\mathrm{d}x = x\mathrm{e}^x - \int \mathrm{e}^x\mathrm{d}x = x\mathrm{e}^x - \mathrm{e}^x + C_1$$
再积分一次，得原方程的通解为
$$y = \int(x\mathrm{e}^x - \mathrm{e}^x + C_1)\mathrm{d}x = \int x\mathrm{e}^x\mathrm{d}x - \mathrm{e}^x + C_1 x$$
$$= x\mathrm{e}^x - 2\mathrm{e}^x + C_1 x + C_2$$

6.4.2　$y'' = f(x,y')$ 型

该类型方程的特点是等式右端不显含未知函数 y.

例 6.4.2　我缉私舰雷达发现，在其正西方距 d km 处有一艘走私船正以速度 a 匀速地沿直线向北行驶，缉私舰立即以最大速度 b 追赶. 若用雷达进行跟踪，保持船的瞬时速度方向始终指向走私船，试建立缉私舰追逐路线的数学模型.

解　走私船与缉私舰的位置关系如图 6.4.1 所示.

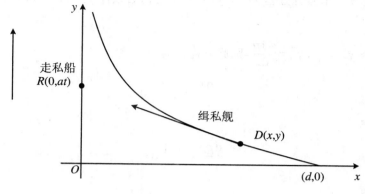

图 6.4.1

由导数的几何意义得

$$\frac{\mathrm{d}y}{\mathrm{d}x} = \frac{y - at}{x}, \quad 即 \quad x\frac{\mathrm{d}y}{\mathrm{d}x} - y = -at$$

两边对 x 求导,有

$$x\frac{\mathrm{d}^2 y}{\mathrm{d}x^2} = -a\frac{\mathrm{d}t}{\mathrm{d}x}$$

又速度与路程的关系为 $\dfrac{\mathrm{d}s}{\mathrm{d}t} = b$,且

$$\frac{\mathrm{d}t}{\mathrm{d}x} = \frac{\mathrm{d}t}{\mathrm{d}s} \cdot \frac{\mathrm{d}s}{\mathrm{d}x} = \frac{1}{b}\sqrt{1 + \left(\frac{\mathrm{d}y}{\mathrm{d}x}\right)^2}$$

代入得

$$x\frac{\mathrm{d}^2 y}{\mathrm{d}x^2} = k\sqrt{1 + \left(\frac{\mathrm{d}y}{\mathrm{d}x}\right)^2} \quad \left(k = -\frac{a}{b}\right) \tag{6.4.1}$$

这里再由初始条件 $y(d) = 0, y'(d) = 0$,得所求模型是

$$\begin{cases} x\dfrac{\mathrm{d}^2 y}{\mathrm{d}x^2} = k\sqrt{1 + \left(\dfrac{\mathrm{d}y}{\mathrm{d}x}\right)^2} \\ y(d) = 0, \quad y'(d) = 0 \end{cases}$$

方程(6.4.1)就是形如 $y'' = f(x, y')$ 的方程.

该类方程的解法如下:令 $y' = p$,则 $y'' = p'$,于是可将其化成一阶微分方程 $p' = f(x, p)$.若能求得这个一阶微分方程的通解 $p = \varphi(x, C_1)$,两边积分,即得方程 $y'' = f(x, y')$ 的通解为

$$y = \int \varphi(x, C_1)\mathrm{d}x + C_2$$

例 6.4.3 求微分方程 $xy'' + y' = 0$ 满足初始条件 $y\mid_{x=1} = 1, y'\mid_{x=1} = 2$ 的特解.

解 令 $y' = p, y'' = \dfrac{\mathrm{d}p}{\mathrm{d}x}$,则原方程化为

$$x\,\frac{\mathrm{d}p}{x} + p = 0$$

分离变量得

$$\frac{\mathrm{d}p}{p} = -\frac{1}{x}\mathrm{d}x$$

两边积分得

$$\ln\mid p\mid = -\ln\mid x\mid + \ln\mid C_1\mid$$

两边取对数得

$$p = \frac{C_1}{x} \quad \text{或} \quad y' = \frac{C_1}{x}$$

由初始条件 $y'\mid_{x=1} = 2$ 得 $C_1 = 2$,所以

$$y' = \frac{2}{x}$$

再积分得

$$y = 2\ln\mid x\mid + C_2$$

再由条件 $y\mid_{x=1} = 1$ 得 $C_2 = 1$,所求的特解为 $y = 2\ln\mid x\mid + 1$.

做做看:把方程(6.4.1)满足给定条件的特解求出来.

6.4.3 $y'' = f(y, y')$ 型

微分方程

$$y'' = f(y, y') \tag{6.4.2}$$

的特点是不含自变量 x.为了求出它的解,令 $y' = p(y)$,利用复合函数的求导法则把 y'' 化为对 y 的导数,即

$$y'' = \frac{\mathrm{d}p}{\mathrm{d}x} = \frac{\mathrm{d}p}{\mathrm{d}y} \cdot \frac{\mathrm{d}y}{\mathrm{d}x} = p\,\frac{\mathrm{d}p}{\mathrm{d}y}$$

则方程(6.4.2)可化为

$$p\,\frac{\mathrm{d}p}{\mathrm{d}y} = f(y, p)$$

这是一个关于变量 y, p 的一阶微分方程.设它的通解为 $p = \varphi(y, C_1)$,即

$$\frac{\mathrm{d}y}{\mathrm{d}x} = \varphi(y, C_1)$$

分离变量并积分,就可得到方程(6.4.2)的通解为

$$\int \frac{\mathrm{d}y}{\varphi(y, C_1)} = x + C_2$$

例 6.4.4 求微分方程 $2yy'' = (y')^2 + 1$ 的通解.

解 设 $y' = p(y)$,则 $y'' = p\dfrac{\mathrm{d}p}{\mathrm{d}y}$,代入原方程,得

$$2yp\frac{\mathrm{d}p}{\mathrm{d}y} = p^2 + 1$$

分离变量得

$$\frac{2p}{p^2 + 1}\mathrm{d}p = \frac{1}{y}\mathrm{d}y$$

两边积分得

$$\ln(p^2 + 1) = \ln y + \ln C_1, \quad \text{即} \quad p^2 + 1 = C_1 y$$

把 $p = \dfrac{\mathrm{d}y}{\mathrm{d}x}$ 代入,得

$$\left(\frac{\mathrm{d}y}{\mathrm{d}x}\right)^2 + 1 = C_1 y$$

分离变量得

$$\frac{\mathrm{d}y}{\pm\sqrt{C_1 y - 1}} = \mathrm{d}x$$

两边积分得

$$y = \frac{C_1}{4}(x + C_2)^2 + \frac{1}{C_1}$$

即为所求的解.

例 6.4.5 求微分方程 $yy'' - (y')^2 = 0$ 的通解.

解 设 $y' = p$,则 $y'' = p\dfrac{\mathrm{d}p}{\mathrm{d}y}$;代入原方程得

$$yp\frac{\mathrm{d}p}{\mathrm{d}y} - p^2 = 0$$

在 $y \neq 0, p \neq 0$ 时,约去 p 并分离变量,得

$$\frac{\mathrm{d}p}{p} = \frac{\mathrm{d}y}{y}$$

两端积分得

$$\ln |p| = \ln |y| + \ln |C_1|, \quad 即 \quad p = C_1 y$$

也就是 $y' = C_1 y$. 再分离变量,并两端积分,便得原方程的通解为

$$\ln |y| = C_1 x + \ln |C_2|, \quad 即 \quad y = C_2 e^{C_1 x}$$

6.5　二阶齐次线性微分方程解的性质

6.5.1　二阶线性微分方程的概念

类似于一阶线性微分方程,很容易给出二阶线性微分方程的定义.
方程

$$\frac{\mathrm{d}^2 y}{\mathrm{d} x^2} + P(x) \frac{\mathrm{d} y}{\mathrm{d} x} + Q(x) y = f(x)$$

称为二阶线性微分方程,当 $f(x) \equiv 0$ 时称为齐次的,当 $f(x) \neq 0$ 时称为非齐次的.
本章我们只研究二阶齐次线性微分方程,即

$$\frac{\mathrm{d}^2 y}{\mathrm{d} x^2} + P(x) \frac{\mathrm{d} y}{\mathrm{d} x} + Q(x) y = 0 \tag{6.5.1}$$

6.5.2　二阶齐次线性微分方程解的性质

性质 6.5.1　若 $y_1(x), y_2(x)$ 是方程(6.5.1)的两个特解,则 $y = C_1 y_1(x) + C_2 y_2(x)$ 也是方程(6.5.1)的解,其中 C_1, C_2 为任意常数.

称性质 6.5.1 为解的叠加原理. 但此解未必是通解.

若 $y_1(x) = 3 y_2(x)$,则 $C_1 y_1(x) + C_2 y_2(x) = (C_2 + 3C_1) y_2(x) = C y_2(x)$,显然不是通解. 那么 $C_1 y_1(x) + C_2 y_2(x)$ 何时成为通解?

定义 6.5.1　设 $y_1, y_2, \cdots, y_n$ 是定义在区间 I 上的函数,若存在不全为零的数 $k_1, k_2, \cdots, k_n$,使得

$$k_1 y_1 + k_2 y_2 + \cdots + k_n y_n = 0$$

恒成立,则称 $y_1, y_2, \cdots, y_n$ 线性相关;否则,称为线性无关.

例如,$1, \cos^2 x, \sin^2 x$ 在 **R** 上线性相关;$1, x, x^2$ 在任何区间 I 上都线性无关.

特别地,对两个函数,当它们的比值为常数时,两函数线性相关;当它们的比值不是常数时,两函数线性无关.

性质 6.5.2　若 $y_1(x), y_2(x)$ 是方程(6.5.1)的两个线性无关的特解,那么

$$y = C_1 y_1(x) + C_2 y_2(x) \quad (C_1, C_2 \text{ 为任意常数})$$

是方程(6.5.1)的通解.

此性质称为二阶齐次线性微分方程(6.5.1)的通解结构.

6.6　二阶常系数齐次线性微分方程

6.6.1　一个物理问题的求解

例 6.6.1　竖直悬挂一只弹簧,长为 L cm,在其下端连接一质量为 100 g 的小球,弹簧伸长了 5 cm 后达到平衡.现用手抓住小球下拉使弹簧再伸长 5 cm,然后突然松手,使小球以平衡点为中心上下振动(不考虑阻力),求小球的运动过程.

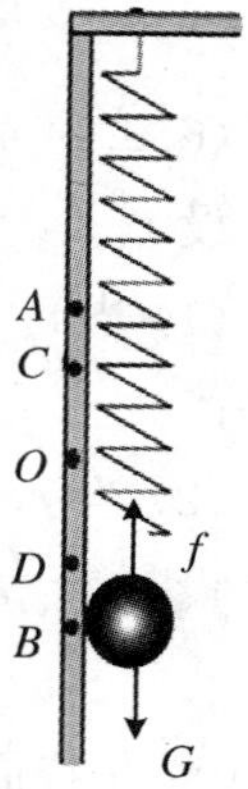

解　将弹簧和小球看作一个整体,如图 6.6.1 所示, O 点为平衡点; f 为小球所受的回复力,回复力的大小与位移的大小成正比,方向始终指向平衡位置; G 为小球的重力,方向竖直向下.

考虑小球运动到平衡点下方 x cm 处的受力情况.首先由弹性定律知,弹簧的弹性系数为

$$k = \frac{100g}{5} = 20g \quad (g \text{ 为重力加速度})$$

应用牛顿第二定律,得 $f = ma = -kx$,其中 a 为加速度.从而有

$$m \frac{\mathrm{d}^2 x}{\mathrm{d} t^2} = -kx$$

即

图 6.6.1

$$100 \frac{\mathrm{d}^2 x}{\mathrm{d} t^2} + 20gx = 0, \quad \text{或} \quad \frac{\mathrm{d}^2 x}{\mathrm{d} t^2} + \frac{g}{5} x = 0 \tag{6.6.1}$$

方程(6.6.1)对应于二阶齐次线性微分方程中的一类特殊情形,即

$$\frac{\mathrm{d}^2 y}{\mathrm{d} x^2} + P(x) \frac{\mathrm{d} y}{\mathrm{d} x} + Q(x) y = 0$$

中系数 $P(x), Q(x)$ 为常数的情形,称之为二阶常系数齐次线性微分方程.

$$方程\frac{\mathrm{d}^2 y}{\mathrm{d}x^2} + p\frac{\mathrm{d}y}{\mathrm{d}x} + qy = 0 \, (p,q \text{ 为常数}) \text{ 称为二阶常系数齐次线}$$

性微分方程.

6.6.2　二阶常系数齐次线性微分方程的通解

下面介绍二阶常系数齐次线性微分方程

$$\frac{\mathrm{d}^2 y}{\mathrm{d}x^2} + p\frac{\mathrm{d}y}{\mathrm{d}x} + qy = 0 \tag{6.6.2}$$

通解的求法 —— 特征方程法.

设 $y = \mathrm{e}^{rx}$ 是方程(6.6.2)的解,将 $y = \mathrm{e}^{rx}$ 代入式(6.6.2),有 $(r^2 + pr + q)\mathrm{e}^{rx} = 0$,称

$$r^2 + pr + q = 0 \tag{6.6.3}$$

为式(6.6.2)的特征方程.式(6.6.3)的解称为式(6.6.2)的特征根.

设 r_1, r_2 为式(6.6.3)的解.

(1) 当 $r_1 \neq r_2$,且为实数,即 $p^2 - 4q > 0$ 时,$y = C_1\mathrm{e}^{r_1 x} + C_2\mathrm{e}^{r_2 x}$ 为式(6.6.2)的通解;

(2) 当 $r_1 = r_2 = r$,即 $p^2 - 4q = 0$ 时,式(6.6.2)只有一个解 $y_1 = \mathrm{e}^{r_1 x}$.

设 $y_2 = u(x)y_1$ 是方程(6.6.2)的另一个解,于是

$$[u'' + u'(2r_1 + p) + u(r_1^2 + pr_1 + q)]\mathrm{e}^{r_1 x} = 0$$

因为 r_1 是特征方程的二重根,故 $2r_1 + p = 0$,$r_1^2 + pr_1 + q = 0$,而 $\mathrm{e}^{r_1} \neq 0$,则 $u'' = 0$. 取 $u = x$,因此方程(6.6.2)的另一个解为 $y = x\mathrm{e}^{r_1 x}$,则其通解为

$$y = (C_1 + C_2 x)\mathrm{e}^{r_1 x}$$

(3) 当 $p^2 - 4q < 0$ 时,$r_1 = \alpha + \mathrm{i}\beta$,$r_2 = \alpha - \mathrm{i}\beta$ 为一对共轭复数.这时方程(6.6.2)有两个复数解:

$$y_1 = \mathrm{e}^{(\alpha + \mathrm{i}\beta)x} = \mathrm{e}^{\alpha x}(\cos\beta x + \mathrm{i}\sin\beta x)$$

$$y_2 = \mathrm{e}^{(\alpha - \mathrm{i}\beta)x} = \mathrm{e}^{\alpha x}(\cos\beta x - \mathrm{i}\sin\beta x)$$

(y_1, y_2 的展开用到欧拉公式:$\mathrm{e}^{\mathrm{i}\theta} = \cos\theta + \mathrm{i}\sin\theta$).

利用解的叠加原理,得方程(6.6.2)的两个线性无关特解:

$$\bar{y}_1 = \frac{1}{2}(y_1 + y_2) = \mathrm{e}^{\alpha x}\cos\beta x, \quad \bar{y}_2 = \frac{1}{2\mathrm{i}}(y_1 - y_2) = \mathrm{e}^{\alpha x}\sin\beta x$$

因此方程(6.6.2)的通解为 $y = \mathrm{e}^{\alpha x}(C_1\cos\beta x + C_2\sin\beta x)$.

下面我们来解方程(6.6.1).其特征方程为 $r^2 + \dfrac{g}{5} = 0$,特征根为 $r = \pm\sqrt{\dfrac{g}{5}}\,i$, 所以式(6.6.1) 的通解为

$$x = C_1\cos\sqrt{\frac{g}{5}}\,t + C_2\sin\sqrt{\frac{g}{5}}\,t$$

再由初始条件 $x(0) = 5, x'(0) = 0$,得 $C_1 = 5, C_2 = 0$.因此,小球的运动过程为 $x = 5\cos\sqrt{g/5}\,t$.这是物理中熟知的简谐振动方程.

例 6.6.2　求微分方程 $y'' - 5y' + 6y = 0$ 的通解.

解　特征方程为 $\lambda^2 - 5\lambda + 6 = 0$,特征根为 $\lambda_1 = 2, \lambda_2 = 3$,故方程的通解为

$$y = C_1 e^{2x} + C_2 e^{3x}$$

例 6.6.3　求微分方程 $y'' - 4y' + 4y = 0$ 的通解.

解　特征方程为 $\lambda^2 - 4\lambda + 4 = 0$,特征根为 $\lambda_1 = \lambda_2 = 2$,故方程的通解为

$$y = (C_1 + C_2 x)e^{2x}$$

习　题　6

1. 指出下列等式中哪些是微分方程,并说明它的阶数:

(1) $y'' + xy' + 3y = 5$;　　　　　　(2) $y^3 - y + 2 = 0$;

(3) $(x + y)\mathrm{d}y = (2 + 6x)\mathrm{d}x$;　　(4) $\dfrac{\mathrm{d}^2 u}{\mathrm{d}t^2} = t\sin u$.

2. 验证函数 $y = C_1\ln x + C_2$ 是方程 $xy'' - y' = 0$ 的通解,并求满足初始条件 $y|_{x=1} = 0$, $y'|_{x=1} = 1$ 的特解.

3. 试求微分方程 $y'' = x$ 的经过点$(0,1)$且在此点与直线 $y = \dfrac{x}{2} + 1$ 相切的积分曲线.

4. 一质点在时刻 $t = 0$ 开始做直线运动,已知在时刻 t 的加速度为 $t^2 - 1$,而在时刻 $t = 1$ 时速度为 $\dfrac{1}{3}$,求位移 s 与时间 t 的函数关系.

5. 求下列微分方程的通解:

(1) $\dfrac{\mathrm{d}y}{\mathrm{d}x} = 10^{x+y}$;　　　　　(2) $2x\sin y\,\mathrm{d}x + (x^2 + 3)\cos y\,\mathrm{d}y = 0$;

(3) $(1 + e^x)yy' = e^x$;　　　　(4) $y' - xy' = (y^2 + y)$;

(5) $y' = \dfrac{x + y}{x - y}$;　　　　　　(6) $y' = \dfrac{2y^2}{x^2 - xy}$.

6. 求微分方程 $\dfrac{\mathrm{d}x}{\mathrm{d}y} = \dfrac{x}{y} + \cos^2\dfrac{x}{y}$ 满足初始条件 $y\mid_{x=0} = 1$ 的特解.

7. 某人摄入的热量是 2 500 cal/d,其中 1 200 cal 用于基本的新陈代谢. 在健身训练中,他所消耗的大约是 16 cal/(kg · d) 乘以他的体重(kg).假设以脂肪形式储存的热量 100% 地有效,而 1 kg 脂肪含热量 10 000 cal.求出此人的体重是怎样随时间变化的.

8. 物体温度降低的速度与物体自身的温度和它周围介质的温度之差成正比.若初始温度为 100 ℃ 的物体置于恒温 10 ℃ 的空气中,1 分钟后,物体温度降到 80 ℃,那么需多长时间物体降温到 30 ℃?

9. 一曲线过点 $(0,1)$,且其上任一点处的切线斜率等于该点的横坐标与纵坐标乘积,求该曲线方程.

10. 求下列微分方程的通解:

(1) $y' + xy = x\mathrm{e}^{-x^2}$; 　　　　　　(2) $y' = \dfrac{\sin x}{x} - \dfrac{y}{x}$;

(3) $y' + \dfrac{1}{x}y = \dfrac{1}{x^2}$ 　　　　　(4) $y - y' = 1 + xy'$;

(5) $y' + y = \mathrm{e}^x$.

11. 求解下列初值问题:

(1) $\begin{cases} xy' + y - \mathrm{e}^x = 0 \\ y\mid_{x=1} = 0 \end{cases}$;　　(2) $\begin{cases} xy' - \dfrac{1}{x+1}y = x \\ y\mid_{x=1} = 1 \end{cases}$;　　(3) $\begin{cases} y' + \dfrac{1}{x}y + \mathrm{e}^x = 0 \\ y\mid_{x=1} = 0 \end{cases}$.

12. 设曲线 $y = f(x)$ 上任一点 (x,y) 处的切线斜率为 $\dfrac{y}{x} + x^2$,且曲线经过点 $(1,1/2)$,求曲线 $y = f(x)$.

13. 求一曲线的方程,它通过原点,且曲线上任一点 (x,y) 处的切线斜率等于 $2x + y$.

14. 一圆桶内有 40 L 盐溶液,其浓度为每升溶解盐 1 kg.现在用浓度为每升 1.5 kg 的盐溶液以每分钟 4 L 的流速注入桶内,假定搅拌均匀后的混合物以 4 L/min 的速度流出,求桶内所含盐量 x 与时间 t 的函数关系.

15. 求下列微分方程的通解:

(1) $y'' = x\mathrm{e}^x$; 　　　　　　(2) $y'' = \dfrac{1}{1+x^2}$;

(3) $xy'' - y' = 0$; 　　　　　(4) $y'' = y' + x$;

(5) $y'' = 1 + (y')^2$; 　　　　(6) $y'' = (y')^3 + y'$.

16. 求解下列初值问题:

(1) $\begin{cases} y'' = \mathrm{e}^{ax} \\ y\mid_{x=1} = y'\mid_{x=1} = 0 \end{cases}$;　　　　(2) $\begin{cases} (1-x^2)y'' - xy' = 0 \\ y\mid_{x=0} = 0, y'\mid_{x=0} = 1 \end{cases}$;

$(3) \begin{cases} y^3 y'' + 1 = 0 \\ y|_{x=1} = 1, y'|_{x=1} = 0 \end{cases};$ $\qquad (4) \begin{cases} y'' - a(y')^2 = 0 \\ y|_{x=0} = 0, y'|_{x=0} = -1 \end{cases}.$

17. 试求满足 $y'' = x$,经过点 $M(0,1)$ 且在此点与直线 $y = \dfrac{x}{2} + 1$ 相切的积分曲线.

18. 设有一质量为 m 的物体,在空气中由静止开始落下,如果空气阻力为 $R = c^2 v^2$ (c 为常数,v 为物体的运动速度),试求物体下落的距离 s 与时间 t 的函数关系式.

19. 下列函数组在其定义区间内哪些是线性无关的?

(1) $x, 2x$； $\qquad (2)$ x, x^2；

(3) $\mathrm{e}^{2x}, 3\mathrm{e}^{2x}$； $\qquad (4)$ $\mathrm{e}^{-x}, \mathrm{e}^x$；

(5) $\sin 2x, \sin x \cos x$； $\qquad (6)$ $\cos 2x, \sin 2x$.

20. 验证 $y_1 = \cos \omega x$ 及 $y_2 = \sin \omega x$ 都是方程 $y'' + \omega^2 y = 0$ 的解,并说明它们是否线性无关,试写出该方程的通解.

21. 验证 $y_1 = \mathrm{e}^{x^2}$ 及 $y_2 = x\mathrm{e}^{x^2}$ 都是方程 $y'' - 4xy' + (4x^2 - 2)y = 0$ 的解,并说明它们是否线性无关,试写出该方程的通解.

22. 验证 $y = C_1\mathrm{e}^x + C_2\mathrm{e}^{2x} + \dfrac{1}{12}\mathrm{e}^{5x}$($C_1, C_2$ 是任意常数)是方程 $y'' - 3y' + 2y = \mathrm{e}^{5x}$ 的通解.

23. 验证 $y = C_1 x^5 + \dfrac{C_2}{x} - \dfrac{x^2}{9}\ln x$($C_1, C_2$ 是任意常数)是方程 $x^2 y'' - 3xy' - 5y = x^2 \ln x$ 的通解.

24. 求下列微分方程的通解:

(1) $y'' + y' - 2y = 0$； $\qquad (2)$ $y'' - 4y' = 0$；

(3) $y'' + y = 0$； $\qquad (4)$ $y'' + 6y' + 13y = 0$；

(5) $y'' - 9y = 0$； $\qquad (6)$ $9y'' + 6y' + y = 0$.

25. 求下列微分方程满足所给初始条件的特解:

$(1) \begin{cases} y'' - 4y' + 3y = 0 \\ y|_{x=0} = 6, y'|_{x=0} = 10 \end{cases};$ $\qquad (2) \begin{cases} 4y'' + 4y' + y = 0 \\ y|_{x=0} = 2, y'|_{x=0} = 0 \end{cases};$

$(3) \begin{cases} y'' - 3y' - 4y = 0 \\ y|_{x=0} = 0, y'|_{x=0} = -5 \end{cases};$ $\qquad (4) \begin{cases} y'' + 4y' + 29y = 0 \\ y|_{x=0} = 0, y'|_{x=0} = 15 \end{cases}.$

第7章 向量代数与空间解析几何

在平面解析几何中,通过平面直角坐标系建立了平面内的点与二元有序实数对之间的一一对应关系,从而建立了平面图形与二元方程的对应关系,使我们可以用代数方法来研究几何问题.类似地,我们可以通过建立空间直角坐标系,把空间的图形与方程或方程组建立对应关系,利用代数方法来研究空间图形的性质.

由于学习多元函数微积分的需要,我们在本章介绍向量代数与空间解析几何的基本知识.

7.1 向　　量

向量是研究空间几何图形的重要工具,利用向量能够更简捷地解决一些几何问题,在建立直角坐标系以后,向量和坐标可以相互转化,本节我们介绍向量及其基本运算.

7.1.1 向量的概念

只有大小的量称为数量,也称为标量,如长度、质量、功等.在很多情况下,我们所遇到的量不是数量.例如,物体的移动、植物的生长,既有快慢之分也有方向之分;拳击运动员打拳时的用力,有轻重之分也有方向之分;还有射箭、刮风和打炮等,都是既和大小有关又和方向有关的问题.我们把这种既有方向又有大小的量称为向量,也叫作矢量.

通常用带有方向的线段来表示向量,这种线段称为有向线段.

普通线段 AB:A—B;

有向线段 $\overrightarrow{AB}$:$A \to B$.

有向线段的长度表示向量的大小,有向线段的方向表示向量的方向.

7.1.2　空间直角坐标系

过空间一定点 O，作三条相互垂直的数轴，它们都以点 O 为原点且一般具有相同的长度单位.这三条轴分别称为 x 轴（横轴）、y 轴（纵轴）、z 轴（竖轴），统称为坐标轴，定点 O 称为坐标原点.

坐标轴的正向通常符合右手法则，即以右手握住 z 轴，当右手的四个手指从 x 轴的正半轴以 $\pi/2$ 角度转向 y 轴的正半轴时，大拇指所指方向就是 z 轴的正向（图 7.1.1），这样的三条坐标轴就构成了空间直角坐标系.

在空间直角坐标系中，两条坐标轴所确定的平面称为坐标面，分别为 xOy 面、yOz 面、zOx 面，通常取 xOy 面位于水平位置，z 轴竖直向上.三个坐标面将空间分为八个部分，每一部分别称为卦限，含有 z 轴、x 轴与 y 轴正半轴的那个卦限称为第一卦限，八个卦限的编号分别用 Ⅰ，Ⅱ，Ⅲ，Ⅳ，Ⅴ，Ⅵ，Ⅶ，Ⅷ 表示（图 7.1.2）.

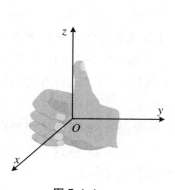

图 7.1.1

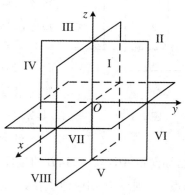

图 7.1.2

在空间直角坐标系下，如何来表示空间中点的坐标呢?设 M 为空间一已知点，过 M 作三个平面分别垂直于 x 轴、y 轴与 z 轴，这三个平面与 x 轴、y 轴与 z 轴交于 P,Q,R 三点（图7.1.3）.点 P,Q,R 在 x 轴，y 轴与 z 轴的坐标依次为 x,y,z，于是由空间中一点 M 就唯一地确定了一个三元有序实数组 x,y,z；反过来，已知一个三元有序实数组 x,y,z，则可在 x 轴，y 轴，z 轴上分别取坐标依次为 x,y,z 的点 P,Q,R，再过点 P，

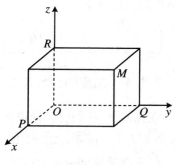

图 7.1.3

Q,R 分别作 x 轴，y 轴与 z 轴的垂直平面，这三个垂直平面的交点 M 便是由三元有序实数组 x,y,z 所确定的唯一的点. 这样就建立了空间点 M 与三元有序实数组 (x,y,z) 之间的一一对应关系，我们把这组数称为点 M 的坐标，记为 $M(x,y,z)$，并依次称 x,y 和 z 为点 M 的横坐标、纵坐标和竖坐标. 特别地，原点的坐标为 $(0,0,0)$，x 轴，y 轴与 z 轴上的点的坐标分别为 $(x,0,0)$，$(0,y,0)$，$(0,0,z)$，三个坐标面上点的坐标分别为 $(x,y,0)$，$(0,y,z)$，$(x,0,z)$.

7.1.3　向量的坐标表示

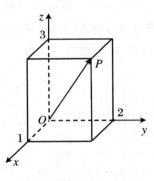

图 7.1.4

在数学上研究向量，我们只关心其大小与方向，不在乎其位置，所以只要是大小和方向都相同的向量就可以认为是同一个向量. 这样，我们就可以把所有向量的起点都平移到坐标原点（这样并没有改变这个向量），这时只要确定一个向量的终点就可以确定这个向量了（包括大小和方向），即起点在原点的向量与空间中的点（或点的坐标）是一一对应的. 因此，可以用向量终点的坐标来表示一个向量，如起点在原点 $O(0,0,0)$，终点在点 $P(1,2,3)$ 的向量 $\overrightarrow{OP}$ 可以用坐标 $\{1,2,3\}$ 来表示，记作 $\overrightarrow{OP}=\{1,2,3\}$，如图 7.1.4 所示.

对于起点不在坐标原点的向量，如何用坐标表示呢？如已知向量 $\overrightarrow{AB}$，其中 A,B 的坐标分别为 $(1,1,1)$，$(2,3,4)$，通过把点 A 平移到坐标原点 O，则点 B 相应地平移到 $P(1,2,3)$，即有 $\overrightarrow{AB}=\overrightarrow{OP}=\{1,2,3\}$.

一般地，设有向量 $\overrightarrow{AB}$，其中 A,B 的坐标分别为 (x_1,y_1,z_1)，(x_2,y_2,z_2)，则向量 $\overrightarrow{AB}$ 的坐标表示为

$$\overrightarrow{AB}=\{x_2-x_1,y_2-y_1,z_2-z_1\}$$

7.1.4　向量的线性运算

在几何上，我们已经知道向量加法的平行四边形法则和向量减法的三角形法则，如图 7.1.5 所示，$\overrightarrow{AB}+\overrightarrow{AC}=\overrightarrow{AD}$，$\overrightarrow{AB}-\overrightarrow{AC}=\overrightarrow{CB}$.

引入向量的坐标表示以后，可以通过代数方法来计算两个向量的和与差，使向量的加、减运算统一起来，形式上也变得非常简单.

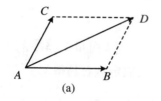 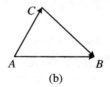

图 7.1.5

设向量 $\overrightarrow{AB} = \{x_1, y_1, z_1\}$, $\overrightarrow{CD} = \{x_2, y_2, z_2\}$, 则 $\overrightarrow{AB}$ 与 $\overrightarrow{CD}$ 的和与差也是向量, 且有

$$\overrightarrow{AB} \pm \overrightarrow{CD} = \{x_1, y_1, z_1\} \pm \{x_2, y_2, z_2\}$$
$$= \{x_1 \pm x_2, y_1 \pm y_2, z_1 \pm z_2\}$$

再看向量的数乘运算.

设向量 $\overrightarrow{AB} = \{x, y, z\}$, 则 $\overrightarrow{AB}$ 与一个实数 λ 的乘积也是一个向量, 记为 $\lambda \cdot \overrightarrow{AB}$. 这个向量的坐标形式是 $\{\lambda x, \lambda y, \lambda z\}$, 即

$$\lambda \cdot \overrightarrow{AB} = \lambda \cdot \{x, y, z\} = \{\lambda x, \lambda y, \lambda z\}$$

其几何意义是在原方向($\lambda > 0$)上伸长或缩短 $|\lambda|$ 倍, 或在反方向($\lambda < 0$)上伸长或缩短 $|\lambda|$ 倍.

一般地, 对于向量 $\boldsymbol{a} = \{x_1, y_1, z_1\}$, $\boldsymbol{b} = \{x_2, y_2, z_2\}$ 和实数 λ, μ, 有下面的运算性质:

$$\lambda\boldsymbol{a} + \mu\boldsymbol{b} = \lambda\{x_1, y_1, z_1\} + \mu\{x_2, y_2, z_2\}$$
$$= \{\lambda x_1 + \mu x_2, \lambda y_1 + \mu y_2, \lambda z_1 + \mu z_2\}$$

由于向量的加减、数乘运算与代数式运算有着相同的线性运算性质, 因此我们把向量的加法、减法运算, 向量与实数的乘法运算统称为向量的线性运算.

例 7.1.1　设 $\overrightarrow{AB} = \{2, 0, -1\}$, $\overrightarrow{CD} = \{1, 2, 3\}$ 求 $\overrightarrow{AB} + \overrightarrow{CD}$, $\overrightarrow{AB} - \overrightarrow{CD}$, $3\overrightarrow{AB}$.

解　易知

$$\overrightarrow{AB} + \overrightarrow{CD} = \{2, 0, -1\} + \{1, 2, 3\} = \{3, 2, 2\}$$
$$\overrightarrow{AB} - \overrightarrow{CD} = \{2, 0, -1\} - \{1, 2, 3\} = \{1, -2, -4\}$$
$$3\overrightarrow{AB} = 3 \times \{2, 0, -1\} = \{6, 0, -3\}$$

7.1.5   向量的模与方向余弦

设空间有两点 $M_1(x_1, y_1, z_1)$，$M_2(x_2, y_2, z_2)$，向量 $\overrightarrow{M_1M_2}$ 的模（长度）就是向量的起点到终点的距离，记作 $|\overrightarrow{M_1M_2}|$．由勾股定理容易得出

$$|\overrightarrow{M_1M_2}| = \sqrt{(x_2 - x_1)^2 + (y_2 - y_1)^2 + (z_2 - z_1)^2}$$

特别地，向量 $\overrightarrow{OM}$ 的模为 $|\overrightarrow{OM}| = \sqrt{x^2 + y^2 + z^2}$，其中 M 点的坐标为 (x, y, z)．长度为 1 的向量称为单位向量，长度为 0 的向量称为零向量．

注 7.1.1   由向量的数乘运算，向量 $\overrightarrow{OP} = \{x, y, z\}$ 也可以表示为 $x\boldsymbol{i} + y\boldsymbol{j} + z\boldsymbol{k}$，其中 $\boldsymbol{i}, \boldsymbol{j}, \boldsymbol{k}$ 分别是沿 x 轴，y 轴与 z 轴正向的单位向量．

设有非零向量 $\boldsymbol{a} = \{x, y, z\}$，它与三个坐标轴正向的夹角分别为 α, β, γ，称之为向量 $\boldsymbol{a}$ 的方向角，$\cos\alpha, \cos\beta, \cos\gamma$ 称为向量 $\boldsymbol{a}$ 的方向余弦．根据余弦的定义，易知 $\cos\alpha = \dfrac{x}{r}$，$\cos\beta = \dfrac{y}{r}$，$\cos\gamma = \dfrac{z}{r}$，其中 $r = \sqrt{x^2 + y^2 + z^2}$．

显然，向量的方向余弦满足 $\cos^2\alpha + \cos^2\beta + \cos^2\gamma = 1$．

例 7.1.2   已知空间中两点 $M_1(2, 2, \sqrt{2})$，$M_2(1, 3, 0)$，求 $\overrightarrow{M_1M_2}$ 的模、方向余弦，并求与 $\overrightarrow{M_1M_2}$ 平行的单位向量．

解   易知

$$\overrightarrow{M_1M_2} = \{-1, 1, -\sqrt{2}\}, \quad |\overrightarrow{M_1M_2}| = \sqrt{(-1)^2 + 1^2 + (-\sqrt{2})^2} = 2$$

方向余弦为

$$(\cos\alpha, \cos\beta, \cos\gamma) = \left(-\frac{1}{2}, \frac{1}{2}, -\frac{\sqrt{2}}{2}\right)$$

与 $\overrightarrow{M_1M_2}$ 平行的单位向量为

$$\overrightarrow{M_1M_2}^0 = \pm\frac{\overrightarrow{M_1M_2}}{|\overrightarrow{M_1M_2}|} = \pm\frac{1}{2}\{-1, 1, -\sqrt{2}\}$$

7.1.6   向量的数量积

先看一个做功的问题．一物体在常力 $\boldsymbol{F}$ 作用下沿直线从 M_1 移动到 M_2，即有位移 $\boldsymbol{s} = \overrightarrow{M_1M_2}$．若力 $\boldsymbol{F}$ 与位移 $\boldsymbol{s}$ 的夹角为 θ（图 7.1.6），则由物理学知，力 $\boldsymbol{F}$ 所做的功为

$$W = |\boldsymbol{F}| \cdot |\boldsymbol{s}| \cdot \cos\theta.$$

一般地，对于两个向量 $\boldsymbol{a} = \{x_1, y_1, z_1\}$，$\boldsymbol{b} = \{x_2, y_2, z_2\}$，$\boldsymbol{a}$ 与 $\boldsymbol{b}$ 的夹角为 θ，

称 $|a||b|\cos\theta$ 为向量 a 与 b 的数量积,也称为点积或内积,这种乘法叫作向量 a 与 b 的点乘.

易见

$$a\perp b\Leftrightarrow a\cdot b=0,\quad a\cdot b=|a||b|\cos\theta$$

由数量积的定义,不难得到点乘的运算律:

交换律 $a\cdot b=b\cdot a$;

分配律 $(a+b)\cdot c=a\cdot c+b\cdot c$;

结合律 $(\lambda a)\cdot b=\lambda(a\cdot b)$.

由向量数量积的运算性质可以得到点乘的坐标
公式:

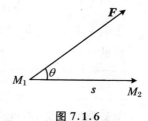

图 7.1.6

$$a\cdot b=x_1x_2+y_1y_2+z_1z_2$$

7.1.7 向量的向量积

再看一个求力矩的问题.设 O 为杠杆 L 的支点,有一力 F 作用于杠杆的 P 点处,F 与 $\overrightarrow{OP}$ 的夹角为 θ(图7.1.7).由物理学知,力 F 对支点 O 的力矩是向量,记为 M,它的模 $|M|=|\overrightarrow{OQ}||F|=|\overrightarrow{OP}||F|\sin\theta$.

而 M 的方向垂直于 F 与 $\overrightarrow{OP}$ 所确定的平面,M 的指向是按右手规则,从 $\overrightarrow{OP}$ 以不超 π 角转向 F 来确定的,即当右手的四个手指从 $\overrightarrow{OP}$ 以不超过 π 角转向 F 握拳时,大拇指的指向就是 M 的方向(图7.1.8).

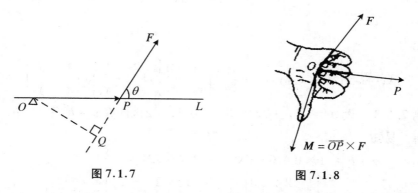

图 7.1.7 图 7.1.8

一般地,我们给出两个向量的向量积的概念.设有向量 $a=\{x_1,y_1,z_1\}$,$b=\{x_2,y_2,z_2\}$,规定 $a\times b$ 为一个向量,记作 $c=a\times b$,称为向量 a 与 b 的向量积,

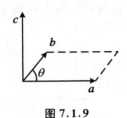

图 7.1.9

也叫作叉积或外积,这种乘法称为向量的叉乘. 其中向量 c 的大小和方向分别按如下方式来确定(图 7.1.9):

(1) 大小: $|c| = |a \times b| = |a||b|\sin\theta$,其中 θ 为这两个向量的夹角;

(2) 方向: $c = a \times b$ 垂直于 a, b 所确定的平面,并且 a, b, $a \times b$ 构成右手系.

注 7.1.1　$|c|$ 即是以 a, b 为邻边的平行四边形的面积.

易见

$$a // b \quad \Leftrightarrow \quad a \times b = 0$$

由叉乘的定义,不难得到其运算律:

反交换律　$a \times b = -b \times a$;

分配律　$(a + b) \times c = a \times c + b \times c$;

结合律　$(\lambda a) \times b = \lambda(a \times b)$.

代入向量的坐标表示,可以得到

$$\begin{aligned}
a \times b &= \{x_1, y_1, z_1\} \times \{x_2, y_2, z_2\} \\
&= (x_1 i + y_1 j + z_1 k) \times (x_2 i + y_2 j + z_2 k) \\
&= (y_1 z_2 - z_1 y_2)i + (z_1 x_2 - x_1 z_2)j + (x_1 y_2 - x_2 y_1)k
\end{aligned}$$

为了方便记忆,利用三阶行列式,上式可以写成

$$a \times b = \begin{vmatrix} i & j & k \\ x_1 & y_1 & z_1 \\ x_2 & y_2 & z_2 \end{vmatrix}$$

或者记为

$$\{x_1, y_1, z_1\} \times \{x_2, y_2, z_2\} = \left\{ \begin{vmatrix} y_1 & z_1 \\ y_2 & z_2 \end{vmatrix}, \begin{vmatrix} z_1 & x_1 \\ z_2 & x_2 \end{vmatrix}, \begin{vmatrix} x_1 & y_1 \\ x_2 & y_2 \end{vmatrix} \right\}$$

例 7.1.3　设 $a = \{1, -2, 3\}$, $b = \{0, 1, -2\}$,计算 $a \cdot b$ 及 $a \times b$.

解　易知

$$a \cdot b = 1 \times 0 + (-2) \times 1 + 3 \times (-2) = -8$$

$$a \times b = \left\{ \begin{vmatrix} -2 & 3 \\ 1 & -2 \end{vmatrix}, \begin{vmatrix} 3 & 1 \\ -2 & 0 \end{vmatrix}, \begin{vmatrix} 1 & -2 \\ 0 & 1 \end{vmatrix} \right\} = \{1, 2, 1\}$$

例 7.1.4　已知三点 $A(-1, 2, 3)$, $B(1, 1, 1)$, $C(0, 0, 5)$,求 $\angle ABC$ 及 $\triangle ABC$

的面积 S.

解　易知

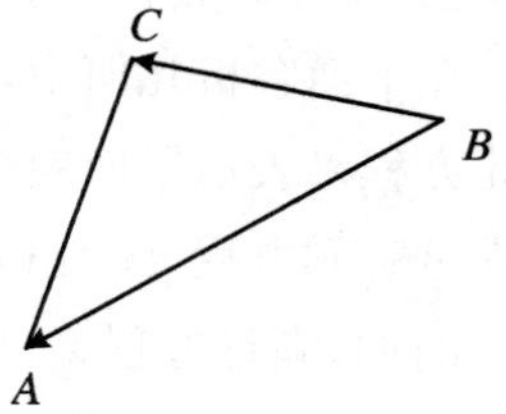

$$\vec{BA} = \{-1-1, 2-1, 3-1\} = \{-2, 1, 2\}$$

$$\vec{BC} = \{0-1, 0-1, 5-1\} = \{-1, -1, 4\}$$

$$\vec{BA} \cdot \vec{BC} = (-2) \times (-1) + 1 \times (-1) + 2 \times 4 = 9$$

$$|\vec{BA}| = \sqrt{(-2)^2 + 1^2 + 2^2} = 3$$

$$|\vec{BC}| = \sqrt{(-1)^2 + (-1)^2 + 4^2} = 3\sqrt{2}$$

图 7.1.10

考虑到 $\vec{BA} \cdot \vec{BC} = |BA||BC| \cos \angle ABC$，所以

$$\cos \angle ABC = \frac{\vec{BA} \cdot \vec{BC}}{|\vec{BA}| \cdot |\vec{BC}|} = \frac{9}{3 \times 3\sqrt{2}} = \frac{\sqrt{2}}{2}$$

因此，$\angle ABC = \dfrac{\pi}{4}$.

由于

$$|\vec{BA} \times \vec{BC}| = |BA| \cdot |BC| \cdot \sin \angle ABC$$

所以 $\triangle ABC$ 的面积

$$S = \frac{1}{2} |\vec{BA}||\vec{BC}| \sin \angle ABC = \frac{1}{2} \times 3 \times 3\sqrt{2} \times \frac{\sqrt{2}}{2} = \frac{9}{2}$$

另外，也可以这样计算 $\triangle ABC$ 的面积：

$$S = \frac{1}{2} |\vec{BA}||\vec{BC}| \sin \angle ABC = \frac{1}{2} |\vec{BA} \times \vec{BC}|$$

其中

$$\vec{BA} \times \vec{BC} = \{-2, 1, 2\} \times \{-1, -1, 4\} = \{6, 6, 3\}$$

所以

$$S = \frac{1}{2} |\{6, 6, 3\}| = \frac{9}{2}$$

7.2　曲　　面

7.2.1　曲面及其方程

地球的表面、山坡的表面、肥皂泡的表面、热气球的表面等都给我们一种曲面的印象,怎样用方程来表示这些曲面呢?

在平面解析几何中,我们建立了平面曲线与二元方程的对应关系,学习了利用二元方程来表示平面曲线,并研究其性质.同理,在空间直角坐标系中,我们可以考虑满足三元方程 $g(x,y,z) = 0$ 的点的轨迹是怎样的图形.

例如,满足方程 $x^2 + y^2 + z^2 = r^2(r > 0)$ 的空间点的轨迹就是以原点为球心、r 为半径的球面,因此可以用方程 $x^2 + y^2 + z^2 = r^2$ 来表示这个球面.

一般地,如果曲面 S 与三元方程 $F(x,y,z) = 0$ 有下述关系:

(1) 曲面 S 上任一点的坐标都满足方程 $F(x,y,z) = 0$;

(2) 不在曲面 S 上的点的坐标都不满足方程 $F(x,y,z) = 0$,那么,方程 $F(x,y,z) = 0$ 就叫作曲面 S 的方程,曲面 S 就叫作该方程的曲面.

又如方程 $z = \sin xy$ 所表示的曲面如图 7.2.1 所示.

图 7.2.1

在这一节中,我们主要讨论一些特殊曲面的方程,如柱面、旋转曲面、二次曲面等.

7.2.2 柱面

例 7.2.1 试建立底面圆半径为 r 的圆柱面的方程.

解 如图 7.2.2 所示,以圆柱的中心轴为 z 轴建立空间直角坐标系,点 $M(x,y,z)$ 为圆柱面上任一点.显然点 M 到 z 轴的距离 $|MQ| = r$,即

$$\sqrt{(x-0)^2 + (y-0)^2 + (z-z)^2} = r$$

化简得 $x^2 + y^2 = r^2$,这就是所求圆柱面的方程.

换个角度来看,圆柱面 $x^2 + y^2 = r^2$ 可以看作是由圆柱的母线 MN 沿底面圆周 C 平行移动所形成的,其中底面圆周 C 的方程是

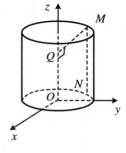

图 7.2.2

$$x^2 + y^2 = r^2, \quad z = 0$$

我们把底面圆周 C 称为圆柱面的准线.

一般地,动直线 L 沿给定曲线 C 平行移动所形成的曲面称为柱面,动直线 L 称

为柱面的母线,给定的曲线 C 称为柱面的准线.

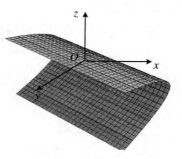

　　类似例 7.2.1 的做法,不难看出,准线为 xOy 平面上的曲线 $f(x,y) = 0$ 且 $z = 0$,母线平行于 z 轴的柱面方程为 $f(x,y) = 0$.

　　同理,方程 $f(x,z) = 0$ 表示以 $f(x,z) = 0$, $y = 0$ 为准线,母线平行 y 轴的柱面;方程 $f(y,z) = 0$ 表示以 $f(y,z) = 0$, $x = 0$ 为准线,母线平行 x 轴的柱面.

图 7.2.3

　　如 $y = z^2$ 就是母线平行于 x 轴的抛物柱面(图 7.2.3).

7.2.3　旋转曲面

　　一条平面曲线 C,绕同一平面上的定直线 L 旋转一周所成的曲面称为旋转曲面.曲线 C 称为旋转曲面的母线,定直线 L 称为此旋转曲面的旋转轴.

　　以下只给出母线在坐标平面上,旋转轴是坐标轴的旋转曲面的方程.设曲线 C 是 yOz 平面上一条已知曲线,它在 yOz 平面上的方程是 $f(y,z) = 0$,求此曲线 C 绕 z 轴旋转一周所形成的旋转曲面 Σ 的方程(图 7.2.4).

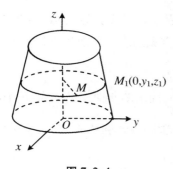

　　设 $M(x,y,z)$ 是曲面 Σ 上任一点,设这点是由母线上的点 $M_1(0,y_1,z_1)$ 旋转一定的角度而得到的,则点 M 与 M_1 有着相同的 z 坐标,即 $z_1 = z$.又它们到 z 轴的距离相等,即 $\sqrt{x^2 + y^2} = \sqrt{0^2 + y_1^2}$,

图 7.2.4

所以有 $z_1 = z$, $y_1 = \pm\sqrt{x^2 + y^2}$.因为点 M_1 是母线 $f(y,z) = 0$ 上的点,所以 $f(y_1,z_1) = 0$,即

$$f(\pm\sqrt{x^2 + y^2}, z) = 0$$

就是旋转曲面 Σ 的方程.

　　同理,平面曲线 $C: f(y,z) = 0$, $x = 0$,绕 y 轴旋转一周所得旋转曲面的方程为

$$f(y, \pm\sqrt{x^2 + z^2}) = 0$$

　　例 7.2.2　将 yOz 平面上的椭圆 $\dfrac{y^2}{a^2} + \dfrac{z^2}{b^2} = 1$ 分别绕 z 轴和 y 轴旋转,求所形

成的旋转曲面的方程.

解 绕 z 轴旋转所形成的曲面的方程为

$$\frac{x^2 + y^2}{a^2} + \frac{z^2}{b^2} = 1$$

绕 y 轴旋转所形成的曲面的方程为

$$\frac{y^2}{a^2} + \frac{x^2 + z^2}{b^2} = 1$$

我们把由椭圆绕其对称轴旋转得到的旋转曲面称为旋转椭球面,如图 7.2.5 所示.

例 7.2.3 求 yOz 平面上直线 $z = kx$ 绕 z 轴旋转一周所形成的圆锥面的方程.

解 所求圆锥面的方程为 $z = k(\pm\sqrt{x^2 + y^2})$,即

$$z^2 = k^2(x^2 + y^2).$$

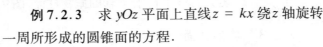

图 7.2.5

7.2.4 常见的二次曲面

以上所讨论的球面、圆柱面、旋转椭球面等的方程都是二次方程的形式,我们把这一类曲面统称为二次曲面.下面简单地给出一些常见的二次曲面的方程.

1. 椭球面

由方程 $\frac{x^2}{a^2} + \frac{y^2}{b^2} + \frac{z^2}{c^2} = 1$ ($a > 0, b > 0, c > 0$) 所确定的曲面是椭球面,a,b,c 称为椭球面的半轴.当 $a = b$ 时,得到的旋转轴为 z 轴的旋转椭球面;当 $a = b = c$ 时,得到的球心在原点、半径为 a 的球面.

2. 抛物面

抛物面分为两类,一类是椭圆抛物面(图 7.2.6),标准方程为 $z = \frac{x^2}{a^2} + \frac{y^2}{b^2}$;另一类是双曲抛物面,也叫作马鞍面(图 7.2.7),标准方程为 $z = \frac{x^2}{a^2} - \frac{y^2}{b^2}$.

用平行于 z 轴的平面去截椭圆抛物面,得到的截线是抛物线;用垂直于 z 轴的平面去截椭圆抛物面,得到的是椭圆.对于上述双曲抛物面,用垂直于 x 轴或 y 轴的平面都将截得抛物线;而用垂直于 z 轴的平面就会截得双曲线(或两条直线).这种通过"截横"来研究曲面形状的方法称为截横法.

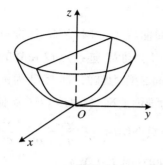

图 7.2.6

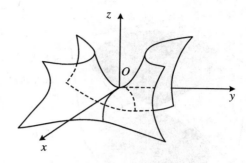

图 7.2.7

3. 双曲面

将 yOz 平面上的双曲线 $\dfrac{y^2}{a^2} - \dfrac{z^2}{c^2} = 1$ 绕 z 轴旋转一周，得到的是单叶旋转双曲面，方程为 $\dfrac{x^2 + y^2}{a^2} - \dfrac{z^2}{c^2} = 1$（图 7.2.8）. 这个曲面如果沿 x 轴方向或 y 轴方向进行压缩或拉伸就得到一般的单叶双曲面 $\dfrac{x^2}{a^2} + \dfrac{y^2}{b^2} - \dfrac{z^2}{c^2} = 1$.

同样，将 yOz 平面上的双曲线 $\dfrac{y^2}{a^2} - \dfrac{z^2}{c^2} = 1$ 绕 y 轴旋转一周，则得到旋转双叶双曲面 $\dfrac{y^2}{a^2} - \dfrac{x^2 + z^2}{c^2} = 1$（图 7.2.9），再沿 x 轴方向或 z 轴方向进行一些伸缩就得到一般的双叶双曲面 $\dfrac{y^2}{a^2} - \dfrac{x^2}{b^2} - \dfrac{z^2}{c^2} = 1$.

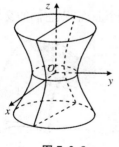

图 7.2.8

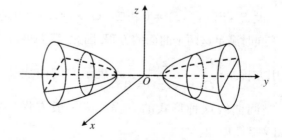

图 7.2.9

同样可以用截横法来研究双曲面的形状.

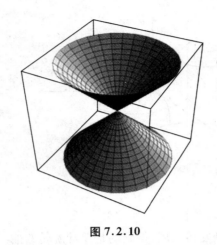

图 7.2.10

4. 二次锥面

给定一条空间曲线 C 和不在 C 上的一点 O, 当点 M 沿曲线 C 运动时, 连接点 O 和 M 的直线 OM 形成的曲面 Σ 称为锥面, 称点 O 为锥面的顶点, 曲线 C 为锥面的准线, 直线 OM 为锥面的母线. 我们这里只介绍由方程 $\dfrac{x^2}{a^2} + \dfrac{y^2}{b^2} - \dfrac{z^2}{c^2} = 0$ 所确定的二次锥面 (图 7.2.10).

这个二次锥面可以看作是圆锥面 (方程为 $\dfrac{x^2}{a^2} + \dfrac{y^2}{a^2} - \dfrac{z^2}{c^2} = 0$) 沿着垂直于轴线的方向做一些伸缩所得到的.

7.3　空 间 曲 线

空间曲线可以看作是空间中两个曲面的交线, 当然也可以看作是空间中某动点的运动轨迹. 从这两种观点来考察空间曲线, 我们将给出空间曲线的一般方程和参数方程.

7.3.1　空间曲线的一般方程

设 $\Sigma_1 : F(x, y, z) = 0$ 和 $\Sigma_2 : G(x, y, z) = 0$ 是空间中两个曲面, 则它们的交线 Γ 应该同时满足这两个曲面的方程. 因此, 我们可以用方程组 $\begin{cases} F(x, y, z) = 0 \\ G(x, y, z) = 0 \end{cases}$ 来表示空间曲线 Γ, 空间曲线这种形式的方程称为一般方程 (图 7.3.1).

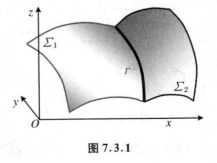

图 7.3.1

例 7.3.1　方程组 $\begin{cases} x^2 + y^2 + z^2 = 25 \\ z = 3 \end{cases}$ 表示什么样的图形?

解　方程 $x^2 + y^2 + z^2 = 25$ 表示球心在原点、半径为 5 的球面, 方程 $z = 3$ 表

示到 xOy 平面距离为 3、在 xOy 平面上方的平面, 所以, 原方程组表示上述两个曲面的交线, 即球心在原点、半径为 5 的球面上的一个小圆周, 这个小圆周所在平面平行于 xOy 平面, 且到 xOy 平面距离为 3(图 7.3.2).

例 7.3.2　方程组

$$\begin{cases} x^2 + y^2 + z^2 = (2R)^2 \\ (x - R)^2 + y^2 = R^2 \end{cases}$$

表示什么样的图形?

解　方程 $x^2 + y^2 + z^2 = (2R)^2$ 表示球心在原点、半径为 $2R$ 的球面, 方程 $(x - R)^2 + y^2 = R^2$ 表示母线平行 z 轴的圆柱面, 所以, 原方程组表示圆柱面和球面的交线(图 7.3.3), 我们称这条曲线为维维安尼曲线.

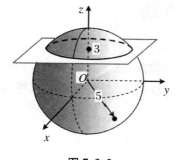

图 7.3.2

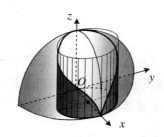

图 7.3.3

7.3.2　曲线的参数方程

把空间曲线看成是动点的运动轨迹, 就会得到空间曲线的参数方程

$$\begin{cases} x = x(t) \\ y = y(t) \\ z = z(t) \end{cases}$$

如圆柱螺线的方程为

$$\begin{cases} x = a\cos t \\ y = a\sin t \\ z = bt \end{cases}$$

其中 a, b 为常数且都不为零(图 7.3.4).

当然, 圆柱螺线也可以看成是正螺面与圆柱面的交线

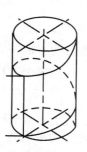

图 7.3.4

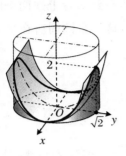

图 7.3.5

$$\begin{cases} y = x\tan\dfrac{z}{b} \\ x^2 + y^2 = a^2 \end{cases}$$

再如,由参数方程

$$\begin{cases} x = \cos t + \sin t \\ y = \cos t - \sin t \\ z = 1 - \sin 2t \end{cases}$$

所确定的曲线其实是圆柱面 $x^2 + y^2 = 2$ 与抛物柱面 $y^2 = z$ 的交线(图 7.3.5).

7.4　平面与直线

平面与直线是空间中最简单、最重要的曲面和曲线,这里我们主要以向量为工具,通过建立平面与直线的方程,来研究平面与平面、直线与直线以及直线与平面的位置关系等问题.

7.4.1　平面的方程

我们知道,通过一个定点且与一条定直线垂直的平面是唯一确定的.

如图 7.4.1 所示,设点 $M_0(x_0, y_0, z_0)$ 为一定点,直线 l 为一确定的直线,平面 π 经过点 M_0 且 $l \perp \pi$,考虑平面 π 的方程.

设 $M(x, y, z)$ 是平面 π 上的任一点,向量 $\boldsymbol{n} = \{A, B, C\}$ 平行于直线 l,那么 $\overrightarrow{M_0M} \perp \boldsymbol{n}$,从而 $\overrightarrow{M_0M} \cdot \boldsymbol{n} = 0$,代入坐标,得

$$A(x - x_0) + B(y - y_0) + C(z - z_0) = 0$$

称之为平面 π 的点法式方程,其中 $\boldsymbol{n} = \{A, B, C\}$ 称为平面 π 的法向量.

在这个方程中,若记 $D = -(Ax_0 + By_0 + Cz_0)$,则得到的平面方程为

$$Ax + By + Cz + D = 0$$

称之为平面的一般方程.

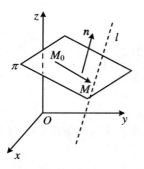

图 7.4.1

例 7.4.1　设一平面与 x,y,z 轴的交点分别为 $P(a,0,0),Q(0,b,0),R(0,0,c)$ $(abc \neq 0)$，求这个平面方程.

解　设平面方程为 $Ax + By + Cz + D = 0$，把点 P，Q,R 的坐标代入，解得

$$A = -\frac{D}{a}, \quad B = -\frac{D}{b}, \quad C = -\frac{D}{c}$$

代入一般方程，就得到 $D\left(\dfrac{x}{a} + \dfrac{y}{b} + \dfrac{z}{c}\right) = D$. 由于平面不过原点，$D \neq 0$，所以有

$$\frac{x}{a} + \frac{y}{b} + \frac{z}{c} = 1$$

这个方程称为平面的截距式方程，其中 a,b,c 叫作平面在坐标轴上的截距.

7.4.2　两平面间的关系

设有平面 $\pi_1 : A_1 x + B_1 y + C_1 z + D_1 = 0$，其法向量为 $\boldsymbol{n}_1 = \{A_1, B_1, C_1\}$；另有平面 $\pi_2 : A_2 x + B_2 y + C_2 z + D_2 = 0$，其法向量为 $\boldsymbol{n}_2 = \{A_2, B_2, C_2\}$. 则这两个平面的相互关系可以由它们的法向量决定，即有：

$$\pi_1 \text{ 平行于 } \pi_2 \iff \boldsymbol{n}_1 \text{ 平行于 } \boldsymbol{n}_2 \iff \frac{A_1}{A_2} = \frac{B_1}{B_2} = \frac{C_1}{C_2}$$

$$\pi_1 \perp \pi_2 \iff \boldsymbol{n}_1 \text{ 垂直于 } \boldsymbol{n}_2 \iff A_1 A_2 + B_1 B_2 + C_1 C_2 = 0$$

例 7.4.2　求平面 $\pi_1 : 2x - 2y + z - 3 = 0$ 与 $\pi_2 : 4x - y - z + 1 = 0$ 的夹角 θ.

解　这两个平面的法向量分别为 $\boldsymbol{n}_1 = \{2, -2, 1\}$，$\boldsymbol{n}_2 = \{4, -1, -1\}$，平面 π_1 与平面 π_2 的夹角即为 $\boldsymbol{n}_1$ 与 $\boldsymbol{n}_2$ 的夹角. 由 $\boldsymbol{n}_1 \cdot \boldsymbol{n}_2 = |\boldsymbol{n}_1| \cdot |\boldsymbol{n}_2| \cdot \cos\theta$，得

$$\cos\theta = \frac{\boldsymbol{n}_1 \cdot \boldsymbol{n}_2}{|\boldsymbol{n}_1| \cdot |\boldsymbol{n}_2|}$$

$$= \frac{\{2, -2, 1\} \cdot \{4, -1, -1\}}{\sqrt{2^2 + (-2)^2 + 1^2} \times \sqrt{4^2 + (-1)^2 + (-1)^2}}$$

$$= \frac{9}{3 \times 3\sqrt{2}} = \frac{1}{\sqrt{2}}$$

所以这两个平面的夹角 $\theta = \dfrac{\pi}{4}$.

一般地,如果设 π_1 与 π_2 的夹角为 θ,则 $\cos\theta = \dfrac{\boldsymbol{n}_1 \cdot \boldsymbol{n}_2}{|\boldsymbol{n}_1| \cdot |\boldsymbol{n}_2|}$.

7.4.3　点到平面的距离

利用向量的乘法运算,可以比较方便地解决有关直线平行和垂直的问题,对于空间中点到平面的距离,同样可以用向量的方法来处理.

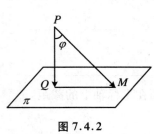

图 7.4.2

设点 $P(x_0, y_0, z_0)$ 是平面 $\pi: Ax + By + Cz + D = 0$ 外一点,$PQ \perp \pi$ 交于点 Q,点 P 到平面 π 的距离 $d = |PQ|$.在平面 π 上任取一点 $M(x, y, z)$,不妨取平面 π 的法向量 $\boldsymbol{n} = \overrightarrow{PQ}$,并设向量 $\overrightarrow{PM}$ 与向量 $\overrightarrow{PQ}$ 的夹角为 φ,则有

$$d = \big||\overrightarrow{PM}|\cos\varphi\big|$$

其中 $\cos\varphi = \dfrac{\overrightarrow{PQ} \cdot \overrightarrow{PM}}{|\overrightarrow{PQ}| \cdot |\overrightarrow{PM}|}$,所以

$$d = \frac{\overrightarrow{PQ} \cdot \overrightarrow{PM}}{|\overrightarrow{PQ}|} = \frac{|A(x - x_0) + B(y - y_0) + C(z - z_0)|}{\sqrt{A^2 + B^2 + C^2}}$$

又因为点 M 在平面 $\pi: Ax + By + Cz + D = 0$ 上,所以

$$|A(x - x_0) + B(y - y_0) + C(z - z_0)| = |Ax_0 + By_0 + Cz_0 + D|$$

从而得到点 $P(x_0, y_0, z_0)$ 到平面 $\pi: Ax + By + Cz + D = 0$ 的距离公式:

$$d = \frac{|Ax_0 + By_0 + Cz_0 + D|}{\sqrt{A^2 + B^2 + C^2}}$$

例 7.4.3　求点 $P(1, 2, 3)$ 到平面 $\pi: x + 2y - 2z - 5 = 0$ 的距离 d.

解　易知

$$d = \frac{|Ax_0 + By_0 + Cz_0 + D|}{\sqrt{A^2 + B^2 + C^2}}$$

$$= \frac{|1 \times 1 + 2 \times 2 - 2 \times 3 - 5|}{\sqrt{1^2 + 2^2 + (-2)^2}} = 2$$

7.4.4　直线的方程

如果把直线看作是平面 $\pi_1: A_1x + B_1y + C_1z + D_1 = 0$ 和 $\pi_2: A_2x + B_2y +$

$C_2 z + D_2 = 0$ 的交线, 则得到的直线方程为

$$\begin{cases} A_1 x + B_1 y + C_1 z + D_1 = 0 \\ A_2 x + B_2 y + C_2 z + D_2 = 0 \end{cases}$$

称之为直线的一般方程.

　　另外, 由于通过定点且与定直线平行的直线是唯一确定的, 我们可以考虑利用向量的平行关系来确定直线方程. 为方便起见, 我们把平行于直线的非零向量称为该直线的方向向量.

　　如图 7.4.3 所示, 设 $P(x_0, y_0, z_0)$ 是空间一定点, $\boldsymbol{s} = \{a, b, c\}$ 为一非零向量, 直线 l 过点 P, 且以 $\boldsymbol{s}$ 为方向向量, $M(x, y, z)$ 是直线 l 上的任一点, 则 $\overrightarrow{PM}$ 平行于 $\boldsymbol{s}$, 从而存在 $\lambda \in \mathbf{R}$, 使得 $\overrightarrow{PM} = \lambda \boldsymbol{s}$, 即有

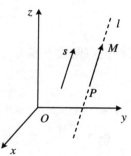

图 7.4.3

$$\frac{x - x_0}{a} = \frac{y - y_0}{b} = \frac{z - z_0}{c} = \lambda$$

由此得到直线的点向式方程:

$$\frac{x - x_0}{a} = \frac{y - y_0}{b} = \frac{z - z_0}{c}$$

也可以得到直线的参数方程:

$$\begin{cases} x = x_0 + a\lambda \\ y = y_0 + b\lambda \quad (-\infty < \lambda < \infty) \\ z = z_0 + c\lambda \end{cases}$$

　　例 7.4.4　求过点 $P(-1, 2, 3)$ 且与平面 $\pi: 2x - 4y + z = 0$ 垂直的直线 l 的方程.

　　解　平面 π 的法向量为 $\boldsymbol{n} = \{2, -4, 1\}$, 由 $l \perp \pi$ 知 $l \parallel \boldsymbol{n}$, 故可取直线 l 的方向向量 $\boldsymbol{s} = \boldsymbol{n} = \{2, -4, 1\}$, 所以直线 l 的方程为

$$\frac{x + 1}{2} = \frac{y - 2}{-4} = \frac{z - 3}{1}$$

　　例 7.4.5　求过两点 $P(2, -1, 0)$, $Q(5, 1-1)$ 的直线方程.

　　解　向量 $\overrightarrow{PQ} = \{3, 2, -1\}$ 即是直线的方向向量, 因此所求直线的方程为

$$\frac{x - 2}{3} = \frac{y + 1}{2} = \frac{z}{-1}$$

例 7.4.6　把直线 l 的一般方程 $\begin{cases} 2x - 3y + z = 0 \\ 3x - y - 2z + 5 = 0 \end{cases}$ 分别化为点向式方程和参数方程.

解　取 $z = t$ 为参数，可以解得 $\begin{cases} x = t - 15/7 \\ y = t - 10/7 \end{cases}$，从而得到直线的参数方程为

$$\begin{cases} x = t - 15/7 \\ y = t - 10/7 \quad (t\ 为参数) \\ z = t \end{cases}$$

直线的点向式方程为

$$\frac{x + \dfrac{15}{7}}{1} = \frac{y + \dfrac{10}{7}}{1} = \frac{z}{1}$$

例 7.4.7　求直线 $\dfrac{x-2}{3} = \dfrac{y+1}{2} = \dfrac{z}{-1}$ 与平面 $\pi: x + 2y + 3z - 4 = 0$ 的交点.

解　将直线 l 化成参数方程

$$\begin{cases} x = 2 + 3t \\ y = -1 + 2t \\ z = -t \end{cases}$$

代入平面 π 的方程，得

$$2 + 3t + 2(-1 + 2t) + 3(-t) - 4 = 0$$

解得 $t = 1$，代入直线 l 的参数方程，得交点的坐标为 $P(5, 1, -1)$.

7.4.5　两直线的位置关系

下面我们仍然利用向量的运算，考察空间两直线的位置关系，包括平行、垂直、共面及异面等.

设直线 l_1, l_2 的方向向量分别为 $\boldsymbol{s}_1 = \{a_1, b_1, c_1\}$ 和 $\boldsymbol{s}_2 = \{a_2, b_2, c_2\}$. 显然，直线 l_1, l_2 的平行（或垂直）等价于其方向向量 $\boldsymbol{s}_1, \boldsymbol{s}_2$ 的平行（或垂直），所以有：

$$\boxed{\begin{aligned} l_1 \text{ 平行于 } l_2 \quad &\Leftrightarrow \quad \boldsymbol{s}_1 \text{ 平行于 } \boldsymbol{s}_2 \quad \Leftrightarrow \quad \frac{a_1}{a_2} = \frac{b_1}{b_2} = \frac{c_1}{c_2} \\ l_1 \text{ 垂直于 } l_2 \quad &\Leftrightarrow \quad \boldsymbol{s}_1 \text{ 垂直于 } \boldsymbol{s}_2 \quad \Leftrightarrow \quad a_1 a_2 + b_1 b_2 + c_1 c_2 = 0 \end{aligned}}$$

再看空间两条直线共面及异面的问题. 如图 7.4.4 所示,从 l_1, l_2 上分别各取一点 M_1, M_2,并设向量 $n = \overrightarrow{M_1 M_2} = \{a, b, c\}$,则直线 l_1, l_2 共面等价于三向量 n,s_1, s_2 共面. 因为向量 $s_1 \times s_2$ 同时垂直于向量 s_1, s_2,故向量 $s_1 \times s_2$ 也和向量 n 垂直,即有:

$$l_1, l_2 \text{ 共面} \iff (s_1 \times s_2) \cdot n = 0 \iff \begin{vmatrix} a & b & c \\ a_1 & b_1 & c_1 \\ a_2 & b_2 & c_2 \end{vmatrix} = 0$$

注 7.4.1　两直线异面的充要条件就是上述行列式不等于零.

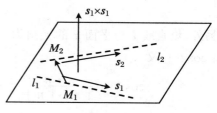

图 7.4.4

例 7.4.8　求两直线 $l_1: \dfrac{x-2}{1} = \dfrac{y+1}{-4} = \dfrac{z}{1}$ 与直线 $l_2: \dfrac{x+2}{2} = \dfrac{y-1}{-2} = \dfrac{z-3}{-1}$ 的夹角,并判断这两条直线是否共面.

解　这两条直线的方向向量分别为 $s_1 = \{3, 2, -1\}, s_2 = \{-2, 2, 3\}$.

先考虑向量 s_1, s_2 的夹角 θ:

$$\cos \theta = \frac{s_1 \cdot s_2}{|s_1||s_2|} = \frac{1}{\sqrt{2}} \implies \theta = \frac{\pi}{4}$$

显然,直线 l_1, l_2 的夹角也是 $\pi/4$.

注 7.4.2　如果向量 s_1, s_2 的夹角是钝角,则直线 l_1, l_2 的夹角取其补角.

要判断这两条直线是否共面,还要从 l_1 上取点 $P(2, -1, 0)$,从 l_2 上取点 $Q(-2, 1, 3)$,而得到向量 $n = \overrightarrow{PQ} = \{-4, 2, 3\}$. 下面就只要判断这三个向量 s_1,s_2, n 是否共面就可以了,因为行列式

$$\begin{vmatrix} 1 & -4 & 1 \\ 2 & -2 & -1 \\ -4 & 2 & 3 \end{vmatrix} = 0$$

所以这两条直线共面.

7.4.6　直线与平面的位置关系

设直线 l 的方向向量为 $s = \{a, b, c\}$,平面 π 的法向量为 $n = \{A, B, C\}$. 由于 $l \perp \pi \iff s \parallel n, l \parallel \pi \iff s \perp n$(图 7.4.5),所以

$$l \perp \pi \quad \Leftrightarrow \quad \frac{a}{A} = \frac{b}{B} = \frac{c}{C}$$

$$l \mathbin{/\!/} \pi \quad \Leftrightarrow \quad aA + bB + cC = 0$$

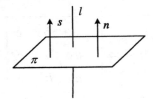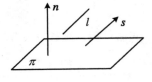

图 7.4.5

另外,设直线 l 与平面 π 的夹角为 φ,向量 s 与 n 的夹角为 θ,不难看出 $\sin \varphi = |\cos \theta|$,又

$$\cos \theta = \frac{s \cdot n}{|s| \cdot |n|} = \frac{aA + bB + cC}{\sqrt{a^2 + b^2 + c^2} \cdot \sqrt{A^2 + B^2 + C^2}}$$

所以,直线 l 与平面 π 的夹角 φ 满足关系式:

$$\sin \varphi = \frac{|aA + bB + cC|}{\sqrt{a^2 + b^2 + c^2} \cdot \sqrt{A^2 + B^2 + C^2}} \quad \left(0 \leqslant \varphi \leqslant \frac{\pi}{2}\right)$$

例 7.4.9　求直线 $l : \dfrac{x-2}{3} = \dfrac{y+1}{2} = \dfrac{z}{-1}$ 与平面 $\pi : x + 2y + 3z - 4 = 0$ 的夹角.

解　直线 l 的方向向量为 $s = \{3, 2, -1\}$,平面 π 的法向量为 $n = \{1, 2, 3\}$,所以它们的夹角 φ 满足

$$\sin \varphi = \frac{4}{\sqrt{14} \cdot \sqrt{14}} = \frac{2}{7}, \quad 即 \quad \varphi = \arcsin \frac{2}{7}$$

例 7.4.10　求点 $P(2, -1, 0)$ 到直线 $l : \dfrac{x+2}{-1} = \dfrac{y-1}{2} = \dfrac{z-3}{3}$ 的距离.

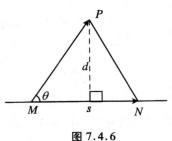

图 7.4.6

解　如图 7.4.6 所示,在直线 l 上取一点 $M(-2, 1, 3)$,得到向量 $\overrightarrow{MP} = \{4, -2, -3\}$.又直线的方向向量为 $s = \{-1, 2, 3\}$,在直线 l 上另取一点 N,使得 $\overrightarrow{MN} = s$.考虑 $\triangle PMN$ 的面积 S.一方面,

$$S = \frac{1}{2}|MN| \cdot d = \frac{1}{2}|s| \cdot d$$

另一方面，

$$S = \frac{1}{2}|MN| \cdot |MP| \sin\theta = \frac{1}{2}|\overrightarrow{MN} \times \overrightarrow{MP}| = \frac{1}{2}|s \times \overrightarrow{MP}|$$

所以

$$d = \frac{|s \times \overrightarrow{MP}|}{|s|}$$

其中

$$|\overrightarrow{MP} \times s| = \sqrt{117}, \quad |s| = \sqrt{14}$$

故有

$$d = \frac{\sqrt{117}}{\sqrt{14}}$$

注 7.4.3　$d = \dfrac{|s \times \overrightarrow{MP}|}{|s|}$ 可以作为公式来计算点到直线的距离.

习　　题　　7

1. 如果向量 $\overrightarrow{P_1P_2} = \{a,b,c\}$ 的起点为 $P_1(x_1,y_1,z_1)$，求终点 P_2 的坐标.

2. 已知 $\triangle ABC$ 的三个顶点坐标分别为 $A(3,2,-5)$，$B(1,-4,3)$，$C(-3,0,1)$，求各边中点的坐标.

3. 一棱长为 a 的立方体放置在 xOy 坐标面上，其底面的中心在坐标原点，底面的顶点分别在 Ox 轴和 Oy 轴上，求其各顶点的坐标.

4. 写出点 $P(1,-2,3)$ 分别关于三个坐标平面和三条坐标轴的对称点的坐标.

5. 已知 $M_1(4,\sqrt{2},1)$，$M_2(3,0,2)$，计算向量 $\overrightarrow{M_1M_2}$ 的模、方向余弦和方向角.

6. 证明：以三点 $A(4,1,9)$，$B(10,-1,6)$，$C(2,4,3)$ 为顶点的三角形是等腰直角三角形.

7. 如果平面上的一个四边形的对角线互相平分，试用向量证明它是平行四边形.

8. 设 $a = 3i - j - 2k$，$b = i + 2j - k$，求：

(1) $a \cdot b$ 及 $a \times b$；

(2) $(-2a) \cdot (3b)$ 及 $a \times (2b)$；

(3) $\cos(a,b)$.

9. 已知向量 $a = \{3,5,-4\}$，$b = \{2,1,8\}$，并且向量 $\lambda a + b$ 与 Oz 轴垂直，求 λ 的值.

10. 求与向量 $a = \{2,-1,1\}$，$b = \{1,2,-1\}$ 同时垂直的单位向量.

11. 求点 $M(4,-3,5)$ 到各坐标轴的距离.

12. 求向量 $a = \{4, -3, 5\}$ 在向量 $b = \{2, 2, 1\}$ 上的投影.

13. 已知向量 $a = \{2, -3, 1\}, b = \{1, -1, 3\}, c = \{1, -2, 0\}$,计算:

(1) $(a \cdot b) \cdot c - (a \cdot c) \cdot b$;　　(2) $(a + b) \times (b + c)$;　　(3) $(a \times b) \cdot c$.

14. 证明 $(a - b) \times (a + b) = 2(a \times b)$,并说明它的几何意义.

15. 设向量 a 和 b 的夹角为 $\pi/3$ 且 $|a| = 3, |b| = 2$,求 $|a + b|$.

16. 建立以点 $(1, 3, 2)$ 为球心,且通过坐标原点的球面方程.

17. 方程 $x^2 + y^2 + z^2 - 2x + 4y - 2z = 0$ 表示什么曲面?

18. 将曲线 $\begin{cases} z = -y^2 + 1 \\ x = 0 \end{cases}$ 绕 z 轴旋转一周,求旋转曲面的方程.

19. 将曲线 $\begin{cases} 4x^2 - 9y^2 = 36 \\ z = 0 \end{cases}$ 分别绕 x 轴和 y 轴旋转一周,求旋转曲面的方程.

20. 指出下列方程所表示的是何种曲面:

(1) $\dfrac{x^2}{9} + \dfrac{z}{4} = 1$;　　　　(2) $y^2 - z = 0$;　　　　(3) $y^2 - x^2 = z^2$;

(4) $1 - 2z^2 = 2x^2 + y^2$;　　(5) $x^2 - 2y^2 = 0$;　　(6) $2x^2 + 2y^2 = 1 + 3z^2$.

21. 试对不同的 t 值,说明二次曲面 $5x^2 - 2y^2 = 6z^2 + 2t$ 的类型.

22. 一动点到定点 $(1, 0, 0)$ 的距离为到平面 $x = 4$ 的距离的 $1/2$,求动点的轨迹方程.

23. 一动点到定点 $(2, 0, 0)$ 的距离为到 x 轴距离的 2 倍,求动点的轨迹方程.

24. 将 xOz 坐标面上的抛物线 $z^2 = 5x$ 绕 x 轴旋转一周生成旋转曲面,求其方程.

25. 将 xOz 坐标面上的圆 $x^2 + z^2 = 9$ 绕 z 轴旋转一周生成旋转曲面,求其方程.

26. 将 xOz 坐标面上的双曲线 $4x^2 - 9y^2 = 36$ 分别绕 x 轴、y 轴旋转一周,求所生成的旋转曲面的方程.

27. 画出下列各方程所表示的曲面:

(1) $\left(x - \dfrac{a}{2}\right)^2 + y^2 = \left(\dfrac{a}{2}\right)^2$;　　　　(2) $-\dfrac{x^2}{4} + \dfrac{y^2}{9} = 1$;

(3) $\dfrac{x^2}{9} + \dfrac{z^2}{4} = 1$;　　　　　　　　　(4) $y^2 - z = 0$.

28. 说明下列旋转曲面是怎样形成的:

(1) $z = 2(x^2 + y^2)$;　　(2) $4x^2 + 9y^2 + 9z^2 = 36$;　　(3) $z^2 = 2(x^2 + y^2)$.

29. 求过定点 $(0, 0, 2)$ 且与 xOy 平面相切的动球的球心的轨迹方程.

30. 一锥面的顶点在 $(0, 0, 2)$,准线为 xOy 平面上、中心在原点的单位圆,求此锥面的方程.

31. 画出下列曲线在第一卦限的图像:

(1) $\begin{cases} x = 1 \\ y = 2 \end{cases}$;　　(2) $\begin{cases} z = \sqrt{4 - x^2 - y^2} \\ x - y = 0 \end{cases}$;　　(3) $\begin{cases} x^2 + y^2 = a^2 \\ x^2 + z^2 = a^2 \end{cases}$.

32. 分别求母线平行于 x 轴和 y 轴,且通过曲线 $\begin{cases} 2x^2 + y^2 + z^2 = 16 \\ x^2 + z^2 - y^2 = 0 \end{cases}$ 的柱面方程.

33. 求曲线 $\begin{cases} 2x^2 + y^2 + z^2 = 16 \\ x^2 + z^2 - y^2 = 0 \end{cases}$ 在 xOy 平面内的投影曲线的方程.

34. 指出下列方程所表示的曲线:

(1) $\begin{cases} x^2 + y^2 + z^2 = 15 \\ x = 3 \end{cases}$;　　(2) $\begin{cases} x^2 + 4y^2 + 9z^2 = 20 \\ z = 1 \end{cases}$;

(3) $\begin{cases} x^2 - 3y^2 + z^2 = 25 \\ x = -3 \end{cases}$;　　(4) $\begin{cases} y^2 + z^2 - 4x + 8 = 0 \\ y = 4 \end{cases}$.

35. 求圆柱螺线 $\begin{cases} x = a\cos t \\ y = a\sin t \\ z = bt \end{cases}$ 与球面 $x^2 + y^2 + z^2 = c^2$ 的交点的坐标.

36. 求曲线 $\begin{cases} x^2 + y^2 + z^2 = 9 \\ x + z = 1 \end{cases}$ 分别在 xOy, yOz, xOz 平面上的投影曲线的方程.

37. 把曲线 $\begin{cases} x^2 + y^2 + z^2 = 1 \\ x + z = 2 \end{cases}$ 写成参数方程的形式.

38. 求三次绕曲线 $\begin{cases} x = t \\ y = t^2 \\ z = t^3 \end{cases}$ 分别在三个坐标面上投影曲线的方程,并作图.

39. 说明曲线 $\begin{cases} x = t^2 \\ y = 1 - 3t \\ z = 1 + t^3 \end{cases}$ 经过点 $(1, 4, 0)$ 和点 $(9, -8, 28)$,但不经过点 $(4, 7, -6)$.

40. 把下列曲线化成参数方程:

(1) $\begin{cases} x^2 + y^2 = 4 \\ z = xy \end{cases}$;　(2) $\begin{cases} z = \sqrt{x^2 + y^2} \\ z = 1 + y \end{cases}$;　(3) $\begin{cases} y = x^2 \\ z = 4x^2 + y^2 \end{cases}$.

41. 证明:曲线

$$\begin{cases} x = \sqrt{1 - 0.25\cos 5t}\cos t \\ y = \sqrt{1 - 0.25\cos 5t}\sin t \\ z = 0.5\cos 5t \end{cases}$$

在某个球面上,并求此球面的方程.

42. 证明:曲线

$$\begin{cases} x = (1 + \cos 16t)\cos t \\ y = (1 + \cos 16t)\sin t \\ z = 1 + \cos 16t \end{cases}$$

在某个锥面上,并求此锥面的方程.

43. 证明:单叶双曲面 $\dfrac{x^2}{16} + \dfrac{y^4}{4} - \dfrac{z^2}{5} = 1$ 与平面 $x - 2z + 3 = 0$ 的交线在 xOy 平面上的投影是椭圆,并求此椭圆的中心坐标和长半轴与短半轴的长.

44. 借助计算机,用 MATLAB 研究曲线 $\begin{cases} x = (4 + \sin 20t)\cos t \\ y = (4 + \sin 20t)\sin t \\ z = \cos 20t \end{cases}$ 的图像.

45. 借助计算机,用 MATLAB 研究曲线 $\begin{cases} x = (2 + \cos 1.5t)\cos t \\ y = (2 + \cos 1.5t)\sin t \\ z = \sin 1.5t \end{cases}$ 的图像.

46. 判别下列直线与平面的位置关系:

(1) 直线 $\dfrac{x - 3}{-2} = \dfrac{y + 4}{-7} = \dfrac{z}{3}$ 与平面 $4x - 2y - 2z = 3$;

(2) 直线 $\dfrac{x}{3} = \dfrac{y}{-2} = \dfrac{z}{7}$ 与平面 $3x - 2y + 7z = 8$;

(3) 直线 $\begin{cases} 5x - 3y + 2z = 5 \\ 2x - y - z - 1 = 0 \end{cases}$ 与平面 $4x - 3y + 7z - 7 = 0$;

(4) 直线 $\begin{cases} x = t \\ y = -2t + 9 \\ z = 9t - 4 \end{cases}$ 与平面 $3x - 4y + 7z = 10$.

47. 求过三点 $M_1(1,1,-1)$,$M_2(-2,-2,2)$ 和 $M_3(1,-1,2)$ 的平面方程.

48. 求平面 $2x - 2y + z + 5 = 0$ 与各坐标面的夹角的余弦.

49. 求点 $(1,2,1)$ 到平面 $x + 2y + 2z - 10 = 0$ 的距离.

50. 求通过点 $M(-1,0,4)$,垂直于平面 $\pi : 3x - 4y + z - 10 = 0$ 且与直线 $\dfrac{x + 1}{3} = \dfrac{y - 3}{1} = \dfrac{z}{2}$ 平行的平面方程.

51. 求过点 $M_1(3,-2,1)$ 和 $M_2(-1,0,2)$ 的直线方程.

52. 求过点 $(2,0,-3)$ 且与直线 $\begin{cases} x - 2y + 4z - 7 = 0 \\ 3x + 5y - 2z + 1 = 0 \end{cases}$ 垂直的平面方程.

53. 求直线 $\begin{cases} 5x - 3y + 3z - 9 = 0 \\ 3x - 2y + z - 1 = 0 \end{cases}$ 与直线 $\begin{cases} 2x + 2y - z + 23 = 0 \\ 3x + 8y + z - 18 = 0 \end{cases}$ 的夹角的余弦.

54. 求过点 $M_0(1,1,1)$ 且与直线 $\begin{cases} 5x - y - z = 0 \\ x + y - z = 0 \end{cases}$ 垂直相交的直线方程.

第8章 多元函数

在第1～5章中，我们讨论的都是一元函数的问题，但是现实中的许多问题，都是由多种因素决定的，反映在数量关系上就是所谓的多元函数问题.

多元函数微积分学是一元函数微积分学的推广，处理问题的方法本质上和一元函数类似.

8.1 多元函数

在前面我们已系统地学习了一元函数微积分的基本理论和应用，在现实生活中，我们经常要建立超过一个变量之间的关系. 例如，毕业后你通过贷款购得一套房屋，那么你的每月还款金额 m 由以下因素决定：

（1）贷款的年限 y；（2）贷款的数额 x；（3）贷款的利息 z.
这四个变量之间可建立函数关系：$m = f(x, y, z)$. 类似于一元函数 $y = f(x)$，我们称 m 为因变量，x, y, z 为自变量，f 表示 m 与 x, y, z 之间的函数关系. 在本章中，我们主要讨论二元函数 $z = f(x, y)$ 的情况.

> 设 D 为点 (x, y) 组成的集合. 若对 D 中的每一点 (x, y)，都有唯一的常数 $f(x, y)$ 与之对应，则称 f 为 x 与 y 的函数，集合 D 为 f 的定义域，对应的常数 $f(x, y)$ 形成的集合为函数的值域.

类似地，我们可给出 n（$n \geqslant 3$）元函数的定义，此时 D 为 $(x_1, x_2, \cdots, x_n)$ 这样的有序点组成的集合. 若 D 中的每一点唯一对应一个常数 $f(x_1, x_2, \cdots, x_n)$，则 f 为 n 元函数.

例 8.1.1 求函数 $f(x, y) = \sqrt{9 - x^2 - y^2}$ 的定义域和值域.

解 易知
$$D = \{(x, y) \mid 9 - x^2 - y^2 \geqslant 0\} = \{(x, y) \mid x^2 + y^2 \leqslant 9\}$$

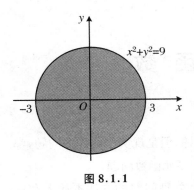

图 8.1.1

如图 8.1.1 所示，定义域为圆心在 $(0,0)$ 点、半径为 3 的圆.

对于值域，由 $\{z \mid z = \sqrt{9 - x^2 - y^2}, (x, y) \in D\}$，可得 $z \geqslant 0$. 又由 $9 - x^2 - y^2 \leqslant 9$，得 $\sqrt{9 - x^2 - y^2} \leqslant 3$，因此，$\{z \mid 0 \leqslant z \leqslant 3\} = [0, 3]$.

若二元函数可写成 $cx^m y^n$（c 为常数，m 与 n 为非负整数）的和式，则称之为二元多项式函数. 例如
$$f(x, y) = x^2 + y^2 - 2xy + x + 2$$
$$g(x, y) = 3xy^2 + x - 2$$

两个二元多项式函数的商，可定义为二元有理函数，类似的概念可适用于其他类型的多元函数.

例 8.1.2 求
$$z = \sqrt{x^2 + y^2 - 1} + \frac{x^2 + y^2}{\sqrt{36 - 4x^2 - 9y^2}}$$
的定义域.

解 要使得等式有意义，则
$$x^2 + y^2 - 1 \geqslant 0 \quad \text{且} \quad 36 - 4x^2 - 9y^2 > 0$$
即定义域为在椭圆 $36 = 4x^2 + 9y^2$ 内与圆 $x^2 + y^2 = 1$ 外的公共部分，包括圆周而不包括椭圆上的点集（图 8.1.2 中的阴影部分）.

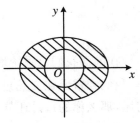

图 8.1.2

8.1.1 函数图像

例 8.1.3 描绘函数 $f(x, y) = \sqrt{9 - x^2 - y^2}$ 的图像.

解 等式 $z = \sqrt{9 - x^2 - y^2}$ 左右两边平方，可得 $z^2 = 9 - x^2 - y^2$，即 $z^2 + x^2 + y^2 = 9$，表示球心在 $(0, 0, 0)$ 点、半径为 3 的球. 注意到 $z \geqslant 0$，所以 $f(x, y) = \sqrt{9 - x^2 - y^2}$ 的图像为 xOy 平面上的正半球，如图 8.1.3 所示.

我们在看图像时，常见到等高线图，尤其在地理学、气象学上有广泛的应用. 例如，把地面上海拔高度相同的点连成的闭合曲线，垂直投影到一个标准面上，并按比例缩小画在图纸上，就得到等高线图.

> 对于二元函数 $f(x,y)$，设其值域为 B，对 $\forall k \in B$，$f(x,y) = k$ 表示的曲线称为等高线.

例 8.1.4 描绘下列函数的等高线图：

(1) $f(x,y) = x^2 + 4y^2 + 1$；

(2) $f(x,y) = -x^2 + y$.

解 (1) 取 $z = x^2 + 4y^2 + 1$. 显然 $z \geqslant 1$，不妨设 $c \geqslant 1$. 由 $c = x^2 + 4y^2 + 1$ 得 $x^2 + 4y^2 = c - 1$，等高线为一个点或椭圆.

特别地，当 $c = 1$ 时，$x^2 + 4y^2 = 0$，表示原点；当 $c = 5$ 时，$x^2 + 4y^2 = 4$，表示半轴分别为 2 和 1 的椭圆.

如此下去，我们可得到 $f(x,y) = x^2 + 4y^2 + 1$ 的等高线，如图 8.1.4 所示.

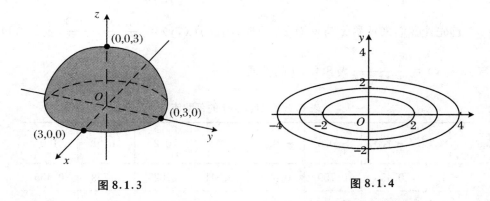

图 8.1.3　　　　　　　　　　　图 8.1.4

(2) 令 $z = -x^2 + y$，则 $z \in (-\infty, +\infty)$，取 $c \in \mathbf{R}$，则等高线如下：

$-x^2 + y = c$，表示抛物线.

取 $c = -2$ 时，$y = x^2 - 2$；

取 $c = 0$ 时，$y = x^2$；

取 $c = 2$ 时，$y = x^2 + 2$.

如此下去，我们可得到 $f(x,y) = x^2 + 4y^2 + 1$ 的等高线，如图 8.1.5 所示.

例 8.1.5 图 8.1.6 为函数 f 的等高线图，利用图形估计函数值 $f(1,3)$ 和 $f(4,5)$.

解 点 $(1,3)$ 位于数值 70 和 80 的等高线之间，可估计得 $f(1,3) \approx 73$. 类似地，$f(4,5) \approx 56$.

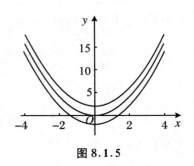

图 8.1.5

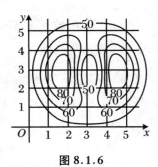

图 8.1.6

8.2　二元函数的极限与连续

首先让我们来观察 x 与 y 均靠近 0 时，函数 $f(x,y) = \dfrac{\sin(x^2+y^2)}{x^2+y^2}$（表 8.2.1）

与 $g(x,y) = \dfrac{x^2-y^2}{x^2+y^2}$（表 8.2.2）的性质.

表 8.2.1　$f(x,y)$ 的函数值

y \ x	− 1.0	− 0.5	− 0.2	0	0.2	0.5	1.0
− 1.0	0.455	0.759	0.829	0.841	0.829	0.759	0.455
− 0.5	0.759	0.959	0.986	0.99	0.986	0.959	0.759
− 0.2	0.829	0.986	0.999	1	0.999	0.986	0.829
0	0.841	0.99	1	1	0.99	0.841	
0.2	0.829	0.986	0.999	1	0.999	0.986	0.829
0.5	0.759	0.959	0.986	0.99	0.986	0.959	0.759
1.0	0.455	0.759	0.829	0.841	0.829	0.759	0.455

表 8.2.2 $g(x,y)$ 的函数值

$\diagdown^{\;y}_{x}$	-1.0	-0.5	-0.2	0	0.2	0.5	1.0
-1.0	0.000	0.600	0.923	1.000	0.923	0.600	0.000
-0.5	-0.600	0.000	0.724	1.000	0.724	0.000	-0.600
-0.2	-0.923	-0.724	0.000	1.000	0.000	-0.724	-0.923
0	-1.000	-1.000	-1.000		-1.000	-1.000	-1.000
0.2	-0.923	-0.724	0.000	1.000	0.000	-0.724	-0.923
0.5	-0.600	0.000	0.724	1.000	0.724	0.000	-0.600
1.0	0.000	0.600	0.923	1.000	0.923	0.600	0.000

由表 8.2.1 可见, 当 (x,y) 靠近原点时, $f(x,y)$ 靠近 1, 但表 8.2.2 的数据反映 $g(x,y)$ 的函数值在 (x,y) 靠近原点时不趋向任何数值. 因此类似于一元函数极限的形式, 将上述内容表示为

$$\lim_{(x,y)\to(0,0)}\frac{\sin(x^2+y^2)}{x^2+y^2}=1,\qquad \lim_{(x,y)\to(0,0)}\frac{x^2-y^2}{x^2+y^2}\ \text{不存在}$$

$$\lim_{(x,y)\to(a,b)}f(x,y)=L$$

表示 (x,y) 无限接近点 (a,b) 时, 函数 $f(x,y)$ 无限趋向某一确定的常数 L.

注 8.2.1 (1) $(x,y)\to(a,b)$, 并不要求 $(x,y)=(a,b)$.

(2) 极限的形式可记为 $\lim\limits_{\substack{x\to a\\y\to b}}f(x,y)=L$, 或当 $(x,y)\to(a,b)$ 时, $f(x,y)\to L$.

(3) 如同一元函数的极限, 二元函数的极限也满足加法和乘法法则:

若 $\lim\limits_{(x,y)\to(a,b)}f(x,y)=A,\ \lim\limits_{(x,y)\to(a,b)}g(x,y)=B$, 则有

$$\lim_{(x,y)\to(a,b)}\left[f(x,y)+g(x,y)\right]=A+B$$

$$\lim_{(x,y)\to(a,b)}\left[f(x,y)\cdot g(x,y)\right]=A\cdot B$$

特别地, $\lim\limits_{(x,y)\to(a,b)}x=a,\ \lim\limits_{(x,y)\to(a,b)}y=b,\ \lim\limits_{(x,y)\to(a,b)}c=c.$

熟练地利用这些性质可便于我们计算二元函数的极限.

对于一元函数极限 $\lim\limits_{x\to a}f(x)$, $x\to a$ 仅有两条路径, x 从 a 的左侧趋向 a, 或者从

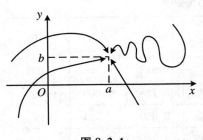

图 8.2.1

右侧趋向 a，并且有结论：若 $\lim\limits_{x \to a^-} f(x) \neq \lim\limits_{x \to a^+} f(x)$，则 $\lim\limits_{x \to a} f(x)$ 不存在．对于二元函数，情况就复杂多了，$(x,y) \to (a,b)$ 的路径有很多种，(x,y) 可在 (a,b) 的周围沿任意路径趋向 (a,b)，如图 8.2.1 所示．二元函数极限的定义可叙述为：(x,y) 与 (a,b) 的距离无限小时（不等于 0），函数值 $f(x,y)$ 与常数 L 的距离无限地小．定义中并没有限制 (x,y) 趋向 (a,b) 的路径，因此，若 $\lim\limits_{(x,y) \to (a,b)} f(x,y)$ 存在，则无论 (x,y) 沿怎样的路径趋向 (a,b)，$f(x,y)$ 必须无限地接近同一个数值；反之，若 (x,y) 沿某两条路径趋向 (a,b)，$f(x,y)$ 的极限不相同，则说明 $\lim\limits_{(x,y) \to (a,b)} f(x,y)$ 不存在．

> 设 $f(x,y) \to L_1$（当 (x,y) 沿路径 C_1 趋向于 (a,b)），$f(x,y) \to L_2$（当 (x,y) 沿路径 C_2 趋向于 (a,b)），如果 $L_1 \neq L_2$，则 $\lim\limits_{(x,y) \to (a,b)} f(x,y)$ 不存在．

例 8.2.1 说明 $\lim\limits_{(x,y) \to (0,0)} \dfrac{x^2 - y^2}{x^2 + y^2}$ 不存在．

解 令 $f(x,y) = \dfrac{x^2 - y^2}{x^2 + y^2}$．当 (x,y) 沿 x 轴趋向 $(0,0)$ 点时，$y = 0$，$f(x,y) = \dfrac{x^2 - y^2}{x^2 + y^2} = 1$（$x \neq 0$），说明沿该路径 $(x,y) \to (0,0)$ 时，$f(x,y) \to 1$．

当 (x,y) 沿 y 轴趋向 $(0,0)$ 点时，$x = 0$，$f(x,y) = \dfrac{x^2 - y^2}{x^2 + y^2} = -1$（$y \neq 0$），说明沿该路径 $(x,y) \to (0,0)$ 时，$f(x,y) \to -1$．

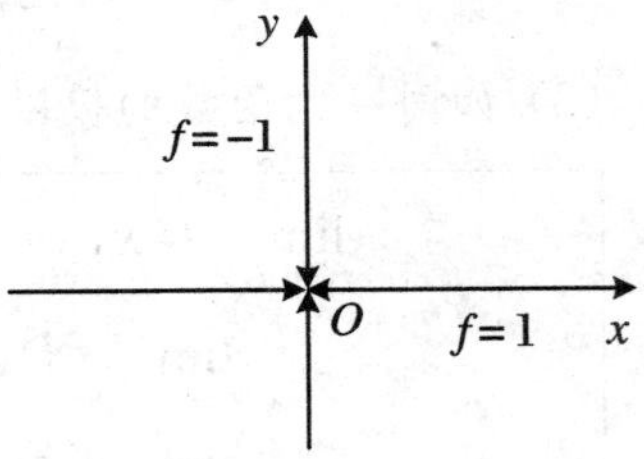

如图 8.2.2 所示，当 (x,y) 沿两条不同的路径趋向 $(0,0)$ 点时，$f(x,y)$ 有两个不同的极限，因此，$\lim\limits_{(x,y) \to (0,0)} \dfrac{x^2 - y^2}{x^2 + y^2}$ 不存在．

图 8.2.2

例 8.2.2 若 $f(x,y) = \dfrac{xy}{x^2 + y^2}$，判断 $\lim\limits_{(x,y) \to (0,0)} f(x,y)$ 是否存在．

解 若 $y = 0, x \neq 0,$ 则 $f(x,0) = \dfrac{0}{x^2} = 0,$ 因此有 $f(x,y) \to 0$(当 (x,y) 沿 x 轴趋向 $(0,0)$ 点).

若 $x = 0, y \neq 0,$ 则 $f(0,y) = \dfrac{0}{y^2} = 0,$ 因此有 $f(x,y) \to 0$(当 (x,y) 沿 y 轴趋向 $(0,0)$ 点).

仅靠两条路径,我们并不能说明 $\lim\limits_{(x,y) \to (0,0)} f(x,y)$ $= 0.$ 再看当 (x,y) 沿 $y = x$ 趋向 $(0,0)$ 点,对 $\forall x \neq 0,$ 有 $f(x,y) = f(x,x) = \dfrac{x^2}{x^2 + x^2} = \dfrac{1}{2},$ 故当 (x,y) 沿 $y = x$ 趋向 $(0,0)$ 点时,$f(x,y) \to \dfrac{1}{2}.$ 如图 8.2.3 所示,(x,y) 沿不同的路径趋向 $(0,0)$ 点,得到不同的极限,据此可判定 $\lim\limits_{(x,y) \to (0,0)} f(x,y)$ 不存在.

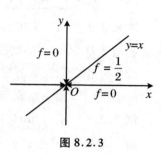

图 8.2.3

例 8.2.3 若 $f(x,y) = \dfrac{xy^2}{x^2 + y^4},$ 判断 $\lim\limits_{(x,y) \to (0,0)} f(x,y)$ 是否存在.

解 由前面的例题可见,通过一条条通过原点 $(0,0)$ 的直线来验证极限存在性很繁琐.因此,我们考察一般情况,任取直线 $y = mx,$ 其中 m 为斜率,则 $f(x,y) = f(x,mx) = \dfrac{x(mx)^2}{x^2 + (mx)^4} = \dfrac{m^2 x}{1 + m^4 x^2},$ 由此可知 (x,y) 沿任意一条过原点的直线趋向 $(0,0)$ 点,$f(x,y)$ 的极限都为 $0,$ 但沿过原点的曲线会有怎样的情况呢?比如 $x = y^2, f(x,y) = f(y^2,y) = \dfrac{y^4}{2y^4} = \dfrac{1}{2},$ 即 (x,y) 沿曲线 $x = y^2$ 趋向 $(0,0)$ 点时,$f(x,y)$ 的极限都为 $\dfrac{1}{2}.$ 综上,可判定 $\lim\limits_{(x,y) \to (0,0)} f(x,y)$ 不存在.

对于判断二元函数极限的存在性,也可类似于一元函数使用两边夹证明法则.

例 8.2.4 证明:$\lim\limits_{(x,y) \to (0,0)} \dfrac{3x^2 y}{x^2 + y^2} = 0.$

证 易知 $\left| \dfrac{3x^2 y}{x^2 + y^2} \right| = \dfrac{3x^2 |y|}{x^2 + y^2}.$ 由 $x^2 \leqslant x^2 + y^2$ 得 $\dfrac{x^2}{x^2 + y^2} \leqslant 1.$ 故有

$$0 \leqslant \dfrac{3x^2 |y|}{x^2 + y^2} \leqslant 3|y|$$

又由 $\lim\limits_{(x,y) \to (0,0)} 0 = 0$ 以及 $\lim\limits_{(x,y) \to (0,0)} 3|y| = 0,$ 可得 $\lim\limits_{(x,y) \to (0,0)} = \dfrac{3x^2 y}{x^2 + y^2} = 0.$

8.2.1　连续性

类似于一元函数的连续性,我们给出二元函数的连续定义：

> 若 $\lim\limits_{(x,y)\to(a,b)} f(x,y) = f(a,b)$,则称 $f(x,y)$ 在点 (a,b) 连续；若 $f(x,y)$ 在区域 D 内每一点都连续,则称 $f(x,y)$ 在区域 D 内连续.

注 8.2.2　(1) 直观上,可认为点 (x,y) 的改变量趋于 0,函数值 $f(x,y)$ 的改变量也趋于 0,反映在函数图像上即曲面没有断裂且没有孔.

(2) 利用二元函数的定义,也可以得到连续函数的和、差、积、商仍是连续函数.据此可知,二元多项式函数以及二元有理函数均为连续函数.

例 8.2.5　求 $\lim\limits_{(x,y)\to(1,2)} (x^2 y^3 - x^3 y^2 + 3x + 2y)$.

解　由于 $x^2 y^3 - x^3 y^2 + 3x + 2y$ 是多项式函数,在定义域内为连续函数,故有

$$\lim\limits_{(x,y)\to(1,2)} (x^2 y^3 - x^3 y^2 + 3x + 2y) = 1^2 \times 2^3 - 1^3 \times 2^2 + 3 \times 1 + 2 \times 2$$
$$= 11$$

例 8.2.6　设

$$f(x,y) = \begin{cases} \dfrac{3x^2 y}{x^2 + y^2}, & (x,y) \neq (0,0) \\ 0, & (x,y) = (0,0) \end{cases}$$

判断函数 $f(x,y)$ 在 $\mathbf{R}^2$ 上的连续性.

解　因为 $\dfrac{3x^2 y}{x^2 + y^2}$ 为二元有理函数,在其定义域内为连续函数,又由例 8.2.4 可知 $\lim\limits_{(x,y)\to(0,0)} f(x,y) = 0 = f(0,0)$,所以函数 $f(x,y)$ 在 $\mathbf{R}^2$ 上为连续函数.

8.3　偏　导　数

夏天在湿度非常大的地方,人们常感觉气温比实际温度要高；反之,在干燥的空气中人们总感觉温度比实际温度要低.据此,气象学家提出用温-湿指数(即温度-湿度指数) 来刻画气温和湿度对人类感知温度的影响.假定实际气温为 T(单位：℉),相对湿度为 H,则温-湿指数 I 是 H 和 T 的函数,记为 $I = f(T, H)$,表 8.3.1 为某气象专家给出的温-湿指数记录表.

表 8.3.1　温-湿指数记录表

$T(\text{℉})$ ╲ $H(\%)$	50	55	60	65	70	75	80	85	90
90	96	98	100	103	**106**	109	112	115	119
92	100	103	105	108	**112**	115	119	123	128
94	104	107	111	114	**118**	122	127	132	137
96	**109**	**113**	**116**	**121**	**125**	**130**	**135**	**141**	**146**
98	114	118	123	127	**133**	138	144	150	157
100	119	124	129	135	**141**	147	154	161	168

我们首先把一列数据看成一个整体来研究,例如,来看湿度为 70% 的那一列,此时,温-湿指数 I 仅是 T 的函数,记为 $g(T) = f(T,70)$,$g(T)$ 描述了相对湿度为 70% 的条件下,温-湿指数 I 和实际气温 T 成正比. 当 $T = 96\,\text{℉}$ 时,$g(T)$ 的导数表示此刻 I 相对于 T 的变化率:

$$g'(96) = \lim_{h \to 0} \frac{g(96 + h) - g(96)}{h} = \lim_{h \to 0} \frac{f(96 + h,70) - f(96,70)}{h}$$

利用表 8.3.1 中的数据,取 h 为 2 和 -2 来对 $g'(96)$ 进行近似估计:

$$g'(96) \approx \frac{g(98) - g(96)}{2} = \frac{f(98,70) - f(96,70)}{2} = \frac{133 - 125}{2} = 4$$

$$g'(96) \approx \frac{g(94) - g(96)}{-2} = \frac{f(94,70) - f(96,70)}{-2} = \frac{118 - 125}{-2} = 3.4$$

取二者的平均值,近似地认为 $g'(96)$ 为 3.75,这意味着相对湿度固定为 70%,实际温度从 96\,℉ 每上升一度,温-湿指数上升 3.75\,℉.

下面再观察行向量,不妨观察实际气温为 96\,℉ 的那一行,则该行数据可看成 $L(H) = f(96,H)$ 的函数值,描述了当实际气温为 96\,℉ 时,指数 I 同相对湿度成正比例的关系. 当 $H = 70\%$ 时,函数 $L(H)$ 的导数为

$$L'(70) = \lim_{h \to 0} \frac{L(70 + h) - L(70)}{h}$$

$$= \lim_{h \to 0} \frac{f(96,70 + h) - f(96,70)}{h}$$

取 h 为 5 和 -5,利用表 8.3.1 中的数据来对 $L'(70)$ 进行近似估计:

$$L'(70) \approx \frac{L(75) - L(70)}{5} = \frac{f(96,75) - f(96,70)}{5} = \frac{130 - 125}{5} = 1$$

$$L'(70) \approx \frac{L(65) - L(70)}{-5} = \frac{f(96,65) - f(96,70)}{-5} = \frac{121 - 125}{-5} = 0.8$$

取平均值，得 $L'(70) \approx 0.9$，这说明当气温恒为96 ℉，相对湿度 H 为 70%，相对湿度每增加 1%，指数 I 大约增加0.9 ℉.

一般地，设 $z = f(x, y)$，如果取 y 为某一固定值，比如 $y = b$，则 f 变成了单变量函数，记为 $g(x) = f(x, b)$. 若 $g(x)$ 在 a 点可导，则称 $f(x, y)$ 关于 x 在点 (a, b) 处偏导数存在，记为 $f_x(a, b)$. 由上面的分析可得

$$f_x(a, b) = g'(a) = \lim_{h \to 0} \frac{g(a + h) - g(a)}{h} = \lim_{h \to 0} \frac{f(a + h, b) - f(a, b)}{h}$$

即

$$f_x(a, b) = \lim_{h \to 0} \frac{f(a + h, b) - f(a, b)}{h}$$

类似地，可得 $f(x, y)$ 在点 (a, b) 处关于 y 的偏导数，记为 $f_y(a, b)$：

$$f_y(a, b) = \lim_{h \to 0} \frac{f(a, b + h) - f(a, b)}{h}$$

对于 $f_x(a, b)$ 与 $f_y(a, b)$，如果让点 (a, b) 在 $f(x, y)$ 的定义域内不断地变化，则 f_x 与 f_y 变成二元函数.

综上，函数 $f(x, y)$ 的偏导数定义为

$$f_x(x, y) = \lim_{h \to 0} \frac{f(x + h, y) - f(x, y)}{h}$$

$$f_y(x, y) = \lim_{h \to 0} \frac{f(x, y + h) - f(x, y)}{h}$$

注 8.3.1 （1）关于偏导数的记号有很多种，这里仅列举部分：

$$f_x(x, y) = f_x = \frac{\partial f}{\partial x} = \frac{\partial f(x, y)}{\partial x} = \frac{\partial z}{\partial x} = f_1$$

$$f_y(x, y) = f_y = \frac{\partial f}{\partial y} = \frac{\partial f(x, y)}{\partial y} = \frac{\partial z}{\partial y} = f_2$$

（2）计算关于某个变量的偏导数，我们常将其他变量看成常数.

例 8.3.1　设 $f(x, y) = x^3 + x^2 y^3 - 2y^2$，求 $f_x(2, 1)$ 和 $f_y(2, 1)$.

解　易知

$$f_x(x, y) = 3x^2 + 2xy^3, \quad f_x(2, 1) = 3 \times 2^2 + 2 \times 2 \times 1^3 = 16$$

$$f_y(x, y) = 3x^2 y^2 - 4y, \quad f_y(2, 1) = 3 \times 2^2 \times 1^2 - 4 \times 1 = 8$$

例 8.3.2 若 $f(x,y) = \sin\dfrac{x}{1+y}$,求 $\dfrac{\partial f}{\partial x},\dfrac{\partial f}{\partial y}$.

解 利用一元函数的链式法则,可得

$$\frac{\partial f}{\partial x} = \cos\frac{x}{1+y} \cdot \frac{\partial}{\partial x}\frac{x}{1+y} = \cos\frac{x}{1+y} \cdot \frac{1}{1+y}$$

$$\frac{\partial f}{\partial y} = \cos\frac{x}{1+y} \cdot \frac{\partial}{\partial y}\frac{x}{1+y} = -\cos\frac{x}{1+y} \cdot \frac{x}{(1+y)^2}$$

例 8.3.3 方程 $x^3 + y^3 + z^3 + 6xyz = 1$ 确定了 z 关于 x 和 y 的关系,求 $\dfrac{\partial z}{\partial x},\dfrac{\partial z}{\partial y}$.

解 求 $\dfrac{\partial z}{\partial x}$ 时,将 y 看成常数.利用一元函数的隐函数求导法则,可得

$$3x^2 + 3z^2 \cdot \frac{\partial z}{\partial x} + 6yz + 6xy \cdot \frac{\partial z}{\partial x} = 0$$

$$\Rightarrow \quad \frac{\partial z}{\partial x} = -\frac{x^2 + 2yz}{z^2 + 2xy}$$

同理,可得

$$\frac{\partial z}{\partial y} = -\frac{y^2 + 2xz}{z^2 + 2xy}$$

8.3.1 偏导数的几何意义

在三维空间中,$z = f(x,y)$ 表示一个曲面 S. 设 $f(a,b) = c$,则 (a,b,c) 为曲面 S 上的一个点. $y = b$ 为平行于 z 轴的平面,设其同曲面 S 的交线为 C_1(也可称为曲面 S 在平面 $y = b$ 上的轨迹).类似地,可以定义平面 $x = a$ 与曲面 S 的交线 C_2.

C_1 的函数表达式为 $g(x) = f(x,b)$,故 C_1 在点 (a,b,c) 处的切线斜率为 $g'(a) = f'_x(a,b)$;C_2 的函数表达式为 $L(y) = f(a,y)$,故 C_2 在点 (a,b,c) 处的切线斜率为 $L'(b) = f'_y(a,b)$. 因此,偏导数 $f'_x(a,b)$ 和 $f'_y(a,b)$ 可解释为 S 在平面 $y = b$ 和 $x = a$ 上的轨迹在点 (a,b,c) 处切线的斜率(注意,这里指的切线在 $y = b$ 和 $x = a$ 平面内).

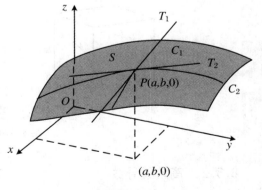

图 8.3.1

例 8.3.4　设 $f(x, y) = 4 - x^2 - 2y^2$，求 $f_x(1,1)$ 和 $f_y(1,1)$，并用几何图形描述.

解　易知

$$f_x(x,y) = -2x \Rightarrow f_x(1,1) = -2, \quad f_y(x,y) = -4y \Rightarrow f_y(1,1) = -4$$

沿用前面分析的记号，分别把 $f_x(1,1)$ 及 $f_y(1,1)$ 表示的切线用图 8.3.2 和图 8.3.3 表示.

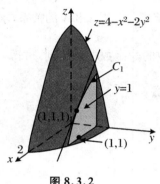
图 8.3.2

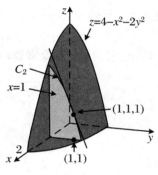
图 8.3.3

用计算机可以将上述图形分步表示如下：

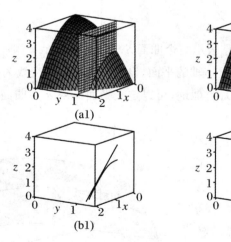

图 8.3.4

8.3.2　高阶偏导数

通过前面的例题，可见 $z = f(x, y)$ 为二元函数，其偏导数 f_x 与 f_y 仍是二元函数,故我们可继续对 f_x 和 f_y 关于自变量 x 与 y 求偏导数. 我们称 $(f_x)_x$, $(f_x)_y$, $(f_y)_x$, $(f_y)_y$ 为 $z = f(x,y)$ 的二阶偏导数. 用下面的符号来表示:

$$(f_x)_x = f_{xx} = f_{11} = \frac{\partial}{\partial x}\left(\frac{\partial f}{\partial x}\right) = \frac{\partial^2 f}{\partial x^2} = \frac{\partial^2 z}{\partial x^2}$$

$$(f_x)_y = f_{xy} = f_{12} = \frac{\partial}{\partial y}\left(\frac{\partial f}{\partial x}\right) = \frac{\partial^2 f}{\partial x \partial y} = \frac{\partial^2 z}{\partial x \partial y}$$

$$(f_y)_x = f_{yx} = f_{21} = \frac{\partial}{\partial x}\left(\frac{\partial f}{\partial y}\right) = \frac{\partial^2 f}{\partial y \partial x} = \frac{\partial^2 z}{\partial y \partial x}$$

$$(f_y)_y = f_{yy} = f_{22} = \frac{\partial}{\partial y}\left(\frac{\partial f}{\partial y}\right) = \frac{\partial^2 f}{\partial y^2} = \frac{\partial^2 z}{\partial y^2}$$

注 8.3.2　三阶以上的偏导数可类似给出定义,这里不再叙述了,如

$$f_{xyy} = (f_{xy})_y = \frac{\partial}{\partial y}\left(\frac{\partial^2 f}{\partial y \partial x}\right) = \frac{\partial^3 f}{\partial x \partial y^2}$$

例 8.3.5　求 $f(x,y) = x^3 + x^2 y^3 - 2y^2$ 的所有二阶偏导数.

解　由例 8.3.1 可知 $f_x(x,y) = 3x^2 + 2xy^3$, $f_y(x,y) = 3x^2 y^2 - 4y$,因此

$$f_{xx} = \frac{\partial}{\partial x}(3x^2 + 2xy^3) = 6x + 2y^3$$

$$f_{xy} = \frac{\partial}{\partial y}(3x^2 + 2xy^3) = 6xy^2$$

$$f_{yx} = \frac{\partial}{\partial x}(3x^2 y^2 - 4y) = 6xy^2$$

$$f_{yy} = \frac{\partial}{\partial y}(3x^2 y^2 - 4y) = 6x^2 y - 4$$

在上例中,我们发现 $f_{xy} = f_{yx}$,这并不是偶然现象,克莱罗(Clairaut,1713 ~ 1765)指出在一定的条件下 $f_{xy} = f_{yx}$,即有下面的克莱罗定理:

　　设 f 为定义在 D 上的二元函数,若 f_{xy} 与 f_{yx} 在 D 上均为连续函数,则 $f_{xy} = f_{yx}$.

注 8.3.3　类似地,若 f_{xyy} , f_{yxy} , f_{yyx} 均为连续函数,则三者相等.

例 8.3.6　设 $f(x,y,z) = \sin(3x + yz)$,求 f_{xxyz} .

解　计算得

$$f_x = 3\cos(3x + yz), \quad f_{xx} = -9\sin(3x + yz)$$

$$f_{xxy} = -9z\cos(3x + yz)$$

$$f_{xxyz} = -9\cos(3x + yz) + 9yz\sin(3x + yz)$$

8.4　切平面与线性估计

在讨论一元函数的导数时,我们利用函数的切线方程来估计函数在某一点附近的函数值,本节将给出用切平面来估计曲面在某一点附近的函数值,并讨论多元函数的微分.

8.4.1　切平面

设曲面 S 的方程为 $z = f(x,y)$,f 的一阶偏导数是连续函数,点 (x_0,y_0,z_0) $(z_0 = f(x_0,y_0))$ 为曲面 S 上的任意一点.同 8.3 节,C_1,C_2 为 S 与平面 $y = y_0$ 以

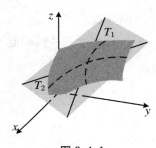

图 8.4.1

及 $x = x_0$ 的交线,不妨设 (x_0,y_0,z_0) 为 C_1 与 C_2 的交点,则曲面 S 在点 (x_0,y_0,z_0) 的切平面 R 包含了 C_1 以及 C_2 在平面 $y = y_0$ 和 $x = x_0$ 内的切线 T_1 和 T_2,如图 8.4.1 所示.

由切平面的定义可知,曲面 S 中的任意一条包含 $P_0(x_0,y_0,z_0)$ 的曲线 C,在 P_0 点的切线均在切平面 R 中.类似于一元函数,可认为过点 P_0 的切平面可对曲面 S 上 P_0 点附近的区域进行很好的估计.

过 P_0 点的平面方程可记为

$$A(x - x_0) + B(y - y_0) + C(z - z_0) = 0 \quad (不妨设 C \neq 0)$$

$$\Rightarrow \quad z - z_0 = a(x - x_0) + b(y - y_0) \quad \left(a = -\frac{A}{C}, b = -\frac{B}{C}\right)$$

切平面与平面 $y = y_0$ 的交线为 T_1,将 $y = y_0$ 代入上式,可得

$$z - z_0 = a(x - x_0), \quad y = y_0$$

其中 a 为 T_1 的切线斜率.由 8.3 节的分析得 $a = f_x(x_0,y_0)$.

同理,可得 $b = f_y(x_0,y_0)$.

> 若 f 有连续偏导数,则 $z = f(x,y)$ 在点 $P(x_0,y_0,z_0)$ 处的切平面方程为
>
> $$z - z_0 = f_x(x_0,y_0)(x - x_0) + f_y(x_0,y_0)(y - y_0)$$

例 8.4.1　求 $z = 2x^2 + y^2$ 在点 $(1,1,3)$ 处的切平面方程.

解　设 $f(x,y) = 2x^2 + y^2$,则
$$f_x(x,y) = 4x, \quad f_x(1,1) = 4; \quad f_y(x,y) = 2y, \quad f_y(1,1) = 2$$
所以过点 $(1,1,3)$ 的切平面方程为
$$z - 3 = 4(x-1) + 2(y-1), \quad 即 \quad z = 4x + 2y - 3$$

图 8.4.2 显示了曲面 $z = 2x^2 + y^2$ 在点 $(1,1,3)$ 处的切平面方程,随着将包含点 $(1,1,3)$ 的区域缩小,曲面 $z = 2x^2 + y^2$ 和切平面 $z = 4x + 2y - 3$ 的距离越小. 换一个角度,我们也可以通过观察曲面上的轮廓线来说明在点 $(1,1)$ 附近,曲面非常接近切平面.如图 8.4.3 所示,随着包含点 $(1,1)$ 区域的缩小,轮廓线越来越接近于直线,这也表明了在点 $(1,1,3)$ 附近,曲面 $z = 2x^2 + y^2$ 和切平面 $z = 4x + 2y - 3$ 可以无限地接近.

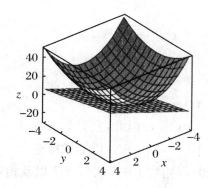 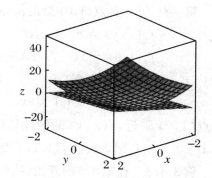

图 8.4.2

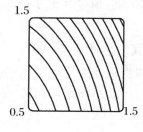 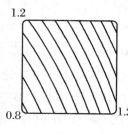 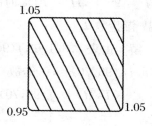

图 8.4.3

8.4.2　线性估计

通过例 8.4.1 的分析,可见 $f(x,y) = 2x^2 + y^2$ 在点 $(1,1)$ 附近的函数值,非常

接近于切平面 $L(x,y) = 4x + 2y - 3$ 的函数值.因此我们称之为函数 f 在点 $(1,1)$ 处的线性化,$f(x,y) \approx 4x + 2y - 3$ 称为 $f(x,y)$ 在点 $(1,1)$ 处的线性估计.

$L(1.1, 0.95) = 4 \times 1.1 + 2 \times 0.95 - 3 = 3.3$,非常接近于 $f(1.1, 0.95) = 2 \times 1.1^2 + 0.95^2 = 3.3225$,但在距离点 $(1,1)$ 较远的地方估计效果不好,例如 $L(2,3) = 11$,而 $f(2,3) = 17$.

一般地,$z = f(x,y)$ 在点 $(a,b,f(a,b))$ 的切平面方程为
$$z = f(a,b) + f_x(a,b)(x-a) + f_y(a,b)(y-b)$$
$L(x,y) = f(a,b) + f_x(a,b)(x-a) + f_y(a,b)(y-b)$ 称为 $z = f(x,y)$ 在点 (a,b) 处的线性化,并且 $f(x,y) \approx f(a,b) + f_x(a,b)(x-a) + f_y(a,b)(y-b)$ 称为 $f(x,y)$ 在点 (a,b) 处的线性估计.

例 8.4.2　设 $f(x,y) = xe^{xy}$,利用线性估计方法计算 $f(1.1, -0.1)$.

解　$f(x,y)$ 在点 $(1,0)$ 处的偏导数为
$$f_x(x,y) = e^{xy} + xye^{xy}, \quad f_y(x,y) = x^2 e^{xy}$$
$$f_x(1,0) = 1, \quad f_y(1,0) = 1$$
$$L(x,y) = f(1,0) + f_x(1,0)(x-1) + f_y(1,0)(y-0)$$
$$= 1 + 1 \times (x-1) + 1 \times y = x + y$$

在点 $(1,0)$ 附近,$f(x,y)$ 的线性估计为 $xe^{xy} \approx x + y$.因此,$f(1.1, -0.1) \approx 1.1 - 0.1 = 1$,同真实值 $f(1.1, -0.1) = 1.1e^{-0.11} \approx 0.98542$ 非常接近.

例 8.4.3　在 8.3 节的开始,我们讨论了温-湿指数 I 与真实气温 T 以及相对湿度 H 的关系,表 8.3.1 为某气象学者给出的数据.试利用表 8.3.1 中的数据给出 $T = 96\,℉, H = 70\%$ 时的线性估计,并估计出 $T = 97\,℉$,相对湿度为 72% 时的温-湿指数 I.

解　由表 8.3.1 知,$f(96,70) = 125$.在 8.3 节中,我们估计了 $f_T(96,70) \approx 3.75, f_H(96,70) \approx 0.9$,故 $T = 96\,℉, H = 70\%$ 处的线性估计为
$$f(T,H) \approx f(96,70) + f_T(96,70)(T-96) + f_H(96,70)(H-70)$$
$$\approx 125 + 3.75(T-96) + 0.9(H-70)$$
$$f(97,72) \approx 125 + 3.75 + 0.9 \times 2 = 130.55$$

因此 $T = 97\,℉$,相对湿度为 72% 时的温-湿指数约为 $131\,℉$.

8.4.3　微分

设自变量 x 从 a 变化到 $a + \Delta x$,自变量 y 从 b 变化到 $b + \Delta y$,则 z 相应的增量

为 $\Delta z = f(a + \Delta x, b + \Delta y) - f(a, b)$. 在一元函数微积分中,我们定义 $\mathrm{d}y$ 为切线上函数值的增量,Δy 为函数 $y = f(x)$ 的函数值增量,并得出 $\Delta x \to 0$ 时,$\Delta y \approx \mathrm{d}y = f(a)\mathrm{d}x$,如图 8.4.4 所示. 对于二元函数,我们类似地给出如下定义:

> 若 Δz 可表示为
> $$\Delta z \approx f_x(a, b)\Delta x + f_y(a, b)\Delta y + \varepsilon_1 \Delta x + \varepsilon_2 \Delta y$$
> 其中 ε_1 和 ε_2 趋于 0 时,$(\Delta x, \Delta y) \to (0, 0)$,则称 $z = f(x, y)$ 为可微分的.

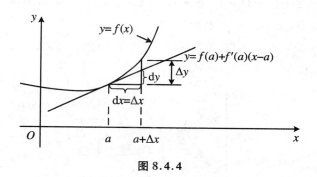

图 8.4.4

利用上述定义来判断函数的可微性有时很繁琐,下面的定理可便于我们判断可微性.

> 若点 (a, b) 附近的偏导数 f_x 与 f_y 均连续,则 $f(x, y)$ 在点 (a, b) 可微分.

类似于一元函数,定义自变量 x 与 y 的微分 $\mathrm{d}x$ 与 $\mathrm{d}y$,因变量 z 的微分为 $\mathrm{d}z$,也称之为全微分,记为

$$\mathrm{d}z = f_x(x, y)\mathrm{d}x + f_y(x, y)\mathrm{d}y = \frac{\partial z}{\partial x}\mathrm{d}x + \frac{\partial z}{\partial y}\mathrm{d}y$$

分别用 $x - a = \Delta x = \mathrm{d}x$,$y - b = \Delta y = \mathrm{d}y$ 替换上述公式中的 $\mathrm{d}x$ 及 $\mathrm{d}y$,则点 (a, b) 的全微分为 $\mathrm{d}z = f_x(a, b)(x - a) + f_y(a, b)(y - b)$. 这样 $f(x, y)$ 在点 (a, b) 处的线性估计可表示为

$$f(x, y) \approx f(a, b) + \mathrm{d}z$$

在图 8.4.5 中,我们用三维图形表示 $\mathrm{d}z$ 与 Δz,$\mathrm{d}z$ 表示切平面上高度的变化量(从

点 $(a,b,f(a,b))$ 移动至点 $(a+\Delta x,b+\Delta y,f(a+\Delta x,b+\Delta y))$，$\Delta z$ 表示曲面高度的变化量.

例 8.4.4 （1）设 $z = f(x,y) = x^2 + 3xy - y^2$，求 $\mathrm{d}z$；

（2）若 x 从 2 移动至 2.05，y 从 3 移动至 2.96，求 Δz 与 $\mathrm{d}z$.

解 （1）由定义可得

$$\mathrm{d}z = \frac{\partial z}{\partial x}\mathrm{d}x + \frac{\partial z}{\partial y}\mathrm{d}y = (2x + 3y)\mathrm{d}x + (3x - 2y)\mathrm{d}y$$

（2）取 $x = 2, \mathrm{d}x = \Delta x = 0.05, y = 3, \mathrm{d}y = \Delta y = -0.04$，则

$$\mathrm{d}z = (2\times 2 + 3\times 3)\times 0.05 + (3\times 2 - 2\times 3)\times(-0.04) = 0.65$$

$$\begin{aligned}
\Delta z &= f(2.05,2.96) - f(2,3)\\
&= (2.05^2 + 3\times 2.05\times 2.96 - 2.96^3) - (2^2 + 3\times 2\times 3 - 3^2)\\
&= 0.644\,9
\end{aligned}$$

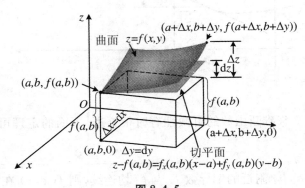

图 8.4.5

例 8.4.5 为计算一圆锥体的体积 V，我们对其半径 r 及高度 h 进行测量，不妨设测量的误差不超过 $0.1\,\mathrm{cm}$，试利用微分估计体积的最大误差.

解 由 $V = \dfrac{\pi r^2 h}{3}$ 得

$$\mathrm{d}V = \frac{\partial V}{\partial r}\mathrm{d}r + \frac{\partial V}{\partial h}\mathrm{d}h = \frac{2\pi rh}{3}\mathrm{d}r + \frac{\pi r^2}{3}\mathrm{d}h,$$

测量误差不超过 $0.1\,\mathrm{cm}$，因此 $|\Delta r| \leqslant 0.1$，$|\Delta h| \leqslant 0.1$，取 $\mathrm{d}r = 0.1, \mathrm{d}h = 0.1$，$r = 10, h = 25$，可计算体积的最大测量误差为

$$\mathrm{d}V = \frac{500\pi}{3}\times 0.1 + \frac{100\pi}{3}\times 0.1 = 20\pi \approx 63\,(\mathrm{cm}^3)$$

8.5   二 重 积 分

在一元函数的讨论中,我们通过黎曼和的极限给出定积分的概念,把这一思想用到二元函数上,即可得到二重积分.

8.5.1   曲顶柱体的体积

有一空间立体 Ω,它的底是 xOy 面上的有界区域 D,侧面是以 D 的边界曲线为准线,而母线平行于 z 轴的柱面,顶是曲面 $z = f(x.y)$.当 $(x,y) \in D$ 时,$f(x,y)$ 在 D 上连续且 $f(x,y) \geqslant 0$,以后称这种立体为曲顶柱体.

那么如何求曲顶柱体的体积呢?

如图 8.5.1 所示,用网格线将区域 D 划分成 n 块小区域:ΔD_1,ΔD_2,$\cdots$,ΔD_n,小闭区域 ΔD_i 的面积记作 $\Delta\sigma_i(i = 1,2,\cdots,n)$,设以 ΔD_i 为底的小曲顶柱体的体积为 $\Delta V_i(i = 1,2,\cdots,n)$,则原曲顶柱体的体积为

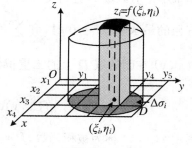

图 8.5.1

$$V = \sum_{i=1}^{n} \Delta V_i$$

在 ΔD_i 上任取一点 (ξ_i,η_i),以 $f(\xi_i,\eta_i)$ 为高的小长方体的体积 $f(\xi_i,\eta_i)\Delta\sigma_i$ 可近似当作小曲顶柱体的体积 ΔV_i:

$$\Delta V_i \approx f(\xi_i,\eta_i)\Delta\sigma_i \quad (i = 1,2,\cdots,n)$$

从而所求曲顶柱体体积近似地等于这 n 个小长方体的体积之和:

$$V = \sum_{i=1}^{n} \Delta V_i \approx \sum_{i=1}^{n} f(\xi_i,\eta_i)\Delta\sigma_i$$

如图 8.5.2 所示,当划分成的区域越来越小时,小长方体的和与曲顶柱体近似的程度越好.记各个小区域的直径的最大值记为 λ,如果当 $\lambda \to 0$ 时上式右端和式的极限存在,那么就定义此极限为所求曲顶柱体的体积 V,即

$$V = \lim_{\lambda \to 0} \sum_{i=1}^{n} f(\xi_i,\eta_i)\Delta\sigma_i$$

上述问题是一个几何问题,我们将所求的量最终归结为一种和式的极限.另外,还有许多物理、几何、经济学上的量也都可以归结为这种和式的极限,因此有必

要在普遍意义下研究这种形式的极限. 于是我们抽象出二重积分的定义.

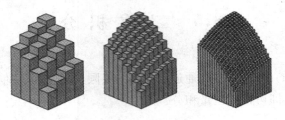

图 8.5.2

8.5.2 二重积分的定义

设 $f(x,y)$ 是有界闭区域 D 上的有界函数, 将闭区域 D 任意划分成 n 个小闭区域: $\Delta D_1, \Delta D_2, \cdots, \Delta D_n$, 记小闭区域 ΔD_i 的面积为 $\Delta\sigma_i (i = 1,2,\cdots,n)$. 在每个 ΔD_i 上任取一点 (ξ_i, η_i), 作乘积 $f(\xi_i, \eta_i)\Delta\sigma_i (i = 1,2,\cdots,n)$, 再作和 $\sum\limits_{i=1}^{n} f(\xi_i, \eta_i)\Delta\sigma_i$. 如果不论对区域 D 怎样划分, 也不论在 ΔD_i 上怎样选取 (ξ_i, η_i), 当所有小区域的直径的最大值 $\lambda \to 0$ 时, 和 $\sum\limits_{i=1}^{n} f(\xi_i, \eta_i)\Delta\sigma_i$ 的极限存在, 那么称此极限为函数 $f(x,y)$ 在闭区域 D 上的二重积分, 记作 $\iint\limits_{D} f(x,y)\mathrm{d}\sigma$, 即

$$\iint\limits_{D} f(x,y)\mathrm{d}\sigma = \lim_{\lambda \to 0} \sum_{i=1}^{n} f(\xi_i, \eta_i)\Delta\sigma_i$$

其中 $f(x,y)$ 称为被积函数, $f(x,y)\mathrm{d}\sigma$ 称为被积表达式, $\mathrm{d}\sigma$ 称为面积元素, x, y 称为积分变量, D 称为积分区域.

注 8.5.1　(1) 函数 $f(x,y)$ 在有界闭区域 D 上连续时, 二重积分 $\iint\limits_{D} f(x,y)\mathrm{d}\sigma$ 必定存在.

(2) 曲顶柱体的体积就是其高度函数 $f(x,y)$ 在底面 D 上的二重积分

$$V = \iint\limits_{D} f(x,y)\mathrm{d}\sigma$$

这就是 $f(x,y) \geqslant 0$ 时二重积分 $\iint\limits_{D} f(x,y)\mathrm{d}\sigma$ 的几何意义.

(3) 如果在直角坐标系中用平行于坐标轴的直线网来划分区域 D, 可把面积元素 $\mathrm{d}\sigma$ 记作 $\mathrm{d}x\mathrm{d}y$, 把二重积分记作 $\iint\limits_{D} f(x,y)\mathrm{d}x\mathrm{d}y$.

(4) 在以后的讨论中,我们总假定闭区域上的二重积分存在.

完全类似于定积分的性质,我们也可以给出如下二重积分的性质,这里不再给出详细的说明.

性质 8.5.1 常数因子可以提到积分号外面,即

$$\iint\limits_{D} kf(x,y)\mathrm{d}\sigma = k\iint\limits_{D} f(x,y)\mathrm{d}\sigma$$

性质 8.5.2 函数和或差的积分等于各函数积分的和或差,即

$$\iint\limits_{D} [f(x,y) \pm g(x,y)]\mathrm{d}\sigma = \iint\limits_{D} f(x,y)\mathrm{d}\sigma \pm \iint\limits_{D} g(x,y)\mathrm{d}\sigma$$

性质 8.5.3 如果积分区域 D 分割成 D_1 与 D_2 两部分,则有

$$\iint\limits_{D} f(x,y)\mathrm{d}\sigma = \iint\limits_{D_1} f(x,y)\mathrm{d}\sigma + \iint\limits_{D_2} f(x,y)\mathrm{d}\sigma$$

性质 8.5.4 如果在 D 上,$f(x,y) \equiv 1$,则

$$\iint\limits_{D} 1\mathrm{d}\sigma = \iint\limits_{D} \mathrm{d}\sigma = \sigma \quad (\sigma\ 指的是区域 D\ 的面积)$$

8.5.3 直角坐标下二重积分的计算

考虑积分区域的两种基本图形.

(1) 设积分区域 D 可用不等式 $y_1(x) \leqslant y \leqslant y_2(x)$,$a \leqslant x \leqslant b$(图 8.5.3)来表示,其中 $y_1(x)$,$y_2(x)$ 在 $[a,b]$ 上连续.

首先假定 $f(x,y) \geqslant 0$. 由二重积分的几何意义知,$\iint\limits_{D} f(x,y)\mathrm{d}\sigma$ 的值等于以 D 为底、以 $z = f(x,y)$ 为顶的曲顶柱体的体积(图 8.5.4). 我们用定积分来计算这个曲顶柱体的体积.

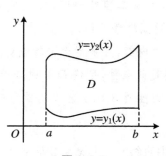

图 8.5.3

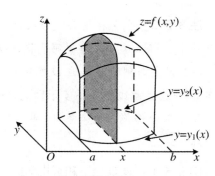

图 8.5.4

过区间 $[a,b]$ 上任一点 x 的截面的面积为

$$S(x) = \int_{y_1(x)}^{y_2(x)} f(x,y)\mathrm{d}y$$

再由定积分的微元法,得到曲顶柱体的体积

$$V = \int_a^b S(x)\mathrm{d}x = \int_a^b \left[\int_{y_1(x)}^{y_2(x)} f(x,y)\mathrm{d}y \right]\mathrm{d}x$$

于是

$$\iint\limits_{D} f(x,y)\mathrm{d}\sigma = \int_a^b \mathrm{d}x \int_{y_1(x)}^{y_2(x)} f(x,y)\mathrm{d}y \tag{8.5.1}$$

二重积分即化成二次积分. 在上面的讨论中,事先假定了 $f(x,y) \geqslant 0$,但实际上公式(8.5.1)的成立并不受此限制.

（2）类似地,如果积分区域可以用不等式 $x_1(y) \leqslant x \leqslant x_2(y), c \leqslant y \leqslant d$ 来表示(图8.5.5),其中 $x_1(y), x_2(y)$ 在 $[c,d]$ 上连续,则二重积分 $\iint\limits_{D} f(x,y)\mathrm{d}\sigma$ 可以化成二次积分(图8.5.6)

$$\iint\limits_{D} f(x,y)\mathrm{d}\sigma = \int_c^d \mathrm{d}y \int_{x_1(y)}^{x_2(y)} f(x,y)\mathrm{d}x \tag{8.5.2}$$

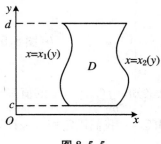

图 8.5.5

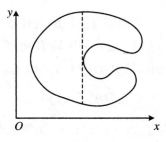

图 8.5.6

注 8.5.2　（1）在用公式(8.5.1)或(8.5.2)计算二重积分时,关键是确定定积分的上、下限,这往往需要画出区域 D,借助直观图思考.

（2）以上两种积分区域 D 都满足条件:过 D 的内部,且平行于 x 轴或 y 轴的直线与 D 的边界曲线相交不多于两点.如果 D 不满足此条件,可将 D 分成若干部分,使其每一部分都符合这个条件,再利用二重积分的性质8.5.3解决二重积分的计算问题.

例 8.5.1　计算二重积分 $\iint\limits_{D} xy\mathrm{d}\sigma$,其中 D 是由直线 $y = 1, x = 2$ 及 $y = x$ 所围

成的闭区域.

解 区域 D 如图 8.5.7 所示,可以将它看成一个 x 型区域,即
$$D = \{(x,y) \mid 1 \leqslant x \leqslant 2, 1 \leqslant y \leqslant x\}$$
所以
$$\iint\limits_D xy\,\mathrm{d}\sigma = \int_1^2 \mathrm{d}x \int_1^x xy\,\mathrm{d}y = \int_1^2 x \cdot \frac{1}{2} y^2 \Big|_{y=1}^{y=x} \mathrm{d}x$$
$$= \int_1^2 \left(\frac{1}{2} x^3 - \frac{1}{2} x\right) \mathrm{d}x = \frac{9}{8}$$

也可以将 D 看成是 y 型区域,即
$$D = \{(x,y) \mid 1 \leqslant y \leqslant 2, y \leqslant x \leqslant 2\}$$
于是
$$\iint\limits_D xy\,\mathrm{d}\sigma = \int_1^2 \mathrm{d}y \int_y^2 xy\,\mathrm{d}x = \int_1^2 y\,\frac{1}{2} x^2 \Big|_{x=y}^2 \mathrm{d}y$$
$$= \int_1^2 \left(2y - \frac{1}{2} y^3\right) \mathrm{d}y = \frac{9}{8}$$

由上面的例子可以看到,计算二重积分的关键是对区域的处理,同时还要考虑被积函数.

例 8.5.2 计算 $\iint\limits_D 2xy^2\,\mathrm{d}\sigma$,其中 D 由抛物线 $y^2 = x$ 与直线 $y = x - 2$ 围成.

解 求得抛物线与直线的交点为 $(4,2)$,$(-1,1)$,它可表示为
$$y^2 \leqslant x \leqslant y+2, \quad -1 \leqslant y \leqslant 2$$
(图 8.5.8).由公式 (8.5.2) 得

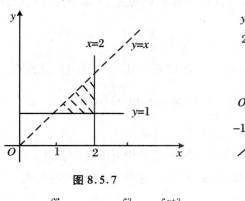

图 8.5.7

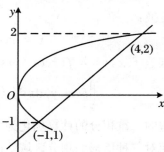

图 8.5.8

$$\iint\limits_D 2xy^2\,\mathrm{d}\sigma = \int_{-1}^2 \mathrm{d}y \int_{y^2}^{y+2} 2xy^2\,\mathrm{d}x = \int_{-1}^2 y^2 (x^2) \Big|_{y^2}^{y+2} \mathrm{d}y$$

$$= \int_{-1}^{2}(y^4 + 4y^3 + 4y^2 - y^6)\mathrm{d}y$$

$$= 15\frac{6}{35}$$

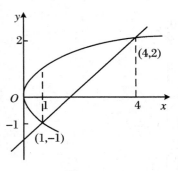

图 8.5.9

如果用公式(8.5.1)，就必须用直线 $x = 1$ 将区域 D 分成 D_1：$-\sqrt{x} \leqslant y \leqslant \sqrt{x}$，$0 \leqslant x \leqslant 1$ 和 D_2：$x - 2 \leqslant y \leqslant \sqrt{x}$，$1 \leqslant x \leqslant 4$（图 8.5.9）两部分。由二重积分的性质得

$$\iint\limits_{D}2xy^2\mathrm{d}\sigma = \iint\limits_{D_1}2xy^2\mathrm{d}\sigma + \iint\limits_{D_2}2xy^2\mathrm{d}\sigma$$

$$= \int_0^1\mathrm{d}x\int_{-\sqrt{x}}^{\sqrt{x}}2xy^2\mathrm{d}y + \int_1^4\mathrm{d}x\int_{x-2}^{\sqrt{x}}2xy^2\mathrm{d}y$$

显然，这种做法比用公式(8.5.2)麻烦。

　　以上两例说明，在二重积分的计算中，积分次序的选取是十分重要的，选取时应兼顾以下两个方面：

　　(1) 使每一次积分都能容易计算；

　　(2) 使积分区域尽量不分块或少分块。

8.5.4　利用极坐标计算二重积分

　　如果有界闭区域 D 的边界曲线用极坐标方程表示比较简单，且被积函数 $f(x, y)$ 用极坐标表示也比较简单，利用极坐标来计算二重积分可能更方便。

　　当极坐标系的极点、极轴分别与直角坐标系的原点、x 轴正半轴重合时，引入极坐标变换：

$$x = r\cos\theta, \quad y = r\sin\theta$$

则被积函数 $f(x, y) = f(r\cos\theta, r\sin\theta)$，面积元素 $\mathrm{d}\sigma = r\mathrm{d}r\mathrm{d}\theta$，从而有

$$\iint\limits_{D}f(x, y)\mathrm{d}x\mathrm{d}y = \iint\limits_{D}f(r\cos\theta, r\sin\theta)r\mathrm{d}r\mathrm{d}\theta$$

上式右边的二重积分的计算仍化为二次积分来计算。

　　下面对三种情形的积分区域给出极坐标下二重积分的计算公式。

　　(1) 极点在积分区域 D 的外部（图 8.5.10）。这时 D 可以用不等式

$$r_1(\theta) \leqslant r \leqslant r_2(\theta), \quad \alpha \leqslant \theta \leqslant \beta$$

来表示，则极坐标系中的二重积分可化为如下的二次积分：

$$\iint\limits_{D} f(r\cos\theta, r\sin\theta)\, r\mathrm{d}r\mathrm{d}\theta = \int_{\alpha}^{\beta} \mathrm{d}\theta \int_{r_1(\theta)}^{r_2(\theta)} f(r\cos\theta, r\sin\theta)\, r\mathrm{d}r \qquad (8.5.3)$$

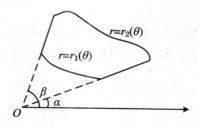

图 8.5.10

（2）极点在积分区域 D 的边界上（图 8.5.11）. 这时 D 可用不等式

$$0 \leqslant r \leqslant r(\theta), \quad \alpha \leqslant \theta \leqslant \beta$$

来表示，则极坐标系中的二重积分可化为如下的二次积分：

$$\iint\limits_{D} f(r\cos\theta, r\sin\theta)\, r\mathrm{d}r\mathrm{d}\theta = \int_{\alpha}^{\beta} \mathrm{d}\theta \int_{0}^{r(\theta)} f(r\cos\theta, r\sin\theta)\, r\mathrm{d}r \qquad (8.5.4)$$

（3）极点在积分区域 D 的内部（图 8.5.12）. 这时积分区域 D 由曲线 $r = r(\theta)$
围成，极点在 D 的内部，D 可表示为

$$0 \leqslant r \leqslant r(\theta), \quad 0 \leqslant \theta \leqslant 2\pi$$

则极坐标系中的二重积分可化为如下的二次积分：

$$\iint\limits_{D} f(r\cos\theta, r\sin\theta)\, r\mathrm{d}r\mathrm{d}\theta = \int_{0}^{2\pi} \mathrm{d}\theta \int_{0}^{r(\theta)} f(r\cos\theta, r\sin\theta)\, r\mathrm{d}r \qquad (8.5.5)$$

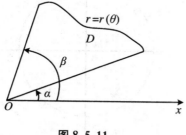

图 8.5.11

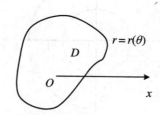

图 8.5.12

　　注意，以上所涉及的方程 $r = r_1(\theta), r = r_2(\theta)$ 及 $r = r(\theta)$ 都是曲线的极坐标方程，所以当积分区域 D 的边界曲线以直角坐标方程的形式给出时，应该先将曲线方程化为极坐标方程（把方程中的 x, y 分别换成 $r\cos\theta, r\sin\theta$ 后化简即可），再选择适当的公式来计算二重积分.

例 8.5.3 计算二重积分 $\iint\limits_{D}(x^2 + y^2)\mathrm{d}x\mathrm{d}y$，其中 D 为圆环域的一部分：$1 \leqslant x^2 + y^2 \leqslant 4, x \geqslant 0, y \geqslant 0$.

解 积分区域 D 如图 8.5.13 所示，进行极坐标变换，把圆 $x^2 + y^2 = 1$ 和 $x^2 + y^2 = 4$ 的极坐标方程分别化为 $r = 1$ 和 $r = 2$，D 可表示为

$$1 \leqslant r \leqslant 2, \quad 0 \leqslant \theta \leqslant \frac{\pi}{2}$$

则由公式(8.5.3)有

$$\iint\limits_{D}(x^2 + y^2)\mathrm{d}x\mathrm{d}y = \iint\limits_{D} r^2 r \mathrm{d}r\mathrm{d}\theta = \int_0^{\frac{\pi}{2}}\mathrm{d}\theta \int_1^2 r^3 \mathrm{d}r$$

$$= \int_0^{\frac{\pi}{2}}\left(\frac{r^4}{4}\right)\bigg|_1^2 \mathrm{d}\theta = \int_0^{\frac{\pi}{2}}\frac{15}{4}\mathrm{d}\theta$$

$$= \frac{15}{8}\pi$$

注意，在计算熟练后，可直接得

$$\int_0^{\frac{\pi}{2}}\mathrm{d}\theta \int_1^2 r^2 r \mathrm{d}r = \left(\int_0^{\frac{\pi}{2}}\mathrm{d}\theta\right)\left(\int_1^2 r^2 r \mathrm{d}r\right) = \frac{\pi}{2}\frac{15}{4} = \frac{15}{8}\pi$$

例 8.5.4 计算 $\iint\limits_{D} xy^2 \mathrm{d}x\mathrm{d}y$，其中 D 为半圆域：$x^2 + y^2 \leqslant 4, x \geqslant 0$.

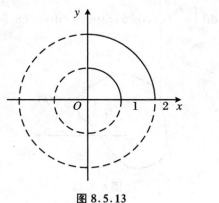

图 8.5.13

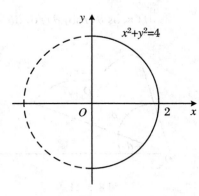

图 8.5.14

解 积分区域 D 如图 8.5.14 所示，圆 $x^2 + y^2 = 4$ 的极坐标方程为 $r = 2$，则 D 可表示为

$$0 \leqslant r \leqslant 2, \quad -\frac{\pi}{2} \leqslant \theta \leqslant \frac{\pi}{2}$$

于是由公式(8.5.4)得

$$\iint\limits_{D} xy^2 \mathrm{d}x\mathrm{d}y = \iint\limits_{D} r\cos\theta \cdot r^2 \sin^2\theta \cdot r\mathrm{d}r\mathrm{d}\theta$$

$$= \int_{-\frac{\pi}{2}}^{\frac{\pi}{2}} \mathrm{d}\theta \int_0^2 \cos\theta\,\sin^2\theta \cdot r^4\mathrm{d}r$$

$$= \int_{-\frac{\pi}{2}}^{\frac{\pi}{2}} \cos\theta\,\sin^2\theta \left(\frac{r^5}{5}\right)\Big|_0^2 \mathrm{d}\theta$$

$$= \frac{32}{5} \int_{-\frac{\pi}{2}}^{\frac{\pi}{2}} \cos\theta\,\sin^2\theta\mathrm{d}\theta = \frac{64}{15}$$

例 8.5.5　计算 $\iint\limits_{D} \mathrm{e}^{-x^2-y^2} \mathrm{d}x\mathrm{d}y$,其中 D 为圆域: $x^2 + y^2 \leqslant a^2$.

解　积分区域 D 如图 8.5.15 所示,圆 $x^2 + y^2 = a^2$ 的极坐标方程为 $r = a$,则 D 可表示为

$$0 \leqslant r \leqslant a, \quad 0 \leqslant \theta \leqslant 2\pi$$

于是由公式(8.5.5)得

$$\iint\limits_{D} \mathrm{e}^{-x^2-y^2} \mathrm{d}x\mathrm{d}y = \iint\limits_{D} \mathrm{e}^{-r^2} r\mathrm{d}r\mathrm{d}\theta$$

$$= \int_0^{2\pi} \mathrm{d}\theta \int_0^a \mathrm{e}^{-r^2} r\mathrm{d}r$$

$$= \int_0^{2\pi} \left(-\frac{1}{2}\mathrm{e}^{-r^2}\right)\Big|_0^a \mathrm{d}\theta$$

$$= \pi(1 - \mathrm{e}^{-a^2})$$

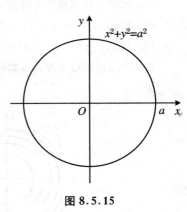

图 8.5.15

此题如果采用直角坐标来计算,则会遇到积分 $\int \mathrm{e}^{-x^2} \mathrm{d}x$,它不能用初等函数来表示,因而无法计算,由此可见利用极坐标计算二重积分的优越性.

另外,由以上例题可以看到,当二重积分的被积函数含有 $x^2 + y^2$,积分区域为圆域或圆域的一部分时,利用极坐标计算往往比较简单.

习　题　8

1. 求函数 $f(x,y,z) = \ln(z-y) + xy\sin z$ 的定义域.
2. 对于例 8.1.1 中的函数,求 $f(1,-2)$,再问:当 t 为多少时,$f(-2,t) = 2$?
3. 设函数 $f(x,y,z) = \mathrm{e}^{\sqrt{z-x^2-y^2}}$,求 $f(2,-1,6)$ 及 f 的定义域和值域.
4. 设函数 $g(x,y,z) = \ln(25 - x^2 - y^2 - z^2)$,求 $g(2,-2,4)$ 及 g 的定义域和值域.
5. 在平面上画出函数 $f(x,y) = \ln(9 - x^2 - 9y^2)$ 的定义域的图像.

6. 画出函数 $f(x,y) = \sqrt{1 + x - y^2}$ 的图像和定义域,并求 f 的值域.

7. 画出函数 $f(x,y) = xy$ 和 $g(x,y) = x^2 - y^2$ 的等高线图.

8. 画出函数 $f(x,y) = x^2 + 9y^2$ 的图像和等高线图,并比较之.

9. 描述怎样从函数 f 的图像得到函数 g 的图像:

(1) $g(x,y) = f(x,y) + 2$;　　　　(2) $g(x,y) = 2f(x,y)$;

(3) $g(x,y) = -f(x,y)$;　　　　　(4) $g(x,y) = 2 - f(x,y)$.

10. 描述怎样从函数 $f(x,y)$ 的图像得到 $g(x,y)$ 的图像:

(1) $g(x,y) = f(x-2,y)$;　　　　(2) $g(x,y) = f(x,y+2)$;

(3) $g(x,y) = f(x+3,y-4)$;　　　(4) $g(x,y) = f(2x,y)$.

11. 描述下列函数的等值面:

(1) $f(x,y,z) = x + 3y + 5z$;　　　(2) $f(x,y,z) = x^2 + 3y^2 + 5z^2$;

(3) $f(x,y,z) = x^2 - y^2 + z^2$;　　(4) $f(x,y,z) = x^2 - y^2$.

12. 下图是两幅函数的等高线图,这两个函数分别是锥面和椭圆抛物面.请把它们对应起来.

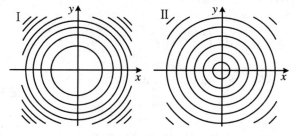

题 12 图

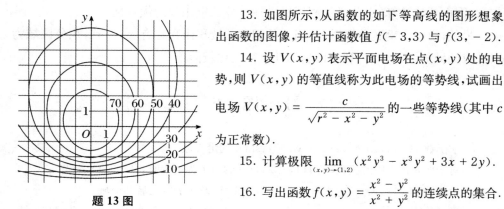

题 13 图

13. 如图所示,从函数的如下等高线的图形想象出函数的图像,并估计函数值 $f(-3,3)$ 与 $f(3,-2)$.

14. 设 $V(x,y)$ 表示平面电场在点 (x,y) 处的电势,则 $V(x,y)$ 的等值线称为此电场的等势线,试画出电场 $V(x,y) = \dfrac{c}{\sqrt{r^2 - x^2 - y^2}}$ 的一些等势线(其中 c 为正常数).

15. 计算极限 $\lim\limits_{(x,y)\to(1,2)} (x^2 y^3 - x^3 y^2 + 3x + 2y)$.

16. 写出函数 $f(x,y) = \dfrac{x^2 - y^2}{x^2 + y^2}$ 的连续点的集合.

17. 写出函数 $h(x,y) = \arctan(y/x)$ 的连续点

的集合,并利用函数的图像说明之.

18. 由 $\lim\limits_{(x,y)\to(3,1)} f(x,y) = 6$ 能说明 $f(3,1) = 6$ 吗?如果函数 f 是连续的呢?

19. 解释下列函数的连续性与非连续性:

(1) 温度作为经度、纬度和时间的函数;

(2) 海拔高度作为经度、纬度和时间的函数;

(3) 出租车的租金作为路程与时间的函数.

20. 分别列出函数 $f(x,y) = \dfrac{x^2 y^3 + x^3 y^2 - 5}{2 - xy}$ 与 $g(x,y) = \dfrac{2xy}{x^2 + 2y^2}$ 在 $(0,0)$ 点附近的

函数值,并猜出这两个函数在 $(0,0)$ 的极限,然后证明之.

21. 判断下列极限是否存在,若存在,试计算出极限值:

(1) $\lim\limits_{(x,y)\to(6,3)} xy\cos(x - 2y)$;   (2) $\lim\limits_{(x,y)\to(0,0)} \dfrac{x^2}{x^2 + y^2}$;

(3) $\lim\limits_{(x,y)\to(0,0)} \dfrac{xy}{\sqrt{x^2 + y^2}}$;   (4) $\lim\limits_{(x,y)\to(0,0)} \dfrac{2x^2 y}{x^4 + y^2}$;

(5) $\lim\limits_{(x,y)\to(0,0)} \dfrac{x^2 \sin^2 y}{x^2 + 2y^2}$;   (6) $\lim\limits_{(x,y)\to(5,-2)} (x^5 + 4x^3 y - 5xy^2)$.

22. 计算函数 $h(x,y) = g(f(x,y))$,并说明 $h(x,y)$ 的连续性:

(1) $g(t) = t^2 + \sqrt{t}, f(x,y) = 2x + 3y - 6$;

(2) $g(x) = \sin x, f(x,y) = y\ln x$.

23. 用极坐标代换计算下列极限:

(1) $\lim\limits_{(x,y)\to(0,0)} \ln(x^2 + y^2)$;   (2) $\lim\limits_{(x,y)\to(0,0)} \dfrac{x^3 + y^3}{x^2 + y^2}$;   (3) $\lim\limits_{(x,y)\to(0,0)} \dfrac{\sin(x^2 + y^2)}{x^2 + y^2}$.

24. 用球坐标计算 $\lim\limits_{(x,y,z)\to(0,0,0)} \dfrac{xyz}{x^2 + y^2 + z^2}$.

25. 证明下列极限不存在:

(1) $\lim\limits_{(x,y)\to(0,0)} \dfrac{x^2 + 2y^2 + 3z^2}{x^2 + y^2 + z^2}$;   (2) $\lim\limits_{(x,y)\to(0,0)} \dfrac{xy + yz + zz}{x^2 + y^2 + z^2}$;

(3) $\lim\limits_{(x,y)\to(0,0)} \dfrac{xy + yz^2 + xz^2}{x^2 + y^2 + z^4}$.

26. 确定函数的连续点的集合:

(1) $f(x,y,z) = \sqrt{x + y + z}$;

(2) $G(x,y) = \arcsin(x^2 + y^2)$;

(3) $f(x,y,z) = \dfrac{\sqrt{y}}{x^2 - y^2 + z^2}$;

(4) $f(x,y) = \begin{cases} \dfrac{x^2 y^3}{2x^2 + y^2}, & (x,y) \neq (0,0); \\ 1, & (x,y) = (0,0) \end{cases}$

(5) $f(x,y) = \begin{cases} \dfrac{xy}{x^2 + xy + y^2}, & (x,y) \neq (0,0) \\ 0, & (x,y) = (0,0) \end{cases}$.

27. 求下列函数的偏导数：

(1) $z = x^3 y^2$；　　　　　　(2) $z = \ln(xy^2)$；

(3) $z = ye^x + x\sin y$；　　(4) $z = e^{\sin x}\cos y$；

(5) $u = \sqrt{x^2 + y^2 + z^2}$；　(6) $u = xy\sqrt{1 - x^2 - y^2 - z^2}$.

28. 求下列函数在指定点处的偏导数：

(1) $z = e^{x^2 + y^2}, \dfrac{\partial z}{\partial x}\Big|_{\substack{x=1 \\ y=0}}, \dfrac{\partial z}{\partial y}\Big|_{\substack{x=1 \\ y=0}}$；

(2) $z = \ln\dfrac{y^2}{x}, \dfrac{\partial z}{\partial x}\Big|_{\substack{x=1 \\ y=2}}, \dfrac{\partial z}{\partial y}\Big|_{\substack{x=1 \\ y=2}}$；

(3) $x = (1 + xy)^2, \dfrac{\partial z}{\partial x}\Big|_{\substack{x=1 \\ y=1}}, \dfrac{\partial z}{\partial y}\Big|_{\substack{x=1 \\ y=1}}$；

(4) $u = \ln(xy + z)$，求$\dfrac{\partial u}{\partial x}\Big|_{\substack{x=1 \\ y=1 \\ z=1}}, \dfrac{\partial u}{\partial y}\Big|_{\substack{x=2 \\ y=1 \\ z=1}}, \dfrac{\partial u}{\partial z}\Big|_{\substack{x=2 \\ y=1 \\ z=1}}$.

29. 联系偏导数的几何意义，求下列曲线的切线方程，并作出图像：

(1) 曲线 $\begin{cases} z = x^2 + y^2 + 1 \\ x = 1 \end{cases}$ 在点$(1,1,3)$处的切线方程；

(2) 曲线 $\begin{cases} z = x^2 - y^2 \\ y = 1 \end{cases}$ 在点$(2,1,3)$处的切线方程.

30. 求下列函数的所有二阶偏导数：

(1) $z = \ln(x + y)$；　　(2) $z = \dfrac{\sin y}{x}$.

31. 求下列函数在指定点处的高阶偏导数：

(1) $z = \arctan\dfrac{y}{x}, \dfrac{\partial^2 z}{\partial x^2}\Big|_{\substack{x=1 \\ y=1}}, \dfrac{\partial^2 z}{\partial y^2}\Big|_{\substack{x=1 \\ y=1}}, \dfrac{\partial^2 z}{\partial x\partial y}\Big|_{\substack{x=1 \\ y=1}}$；

(2) $u = e^{xyz}$，求$\dfrac{\partial^3 u}{\partial x^3}\Big|_{\substack{x=1 \\ y=1 \\ z=1}}, \dfrac{\partial^3 u}{\partial x^2\partial y}\Big|_{\substack{x=1 \\ y=1 \\ z=1}}, \dfrac{\partial^3 u}{\partial x\partial y\partial z}\Big|_{\substack{x=1 \\ y=1 \\ z=1}}$.

32. 求下列方程所确定的函数的偏导数：

(1) 设 $y^2 + xyz = xz^2, \dfrac{\partial z}{\partial x}, \dfrac{\partial z}{\partial y}$；

(2) 设 $x\sin yz + xz^2 = \ln xy$, $\dfrac{\partial y}{\partial x}$, $\dfrac{\partial y}{\partial z}$.

33. 求曲面在指定点处的切平面：

(1) $z = 4x^2 - y^2 + 2y$, $(-1,2,4)$；

(2) $z = 9x^2 + y^2 + 6x - 3y + 5$, $(1,2,18)$；

(3) $z = \sqrt{4 - x^2 - 2y^2}$, $(1,-1,1)$；

(4) $z = y\ln x$, $(1,4,0)$；

(5) $z = y\cos(x - y)$, $(2,2,2)$；

(6) $z = \mathrm{e}^{x^2 - y^2}$, $(1,-1,1)$.

34. 证明函数在指定点是可微的，并计算它们在指定点处的线性化.

(1) $f(x,y) = x\sqrt{y}$, $(1,4)$；　　　(2) $f(x,y) = \dfrac{x}{y}$, $(6,3)$；

(3) $f(x,y) = \mathrm{e}^x\cos xy$, $(0,0)$；　　(4) $f(x,y) = \sqrt{x + \mathrm{e}^{4y}}$, $(3,0)$；

(5) $f(x,y) = \arctan(x + 2y)$, $(1,0)$；　(6) $f(x,y) = \sin(2x + 3y)$, $(-3,2)$.

35. 求下列函数的微分：

(1) $z = x^3\ln y^2$；　　　　　　　(2) $v = y\cos xy$；

(3) $u = \mathrm{e}^t\sin\theta$；　　　　　　　(4) $u = \dfrac{r}{s + 2t}$；

(5) $w = \ln\sqrt{x^2 + y^2 + z^2}$；　　(6) $w = xy\mathrm{e}^{xz}$.

36. 用二元函数可微的定义，证明下列函数是可微的：

(1) $f(x,y) = x^2 + y^2$；　(2) $f(x,y) = xy - 5y^2$.

37. 设 $z = 5x^2 + y^2$，若 (x,y) 从点 $(1,2)$ 变化到点 $(1.05,2.1)$，比较 $\mathrm{d}z$ 与 Δz 的值.

38. 设 $z = x^2 - xy + 3y^2$，若 (x,y) 从点 $(3,-1)$ 变化到点 $(2.96,-0.95)$，比较 $\mathrm{d}z$ 与 Δz 的值.

39. 利用函数 $f(x,y) = \ln(x - 3y)$ 在点 $(7,2)$ 的线性化，计算 $(6.9,2.06)$ 的近似值.

40. 利用函数 $f(x,y,z) = \sqrt{x^2 + y^2 + z^2}$ 在点 $(3,2,6)$ 的线性化，计算 $\sqrt{3.02^2 + 1.97^2 + 5.99^2}$ 的近似值.

41. 1 摩尔的理想气体的状态方程为 $PV = 8.31T$，其中 P 是压强，单位：kPa；V 是体积，单位：L；T 是热力学温度，单位：K. 在体积从 12 L 增加到 12.3 L，温度从 310 K 下降到 305 K 时，用微分计算压强的近似改变量.

42. 设二元函数 f 在点 (a,b) 处可微，证明 f 在点 (a,b) 处连续.

43. 利用二重积分的定义，证明性质 8.5.1 ～ 8.5.4.

44. 利用二重积分的几何意义，求二重积分 $\displaystyle\iint\limits_{x^2 + y^2 \leqslant 1}\sqrt{1 - x^2 - y^2}\,\mathrm{d}\sigma$ 的值.

45. 利用积分的性质,估计 $I = \iint\limits_{D} (x^2 + 4y^2 + 1)\mathrm{d}\sigma$ 的值,其中 D 是圆形闭区域:$x^2 + y^2 \leqslant 4$.

46. 把二重积分 $\iint\limits_{D} f(x,y)\mathrm{d}\sigma$ 化为两种不同次序下的二次积分,其中 D 为:

(1) 由 x 轴,直线 $x = 1$,$y = x$ 所围成的平面区域;

(2) 由直线 $x = 2$,$y = x$ 和双曲线 $y = 1/x$ $(x > 0)$ 所围成的平面区域.

47. 改变下列二次积分的积分次序:

(1) $\int_{1}^{2} \mathrm{d}x \int_{0}^{1} f(x,y)\mathrm{d}y$;   (2) $\int_{0}^{1} \mathrm{d}x \int_{0}^{1-x} f(x,y)\mathrm{d}y$;

(3) $\int_{-1}^{2} \mathrm{d}y \int_{y^2-1}^{y+1} f(x,y)\mathrm{d}x$;   (4) $\int_{0}^{1} \mathrm{d}x \int_{0}^{x} f(x,y)\mathrm{d}y + \int_{1}^{2} \mathrm{d}x \int_{0}^{2-x} f(x,y)\mathrm{d}y$.

48. 利用直角坐标计算下列二重积分:

(1) $\iint\limits_{D} x\mathrm{e}^{xy}\mathrm{d}\sigma$,其中 $D = \{(x,y) \mid 0 \leqslant x \leqslant 1, 0 \leqslant y \leqslant 1\}$;

(2) $\iint\limits_{D} xy^2 \mathrm{d}\sigma$,其中 D 是由抛物线 $y^2 = 2px$ 和直线 $x = p/2$ $(p > 0)$ 围成的区域;

(3) $\iint\limits_{D} x\sqrt{y}\mathrm{d}\sigma$,其中 D 是由两条抛物线 $y = x^2$,$y = \sqrt{x}$ 围成的区域;

(4) $\iint\limits_{D} \mathrm{e}^{x+y}\mathrm{d}\sigma$,其中 $D = \{(x,y) \mid |x| + |y| \leqslant 1\}$.

49. 利用极坐标计算下列二重积分:

(1) $\iint\limits_{D} \mathrm{e}^{x^2+y^2}\mathrm{d}\sigma$,其中 D 是圆周 $x^2 + y^2 = 1$ 所围成的区域;

(2) $\iint\limits_{D} (x + y)\mathrm{d}x\mathrm{d}y$,其中 $D = \{(x,y) \mid x^2 + y^2 \leqslant 2x\}$;

(3) $\iint\limits_{D} xy\mathrm{d}x\mathrm{d}y$,其中 $D = \{(x,y) \mid x^2 + y^2 \leqslant \sqrt{2}, x \geqslant 0, y \geqslant 0\}$;

(4) $\iint\limits_{D} \dfrac{x + y}{x^2 + y^2}\mathrm{d}\sigma$,其中 $D = \{(x,y) \mid x^2 + y^2 \leqslant 1, x + y \geqslant 1\}$.

50. 选择适当的坐标计算下列二重积分:

(1) $\iint\limits_{D} \sqrt{x^2 + y^2}\mathrm{d}\sigma$,其中 $D = \{(x,y) \mid 1 \leqslant x^2 + y^2 \leqslant 4\}$;

(2) $\iint\limits_{D} \mathrm{e}^{x/y}\mathrm{d}x\mathrm{d}y$,其中 D 是由 y 轴和直线 $y = 1$,$y = x$ 所围成的区域;

(3) $\iint\limits_{D} \dfrac{\sin x}{x}\mathrm{d}x\mathrm{d}y$,其中 D 是由直线 $y = x$ 和抛物线 $y = x^2$ 所围成的区域;

(4) $\iint\limits_{D} \ln(1 + x^2 + y^2)\mathrm{d}x\mathrm{d}y$,其中 D 是由圆周 $x^2 + y^2 = 1$ 及坐标轴所围成的在第一象限内的区域.

第 9 章 无 穷 级 数

无穷级数是研究有次序的可数或者无穷个函数和的收敛性及其极限值的方法,理论以数项级数为基础.它是微积分理论研究中的一个主要工具,人们常将复杂函数表示成无穷级数和.它的重要性,在于可将函数表示成级数,再对级数求积分,这一思想在自然科学与工程技术中有着广泛的应用.本章我们将由常数项级数,逐步引出幂级数这一概念.

级数是与数列有密切联系的一个概念,它不仅在微积分理论中是一个重要的研究工具,而且在自然科学与工程技术中也有着广泛的应用.

9.1　常数项级数的概念和性质

我们在中学里已经遇到过级数 —— 等差数列与等比数列,它们都属于项数有限的特殊情形.下面,我们先来学习项数无限的级数(称为无穷级数)的问题.

9.1.1　清水洗涤沉淀

设纸浆在开始时含有 a L 水,而每升水中溶有 u_0 g 盐.若每次都用 1 L 清水来进行洗涤,在洗涤的过程中把纸浆与水充分混合,然后再倒出 1 L 盐溶液,而在纸浆中仍留下 a L 溶有盐的水.

设第一次洗涤后溶液的浓度为 u_1,可知 u_1 与 u_0 之间的关系为 $au_0 = (a+1)u_1$,则经过一次洗涤后溶液的浓度为 $u_1 = u_0 \dfrac{a}{a+1}$.

再设第二次洗涤后溶液的浓度为 u_2,由 $au_1 = (a+1)u_2$ 可知,经过两次洗涤后溶液的浓度为

$$u_2 = u_1 \frac{a}{a+1} = u_0 \left(\frac{a}{a+1} \right)^2$$

继续进行洗涤,则经过 n 次洗涤后溶液的浓度为 $u_n = u_0 \left(\dfrac{a}{a+1}\right)^n$.若令 $b = \dfrac{a}{a+1}$,则 $u_n = u_0 b^n$.

因为每次倒出 1 L 溶液,所以经过 n 次洗涤后被洗出来的总盐量为

$$u_1 + u_2 + \cdots + u_n = u_0 b + u_0 b^2 + \cdots + u_0 b^n = u_0 b \, \frac{1-b^n}{1-b}$$

若无限次地增加洗涤次数,即 $n \to \infty$,则被洗出来的总盐量为

$$u_1 + u_2 + \cdots + u_n + \cdots = u_0 b + u_0 b^2 + \cdots + u_0 b^n + \cdots$$

上述表达式就是一个级数.数列 $u_1, u_2, u_3, \cdots, u_n, \cdots$ 中各项依次用加号连接起来构成的表达式 $u_1 + u_2 + \cdots + u_n + \cdots$ 叫作常数项无穷级数,简称常数项级数,记为 $\displaystyle\sum_{n=1}^{\infty} u_n$ 或 $\displaystyle\sum u_n$,即 $\displaystyle\sum_{n=1}^{\infty} u_n = u_1 + u_2 + \cdots + u_n + \cdots$,其中数列的各项 $u_1, u_2, \cdots,$ $u_n, \cdots$ 称为级数的项,第 n 项 u_n 叫作级数的一般项或通项.

依次取级数的前一项、前两项……前 n 项,然后相加,得一数列 $S_1 = u_1, S_2 = u_1 + u_2, \cdots, S_n = u_1 + u_2 + \cdots + u_n, \cdots$,这个数列的通项 $S_n = u_1 + u_2 + \cdots + u_n$ 称为级数 $\displaystyle\sum_{n=1}^{\infty} u_n$ 的前 n 项的部分和,该数列称为级数的部分和数列.

如果级数的部分和数列收敛:$\displaystyle\lim_{n \to \infty} S_n = S$,那么就称该级数收敛,极限值 S 称为级数的和,并写成

$$S = \sum_{n=1}^{\infty} u_n = u_1 + u_2 + \cdots + u_n + \cdots$$

如果 $\{S_n\}$ 没有极限,则称无穷级数 $\displaystyle\sum_{n=1}^{\infty} u_n$ 发散.

注意　发散级数没有和.

例 9.1.1　证明:

$$\sum_{n=1}^{\infty} \frac{1}{n(n+1)} = \frac{1}{1 \times 2} + \frac{1}{2 \times 3} + \cdots + \frac{1}{n(n+1)} + \cdots$$

的和是 1.

证　易知

$$S_n = \frac{1}{1 \times 2} + \frac{1}{2 \times 3} + \cdots + \frac{1}{n(n+1)}$$

$$= \left(1 - \frac{1}{2}\right) + \left(\frac{1}{2} - \frac{1}{3}\right) + \cdots + \left(\frac{1}{n} - \frac{1}{n+1}\right)$$

$$= 1 - \frac{1}{n+1}$$

当 $n \to \infty$ 时, $S_n \to 1$, 所以级数的和是 1.

9.1.2 等差级数的应用

由等差数列构成的级数, 称作等差级数.

原子结构理论中的最大容量原理:

令 n 为主能级层的层序数, 则原子核外第 n 主能级层中最多容纳的电子数不超过 $2n^2$.

因为第 n 主能级层的电子亚层总数等于该主能级层的层序数, 且各电子亚层内的原子轨道数 $= 2 \times$ 亚层序数 $- 1$, 所以第 n 主能级层内的原子轨道数等于各亚层内轨道数之和:

$$1 + 3 + 5 + \cdots + (2n - 1) + \cdots$$

又因为每个原子轨道内最多可容纳 2 个自旋相反的电子, 所以第 n 主能级层内最多可容纳的电子数等于各亚层内可容纳的电子数之和, 即

$$2 + 6 + 10 + \cdots + 2(2n - 1) + \cdots$$

显然, 上式为一算术级数, 且首项 $a_1 = 2$, 公差 $d = 4$, 通项 $a_n = 2(2n - 1)$, 故前 n 项和为

$$S_n = \frac{[2 + 2(2n - 1)] \cdot n}{2} = 2n^2$$

即第 n 主能级层中最多容纳的电子数为 $2n^2$.

9.1.3 等比级数的应用

由等比数列构成的级数, 称作等比级数, 也称几何级数.

例 9.1.2 将气体 NO_2 和 O_2 以 $2:1$ 的体积比混合充满一支试管, 然后倒立于水中. 待充分反应后, 试管仍有部分气体存在. 问该气体是何物? 试管中剩余气体占试管容积的百分之几?

分析 NO_2、O_2、水三者共存时, 有反应

$$3NO_2 + H_2O = 2HNO_3 + NO$$

$$2NO + O_2 = 2NO_2$$

可知混合气体在与水充分接触时, NO_2 被水吸收, 同时又产生 NO, NO 又很快与 O_2

化合成 NO_2，NO_2 又会继续与水作用 …… 显然以上两步反应是循环的，每完成一轮循环便消耗部分混合气体.循环若干周期后，各周期消耗气体（NO_2 或 O_2）的量便构成一数列.当 O_2 过量时，反应周而复始，直至无穷，NO_2 剩余量的极限为 0，则气体消耗量所构成的数列形成一个无穷递减数列（即所得数列收敛），而消耗气体的总量则为该数列.

解　令试管的容积为 V，则试管中气体 NO_2 与 O_2 体积分别为 $\dfrac{2}{3}V$，$\dfrac{1}{3}V$.根据反应方程式，可知体系中各物质间量的关系及每轮循环中各物质体积的变化为

$$3NO_2 + H_2O = 2HNO_5 + NO$$
$$3\ :\ 1\ :\ 2\ :\ 1$$
$$2NO + O_2 = 2NO_2$$
$$2\ :\ 1\ :\ 2$$

每轮循环周期中各反应物质的体积比如下：

消耗的 NO_2 体积：消耗的 O_2 体积：生成的 NO_2 体积 $= 6:1:2$

消耗的 NO_2 气体体积（实际消耗量等于起始消耗量与周尾生成量之差）如下：

第 1 轮循环：

$$\text{消耗的 } NO_2 \text{ 气体}：\frac{2}{3}V \times \left(1 - \frac{2}{6}\right) = \frac{2}{3}V \times \frac{2}{3}$$

$$\text{生成的 } NO_2 \text{ 气体}：\frac{2}{3}V \times \frac{2}{6} = \frac{2}{3}V \times \frac{1}{3}$$

第 2 轮循环：

$$\text{消耗的 } NO_2 \text{ 气体}：\left(\frac{2}{3}V \times \frac{1}{3}\right) \times \left(1 - \frac{2}{6}\right) = \frac{2}{3}V \times \frac{2}{3} \times \frac{1}{3}$$

$$\text{生成的 } NO_2 \text{ 气体}：\left(\frac{2}{3}V \times \frac{1}{3}\right) \times \frac{2}{6} = \frac{2}{3}V \times \left(\frac{1}{3}\right)^2$$

第 3 轮循环：

$$\text{消耗的 } NO_2 \text{ 气体}：\frac{2}{3}V \times \left(\frac{1}{3}\right)^2 \times \left(1 - \frac{2}{6}\right) = \frac{2}{3}V \times \frac{2}{3} \times \left(\frac{1}{3}\right)^2$$

$$\text{生成的 } NO_2 \text{ 气体}：\frac{2}{3}V \times \left(\frac{1}{3}\right)^2 \times \frac{2}{6} = \frac{2}{3}V \times \left(\frac{1}{3}\right)^3$$

……

第 $n + 1$ 轮循环：

消耗的 NO_2 气体：$\dfrac{2}{3}V \times \dfrac{2}{3} \times \left(\dfrac{1}{3}\right)^n$

生成的 NO_2 气体：$\dfrac{2}{3}V \times \dfrac{2}{3} \times \left(\dfrac{1}{3}\right)^n \times \dfrac{2}{6} = \dfrac{2}{3}V \times \left(\dfrac{1}{3}\right)^{n+1}$

……

消耗的 O_2 气体体积如下：

第 1 轮循环：

$$\text{消耗的 } O_2 \text{ 气体：} \dfrac{2}{3}V \times \dfrac{1}{6}$$

第 2 轮循环：

$$\text{消耗的 } O_2 \text{ 气体：} \left(\dfrac{2}{3}V \times \dfrac{1}{3}\right) \times \dfrac{1}{6}$$

第 3 轮循环：

$$\text{消耗的 } O_2 \text{ 气体：} \dfrac{2}{3}V \times \left(\dfrac{1}{3}\right)^2 \times \dfrac{1}{6}$$

……

第 $n+1$ 轮循环：

$$\text{消耗的 } O_2 \text{ 气体：} \dfrac{2}{3}V \times \left(\dfrac{1}{3}\right)^n \times \dfrac{1}{6}$$

……

显然，原混合气体中 O_2 过量，反应可无限循环进行，因此：

消耗的 NO_2 的总量为

$$\dfrac{2}{3}V \times \dfrac{2}{3} + \dfrac{2}{3}V \times \dfrac{1}{3} \times \dfrac{2}{3} + \dfrac{2}{3}V \times \left(\dfrac{1}{3}\right)^2 \times \dfrac{2}{3} + \dfrac{2}{3}V \times \left(\dfrac{1}{3}\right)^3 \times \dfrac{2}{3} + \cdots$$

$$= \dfrac{\dfrac{2}{3}V \times \dfrac{2}{3}}{1 - \dfrac{1}{3}} = \dfrac{2}{3}V$$

消耗的 O_2 的总量为

$$\dfrac{2}{3}V \times \dfrac{1}{6} + \dfrac{2}{3}V \times \dfrac{1}{3} \times \dfrac{1}{6} + \dfrac{2}{3}V \times \left(\dfrac{1}{3}\right)^2 \times \dfrac{1}{6} + \dfrac{2}{3}V \times \left(\dfrac{1}{3}\right)^3 \times \dfrac{1}{6} + \cdots$$

$$= \dfrac{\dfrac{2}{3}V \times \dfrac{1}{6}}{1 - \dfrac{1}{3}} = \dfrac{1}{6}V$$

那么充分反应后，试管中剩余气体（O_2）占试管容积的百分数为

$$\frac{V - \frac{2}{3}V - \frac{1}{6}V}{V} = \frac{1}{6} \approx 16.7\%$$

对于几何级数，有以下结论：

> 如果 $|q| < 1$，则几何级数 $\sum\limits_{n=0}^{\infty} aq^n (a \neq 0)$ 收敛，其和为 $\frac{a}{1-q}$；
>
> 如果 $|q| \geqslant 1$，则几何级数 $\sum\limits_{n=0}^{\infty} aq^n (a \neq 0)$ 发散.

如果 $|q| \neq 1$，则部分和

$$S_n = a + aq + aq^2 + \cdots + aq^{n-1} = \frac{a - aq^n}{1-q} = \frac{a}{1-q} - \frac{aq^n}{1-q}$$

当 $|q| < 1$ 时，因为 $\lim\limits_{n\to\infty} S_n = \frac{a}{1-q}$，所以此时级数 $\sum\limits_{n=0}^{\infty} aq^n$ 收敛，其和为 $\frac{a}{1-q}$；

当 $|q| > 1$ 时，因为 $\lim\limits_{n\to\infty} S_n = \infty$，所以此时级数 $\sum\limits_{n=0}^{\infty} aq^n$ 发散.

如果 $|q| = 1$，则当 $q = 1$ 时，$S_n = na \to \infty$，因此级数 $\sum\limits_{n=0}^{\infty} aq^n$ 发散；

当 $q = -1$ 时，级数 $\sum\limits_{n=0}^{\infty} aq^n$ 成为 $a - a + a - a + \cdots$，因为 S_n 随着 n 为奇数或偶数而等于 a 或零，所以 S_n 的极限不存在，从而这时级数 $\sum\limits_{n=0}^{\infty} aq^n$ 也发散.

例 9.1.3 把循环小数 $0.\overset{\cdot}{3}\overset{\cdot}{6}$ 化为分数.

解 把循环小数 $0.\overset{\cdot}{3}\overset{\cdot}{6}$ 化为无穷级数：

$$0.\overset{\cdot}{3}\overset{\cdot}{6} = \frac{36}{100} + \frac{36}{100^2} + \frac{36}{100^3} + \cdots + \frac{36}{100^n} + \cdots$$

$$= \frac{36}{100}\left(1 + \frac{1}{100} + \frac{1}{100^2} + \cdots + \frac{1}{100^{n-1}} + \cdots\right)$$

这是首项 $a = \frac{36}{100}$，公比 $q = \frac{1}{100}$，且 $|q| < 1$ 的等比级数，故此等比级数是收敛的，其和

$$S = \frac{a}{1-q} = \frac{\frac{36}{100}}{1 - \frac{1}{100}} = \frac{36}{99} = \frac{4}{11}, \quad \text{即} \quad 0.\overset{\cdot}{3}\overset{\cdot}{6} = \frac{4}{11}$$

9.1.4　药物在体内的残留量

例 9.1.4　患有某种心脏病的病人经常要服用洋地黄毒苷(digitoxin).洋地黄毒苷在体内的清除速率正比于体内洋地黄毒苷的药量,一天(24 小时) 大约有 10% 的药物被清除.假设每天给某病人 0.05 mg 的维持剂量,试估算治疗几个月后该病人体内的洋地黄毒苷的总量.

解　给病人 0.05 mg 的初始剂量,一天后,0.05 mg 的 10% 被清除,体内将残留 $0.90 \cdot 0.05$ mg 的药量;在第二天末,体内将残留 $0.90 \cdot 0.90 \cdot 0.05$ mg 的药量.如此下去,在第 n 天末,体内残留的药量为 $0.90^n \cdot 0.50$ mg,如图 9.1.1 所示.

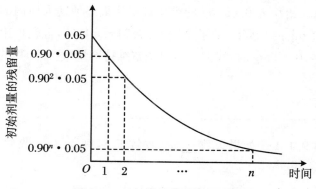

图 9.1.1　初始计量的指数衰减

我们注意到,在第二次给药时,体内的药量为第二次给药的剂量 0.05 mg 加上第一次给药此时在体内的残留量 $0.90 \cdot 0.05$ mg;在第三次给药时,体内的药量为第三次给药的剂量 0.05 mg 加上第一次给药此时在体内的残留量 $0.90^2 \cdot 0.05$ mg 和第二次给药此时在体内的残留量 $0.90 \cdot 0.05$ …… 从而在任何一次重新给药时,体内的药量为此次给药的剂量 0.05 mg 加上以前历次给药时在体内的残留量. 为了清楚地理解上述内容,请看表 9.1.1.

表 9.1.1　体内洋地黄毒苷的总量

初始给药后的天数	体内洋地黄毒苷的总量
0	0.05
1	$0.05 + 0.90 \cdot 0.05$
2	$0.05 + 0.90 \cdot 0.05 + 0.90^2 \cdot 0.05$
⋮	⋮
n	$0.05 + 0.90 \cdot 0.05 + 0.90^2 \cdot 0.05 + \cdots + 0.90^n \cdot 0.05$

　　由表 9.1.1 可见,每一次重新给药时体内的药量是下列几何级数的部分和:

$$0.05 + 0.90 \cdot 0.05 + 0.90^2 \cdot 0.05 + 0.90^3 \cdot 0.05 + \cdots + 0.90^n \cdot 0.05 + \cdots$$

若无限次地给药,即使 $n \to \infty$,则体内的总药量为这个级数的和. 因为

$$S = \sum_{n=0}^{\infty} 0.90^n = \sum_{n=0}^{\infty} u_n = \lim_{n \to \infty} S_n = \lim_{n \to \infty} \frac{u_0(1 - q^n)}{1 - q}$$

$$= \frac{u_0}{1 - q} = \frac{1}{1 - 0.90} = 10$$

所以

$$\sum_{n=0}^{\infty} (0.90^n \cdot 0.05) = 0.05 \sum_{n=0}^{\infty} 0.90^n = 0.05 \times 10 = 0.5$$

因此我们说,每天给病人 0.05 mg 的维持剂量将最终使病人体内的洋地黄毒苷水平达到一个 0.5 mg 的"坪台". 在我们将"坪台"降低 10%,也就是让"坪台"水平达到 $0.90 \cdot 0.5 = 0.45$ mg 时,我们就需要调整维持剂量,这在药物的治疗中是一个重要的技术.

　　由此知道:

> **性质 9.1.1**　如果级数 $\sum\limits_{n=1}^{\infty} u_n$ 收敛于 S,则 $\sum\limits_{n=1}^{\infty} ku_n$ 收敛于 kS(k 为常数).

　　证　设 $\sum\limits_{n=1}^{\infty} u_n$ 与 $\sum\limits_{n=1}^{\infty} ku_n$ 的部分和分别为 S_n 与 σ_n,则

$$\lim_{n \to \infty} \sigma_n = \lim_{n \to \infty} (ku_1 + ku_2 + \cdots + ku_n)$$

$$= k \lim_{n \to \infty} (u_1 + u_2 + \cdots + u_n) = k \lim_{n \to \infty} S_n = kS$$

这表明级数 $\sum\limits_{n=1}^{\infty} ku_n$ 收敛,且和为 kS.

　　注意　如果 $\sum\limits_{n=1}^{\infty} u_n$ 发散,那么当 $k \neq 0$ 时,$\sum\limits_{n=1}^{\infty} ku_n$ 也发散.

> **性质 9.1.2**　如果级数 $\sum\limits_{n=1}^{\infty} u_n$,$\sum\limits_{n=1}^{\infty} v_n$ 分别收敛于和 S, σ,则级数 $\sum\limits_{n=1}^{\infty} (u_n \pm v_n)$ 也收敛,且其和为 $S \pm \sigma$.

证　如果 $\sum\limits_{n=1}^{\infty} u_n, \sum\limits_{n=1}^{\infty} v_n, \sum\limits_{n=1}^{\infty}(u_n \pm v_n)$ 的部分和分别为 S_n, σ_n, τ_n,则

$$\lim_{n \to \infty}\tau_n = \lim_{n \to \infty}\left[(u_1 \pm v_1) + (u_2 \pm v_2) + \cdots + (u_n \pm v_n)\right]$$

$$= \lim_{n \to \infty}\left[(u_1 + u_2 + \cdots + u_n) \pm (v_1 + v_2 + \cdots + v_n)\right]$$

$$= \lim_{n \to \infty}(S_n \pm \sigma_n) = S \pm \sigma$$

这里要注意的是:若级数 $\sum\limits_{n=1}^{\infty} u_n$ 和 $\sum\limits_{n=1}^{\infty} v_n$ 发散,则级数 $\sum\limits_{n=1}^{\infty}(u_n \pm v_n)$ 不一定发

散.例如,级数 $\sum\limits_{n=1}^{\infty} \dfrac{1}{n}$ 与 $\sum\limits_{n=1}^{\infty} \dfrac{1}{n+1}$ 是发散的(见后面的例 9.1.3),但级数

$$\sum_{n=1}^{\infty}\left(\frac{1}{n} - \frac{1}{n+1}\right) = \sum_{n=1}^{\infty}\frac{1}{n(n+1)}$$

(由例 9.1.1 可知)是收敛的.

性质 9.1.3　如果 $\sum\limits_{n=1}^{\infty} u_n$ 收敛,则它的一般项 u_n 趋于零,即

$$\lim_{n \to 0} u_n = 0$$

证　设级数 $\sum\limits_{n=1}^{\infty} u_n$ 的部分和为 S_n,且 $\lim\limits_{n \to \infty} S_n = S$,则

$$\lim_{n \to 0} u_n = \lim_{n \to \infty}(S_n - S_{n-1}) = \lim_{n \to \infty} S_n - \lim_{n \to \infty} S_{n-1} = S - S = 0$$

注意　(1) 此条件只是级数收敛的必要条件,而不是充分条件,即级数的一般项趋于零并不是级数收敛的充分条件.

(2) 我们经常使用此性质的逆否命题来判断某些级数是发散的.

推论 9.1.1　如果 $\lim\limits_{n \to 0} u_n \neq 0$,则级数 $\sum\limits_{n=1}^{\infty} u_n$ 发散.

例 9.1.5　证明:调和级数

$$\sum_{n=1}^{\infty}\frac{1}{n} = 1 + \frac{1}{2} + \frac{1}{3} + \cdots + \frac{1}{n} + \cdots$$

是发散的.

证　记 $S_n = 1 + \dfrac{1}{2} + \dfrac{1}{3} + \cdots + \dfrac{1}{n}$.设 $y = \dfrac{1}{x}$,由图 9.1.2 可知,当 $x = 1, 2,$

$3, \cdots, n, \cdots; y = 1, \dfrac{1}{2}, \dfrac{1}{3}, \cdots, \dfrac{1}{n}, \cdots$ 时,

$$S_n = 1 + \frac{1}{2} + \frac{1}{3} + \cdots + \frac{1}{n} \geqslant \int_1^{n+1} \frac{\mathrm{d}x}{x} = \ln(n+1)$$

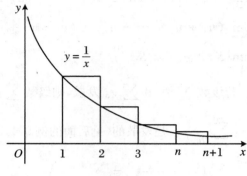

图 9.1.2

因此 $\lim\limits_{n \to \infty} S_n = +\infty$，所以 $\sum\limits_1^{\infty} \frac{1}{n}$ 发散.

例 9.1.6　判断级数 $\sum\limits_{n=1}^{\infty} \frac{2n}{n+1}$ 的敛散性.

解　因为 $\lim\limits_{n \to \infty} u_n = \lim\limits_{n \to \infty} \frac{2n}{n+1} = 2 \neq 0$，所以级数 $\sum\limits_{n=1}^{\infty} \frac{2n}{n+1}$ 是发散的.

9.2　常数项级数的判别法

公元前 5 世纪，以诡辩著称的古希腊哲学家芝诺(Zeno) 提出了一个悖论：如果让乌龟先爬行一段路后再让阿基里斯(古希腊神话中善跑的英雄) 去追，那么阿基里斯是永远也追不上乌龟的。芝诺的理论依据是：阿基里斯追上乌龟之前，必须先到达乌龟的出发地点，而在这段时间内，乌龟又向前爬了一段路，于是，阿基里斯必须赶上这段路，可是乌龟此时又向前爬了一段路 …… 如此分析下去，虽然阿基里斯离乌龟越来越近，但却是永远也追不上乌龟的。后来有人把芝诺的这个悖论移植到"龟兔赛跑"问题中，声称兔子永远也追不上乌龟。这个结论显然是错误的，但奇怪的是，这种推理在逻辑上却没有任何的毛病。那么，问题究竟出在哪里呢？

如果我们从级数的角度来分析这个问题，芝诺的这个悖论就会不攻自破.

设兔子和乌龟的速度分别是 V 和 $v(V \gg v)$。如果兔子是在乌龟已经爬过距离 s_1 后开始追乌龟的，那么在兔子跑完距离 s_1 的时间 $t_1 = \frac{s_1}{V}$ 之内，乌龟又爬行的距

离为

$$s_2 = vt_1 = \frac{v}{V}s_1$$

而在兔子跑完 s_2 的时间 $t_2 = \frac{s_2}{V} = \frac{v}{V^2}s_1$ 之内,乌龟又爬行的距离为

$$s_3 = vt_2 = \frac{v^2}{V^2}s_1$$

依此类推,可知兔子需要追赶的全部路程 S 为

$$S = s_1 + s_2 + \cdots + s_n + \cdots = s_1 + \frac{v}{V}s_1 + \frac{v^2}{V^2}s_1 + \cdots + \frac{v^n}{V^n}s_1 + \cdots$$

$$= s_1\left(1 + \frac{v}{V} + \frac{v^2}{V^2} + \cdots + \frac{v^n}{V^n} + \cdots\right) = s_1\sum_{n=1}^{\infty}\left(\frac{v}{V}\right)^{n-1}$$

接下来我们要考虑的问题是级数 $\sum_{n=1}^{\infty}\left(\frac{v}{V}\right)^{n-1}$ 是否收敛?如收敛,它的和是多少?学完这一节,大家再来思考这一问题.显然第一个问题更为重要,因为如果级数发散,那么就不存在第二个问题.为此,我们先来考虑正项级数(即每一项 $u_n \geq 0$ 的级数)的收敛问题.

9.2.1　正项级数的收敛判别

若无穷级数 $\sum_{n=1}^{\infty}u_n$ 的通项 $u_k > 0(k = 1,2,3,\cdots)$,则称 $\sum_{n=1}^{\infty}u_n$ 为正项级数.关于正项级数的敛散性有如下判别法:

> **定理 9.2.1**　正项级数 $\sum_{n=1}^{\infty}u_n$ 收敛的充要条件是,部分和数列 $\{S_n\}$ 有界;如果 $\{S_n\}$ 无界,则级数 $\sum_{n=1}^{\infty}u_n$ 发散于正无穷大.

例 9.2.1　判断级数 $\sum_{n=1}^{\infty}\frac{1}{3^n+1}$ 的敛散性.

解　正项级数 $\sum_{n=1}^{\infty}\frac{1}{3^n+1}$ 的部分和 S_n 满足

$$S_n = \frac{1}{3+1} + \frac{1}{3^2+1} + \frac{1}{3^3+1} + \cdots + \frac{1}{3^n+1} \leqslant \frac{1}{3} + \frac{1}{3^2} + \frac{1}{3^3} + \cdots + \frac{1}{3^n}$$

$$= \frac{1}{3} \times \frac{1 - \left(\frac{1}{3}\right)^n}{1 - \frac{1}{3}} \leqslant \frac{1}{2}$$

即 S_n 有界,故 $\sum_{n=1}^{\infty} \frac{1}{3^n + 1}$ 收敛.

在例 9.2.1 的计算中我们用到了等比级数 $\sum_{n=1}^{\infty} \frac{1}{3^n}$ 的部分和,由上节易知 $\sum_{n=1}^{\infty} \frac{1}{3^n}$ 收敛,那么是否可以直接由

$$\frac{1}{3^n + 1} \leqslant \frac{1}{3^n}$$

得出 $\sum_{n=1}^{\infty} \frac{1}{3^n + 1}$ 收敛的结论呢?事实上,对于正项级数有如下简易的判别法:

定理 9.2.2(比较判别法)　设 $\sum_{n=1}^{\infty} u_n$ 和 $\sum_{n=1}^{\infty} v_n$ 都是正项级数.若级数 $\sum_{n=1}^{\infty} v_n$ 收敛,则级数 $\sum_{n=1}^{\infty} u_n$ 收敛;反之,若级数 $\sum_{n=1}^{\infty} u_n$ 发散,则级数 $\sum_{n=1}^{\infty} v_n$ 发散.

例 9.2.2　判断级数 $\sum_{n=1}^{\infty} \frac{1}{3n - 1}$ 的敛散性.

解　由于

$$v_n = \frac{1}{3n - 1} > \frac{1}{3n} = u_n \quad (n = 1,2,3,\cdots)$$

又知调和级数 $\sum_{n=1}^{\infty} \frac{1}{n}$ 是发散的,故由级数的基本性质知 $\sum_{n=1}^{\infty} \frac{1}{3n} = \sum_{n=1}^{\infty} \frac{1}{3} \cdot \frac{1}{n}$ 也发散.再由比较判别法,可知级数 $\sum_{n=1}^{\infty} \frac{1}{3n - 1}$ 是发散的.

例 9.2.3　判断级数

$$\sum_{n=1}^{\infty} \frac{1}{n^n} = 1 + \frac{1}{2^2} + \frac{1}{3^3} + \cdots + \frac{1}{n^n} + \cdots$$

的敛散性.

解　因为当 $n > 1$ 时,有 $\frac{1}{n^n} < \frac{1}{2^n}$,而等比级数 $\sum_{n=1}^{\infty} \frac{1}{2^n}$ 是收敛的,故再由比较判

别法,可知级数 $\sum\limits_{n=1}^{\infty} \dfrac{1}{n^n}$ 是收敛的.

推论 9.2.1　设 $\sum\limits_{n=1}^{\infty} u_n$ 和 $\sum\limits_{n=1}^{\infty} v_n$ 都是正项级数,存在自然数 N.

如果级数 $\sum\limits_{n=1}^{\infty} v_n$ 收敛,且当 $n \geqslant N$ 时,有 $u_n \leqslant kv_n\,(k>0)$ 成立,

则级数 $\sum\limits_{n=1}^{\infty} u_n$ 收敛;

如果级数 $\sum\limits_{n=1}^{\infty} v_n$ 发散,且当 $n \geqslant N$ 时,有 $u_n \geqslant kv_n\,(k>0)$ 成立,

则级数 $\sum\limits_{n=1}^{\infty} u_n$ 发散.

例 9.2.4　讨论 p 级数:$\sum\limits_{n=1}^{\infty} \dfrac{1}{n^p} = 1 + \dfrac{1}{2^p} + \dfrac{1}{3^p} + \cdots + \dfrac{1}{n^p} + \cdots$ 的敛散性,其中常数 $p > 0$.

解　当 $p \leqslant 1$ 时,$\dfrac{1}{n^p} \geqslant \dfrac{1}{n}$,而调和级数 $\sum\limits_{n=1}^{\infty} \dfrac{1}{n}$ 发散.由比较判别法知,当 $p \leqslant 1$ 时,级数 $\sum\limits_{n=1}^{\infty} \dfrac{1}{n^p}$ 发散.

当 $p > 1$ 时,有

$$\frac{1}{n^p} = \int_{n-1}^{n} \frac{1}{n^p} \mathrm{d}x \leqslant \int_{n-1}^{n} \frac{1}{x^p} \mathrm{d}x = \frac{1}{p-1}\left[\frac{1}{(n-1)^{p-1}} - \frac{1}{n^{p-1}}\right] \quad (n = 2,3,\cdots)$$

对于级数 $\sum\limits_{n=2}^{\infty}\left[\dfrac{1}{(n-1)^{p-1}} - \dfrac{1}{n^{p-1}}\right]$,其部分和

$$S_n = \left(1 - \frac{1}{2^{p-1}}\right) + \left(\frac{1}{2^{p-1}} - \frac{1}{3^{p-1}}\right) + \cdots + \left[\frac{1}{n^{p-1}} - \frac{1}{(n+1)^{p-1}}\right]$$

$$= 1 - \frac{1}{(n+1)^{p-1}}$$

因为 $\lim\limits_{n \to \infty} S_n = \lim\limits_{n \to \infty}\left[1 - \dfrac{1}{(n+1)^{p-1}}\right] = 1$,所以级数 $\sum\limits_{n=2}^{\infty}\left[\dfrac{1}{(n-1)^{p-1}} - \dfrac{1}{n^{p-1}}\right]$ 收敛.

从而根据比较判别法的推论,可知级数 $\sum\limits_{n=1}^{\infty} \dfrac{1}{n^p}$ 当 $p > 1$ 时收敛.

综上所述,有:

$$p \text{ 级数} \sum_{n=1}^{\infty} \frac{1}{n^p}: \text{当 } p > 1 \text{ 时收敛,当 } p \leqslant 1 \text{ 时发散.}$$

例 9.2.5　证明:级数 $\sum_{n=1}^{\infty} \frac{1}{\sqrt{n(n+1)}}$ 是发散的.

证　由于 $\frac{1}{\sqrt{n(n+1)}} > \frac{1}{\sqrt{(n+1)^2}} = \frac{1}{n+1}$,而级数 $\sum_{n=1}^{\infty} \frac{1}{n+1} = \frac{1}{2} + \frac{1}{3} +$

$\cdots + \frac{1}{n+1} + \cdots$ 是发散的,根据比较判别法,可知所给级数也是发散的.

下面给出比较判别法的极限形式.

> 设 $\sum_{n=1}^{\infty} u_n$ 和 $\sum_{n=1}^{\infty} v_n$ 都是正项级数,如果 $\lim_{n \to \infty} \frac{u_n}{v_n} = l \ (0 < l < +\infty)$,
>
> 则级数 $\sum_{n=1}^{\infty} u_n$ 和 $\sum_{n=1}^{\infty} v_n$ 同时收敛或同时发散.

例 9.2.6　判别级数 $\sum_{n=1}^{\infty} \sin \frac{1}{n}$ 的敛散性.

解　由于 $\lim_{n \to \infty} \frac{\sin \frac{1}{n}}{\frac{1}{n}} = 1$,而级数 $\sum_{n=1}^{\infty} \frac{1}{n}$ 发散,根据比较判别法的极限形式,可

知级数 $\sum_{n=1}^{\infty} \sin \frac{1}{n}$ 发散.

关于此准则的补充问题:

如果 $\lim_{n \to \infty} \frac{a_n}{b_n} = 0$,那么当 $\sum b_n$ 收敛时,$\sum a_n$ 也收敛;

如果 $\lim_{n \to \infty} \frac{a_n}{b_n} = \infty$,那么当 $\sum b_n$ 发散时,$\sum a_n$ 也发散.

例如,$\sum \tan \frac{1}{n^2}$ 是收敛的.因为 $\lim_{n \to \infty} \left(\tan \frac{1}{n^2} \Big/ \frac{1}{n^2} \right) = 1$,而 $\sum \frac{1}{n^2}$ 是收敛的.

注意　用以上两个准则来判定一个已知级数的敛散性,需要另选一个收敛或发散的级数,以便比较.

下面我们来学习两个只依赖于已知级数本身的判别收敛的方法.

在应用比较判别法时,需要先找一个敛散性已知的级数作为比较对象来判断所讨论的正项级数的敛散性.我们通常选用 p 级数、等比级数、调和级数等作为比

较对象,但在不少情况下找这类比较对象是较困难的. 下面我们来学习从级数本身就能判断级数敛散性的判别方法 —— 比值判别法.

定理 9.2.3(比值判别法, 达朗贝尔判别法)　　若正项级数 $\sum\limits_{n=1}^{\infty} u_n$

满足 $\lim\limits_{n\to\infty} \dfrac{u_{n+1}}{u_n} = \rho$, 则:

(1) 当 $\rho < 1$ 时, 级数收敛;

(2) 当 $\rho > 1$ (或 $\lim\limits_{n\to\infty} \dfrac{u_{n+1}}{u_n} = \infty$) 时, 级数发散;

(3) 当 $\rho = 1$ 时, 级数可能收敛也可能发散.

例 9.2.7　证明:级数 $1 + \dfrac{1}{1} + \dfrac{1}{1 \cdot 2} + \dfrac{1}{1 \cdot 2 \cdot 3} + \cdots + \dfrac{1}{1 \cdot 2 \cdot 3 \cdots (n-1)} +$

… 是收敛的.

解　由于 $\lim\limits_{n\to\infty} \dfrac{u_{n+1}}{u_n} = \lim\limits_{n\to\infty} \dfrac{1 \cdot 2 \cdot 3 \cdots (n-1)}{1 \cdot 2 \cdot 3 \cdots n} = \lim\limits_{n\to\infty} \dfrac{1}{n} = 0 < 1$, 根据比值判别

法,可知所给级数收敛.

例 9.2.8　判别级数 $\dfrac{1}{10} + \dfrac{1 \cdot 2}{10^2} + \dfrac{1 \cdot 2 \cdot 3}{10^3} + \cdots + \dfrac{n!}{10^n} + \cdots$ 的敛散性.

解　由于

$$\lim\limits_{n\to\infty} \dfrac{u_{n+1}}{u_n} = \lim\limits_{n\to\infty} \dfrac{(n+1)!}{10^{n+1}} \cdot \dfrac{10^n}{n!} = \lim\limits_{n\to\infty} \dfrac{n+1}{10} = \infty$$

根据比值判别法,可知所给级数发散.

例 9.2.9　判别级数 $\sum\limits_{n\to\infty}^{\infty} \dfrac{1}{(2n-1) \cdot 2n}$ 的敛散性.

解　易知

$$\lim\limits_{n\to\infty} \dfrac{u_{n+1}}{u_n} = \lim\limits_{n\to\infty} \dfrac{(2n-1) \cdot 2n}{(2n+1) \cdot (2n+2)} = 1$$

这时 $\rho = 1$, 比值判别法失效, 必须用其他方法来判别级数的收敛性. 因为 $\dfrac{1}{(2n-1) \cdot 2n} < \dfrac{1}{n^2}$, 而级数 $\sum\limits_{n=1}^{\infty} \dfrac{1}{n^2}$ 收敛, 所以由比较判别法可知所给级数收敛.

9.2.2　一般常数项级数的收敛判别

1. 绝对收敛与条件收敛

当级数中的正数项与负数项均为无穷多时,就称级数为一般常数项级数. 如何

判别一般常数项级数的敛散性?我们的想法是先将其转化为正项级数,然后再判别.因而取一般常数项级数 $\sum\limits_{n=1}^{\infty} u_n = u_1 + u_2 + \cdots + u_n + \cdots$ 各项的绝对值构成新级数:$\sum\limits_{n=1}^{\infty} |u_n| = |u_1| + |u_2| + \cdots + |u_n| + \cdots$,称之为对应于原级数的绝对值级数.

2. 绝对收敛的准则

> 如果对应的绝对值级数 $\sum\limits_{n=1}^{\infty} |u_n|$ 收敛,那么原级数 $\sum\limits_{n=1}^{\infty} u_n$ 也收敛.
>
> 此时称 $\sum\limits_{n=1}^{\infty} u_n$ 绝对收敛.

注意　如果级数 $\sum\limits_{n=1}^{\infty} |u_n|$ 发散而级数 $\sum\limits_{n=1}^{\infty} u_n$ 收敛,则称 $\sum\limits_{n=1}^{\infty} u_n$ 为条件收敛.

例 9.2.10　级数 $\sum\limits_{n=1}^{\infty} (-1)^{n-1} \dfrac{1}{n^2}$ 是绝对收敛的,而级数 $\sum\limits_{n=1}^{\infty} (-1)^{n-1} \dfrac{1}{n}$ 是条件收敛的.

值得注意的问题是:如果级数 $\sum\limits_{n=1}^{\infty} |u_n|$ 发散,我们不能断定级数 $\sum\limits_{n=1}^{\infty} u_n$ 也发散.但是,如果我们用比值判别法判定级数 $\sum\limits_{n=1}^{\infty} |u_n|$ 发散,则可以断定级数 $\sum\limits_{n=1}^{\infty} u_n$ 必定发散.这是因为,此时 $|u_n|$ 不趋向零,从而 u_n 也不趋向零,因此级数 $\sum\limits_{n=1}^{\infty} u_n$ 也是发散的.

9.2.3　交错级数及其判别法

对于特殊的一般常数项级数 —— 交错级数,它的各项是正负交错的,它的一般形式为 $\sum\limits_{n=1}^{\infty} (-1)^{n-1} u_n$,其中 $u_n > 0$. 例如,$\sum\limits_{n=1}^{\infty} (-1)^{n-1} \dfrac{1}{n}$ 是交错级数,但 $\sum\limits_{n=1}^{\infty} (-1)^{n-1} \dfrac{1 - \cos n\pi}{n}$ 不是交错级数.判别其收敛的方法是:

> **定理 9.2.4**(莱布尼茨定理)　　如果交错级数 $\sum\limits_{n=1}^{\infty}(-1)^{n-1}u_n$ 满足条件:
>
> (1) $u_n > u_{n+1}(n=1,2,\cdots)$,即
> $$u_1 > u_2 > \cdots > u_n > u_{n+1} > \cdots$$
> (2) $\lim\limits_{n\to\infty}u_n = 0$,
>
> 则级数收敛,且其和 $S \leqslant u_1$,余项 r_n 的绝对值 $|r_n| < u_{n+1}$.

例 9.2.11　　证明:级数 $\sum\limits_{n=1}^{\infty}(-1)^{n-1}\dfrac{1}{n}$ 收敛,并估计其和及余项.

证　　这是一个交错级数,因为此级数满足:

$$u_n = \frac{1}{n} > \frac{1}{n+1} = u_{n+1}(n=1,2,\cdots),\quad \lim_{n\to\infty}u_n = \lim_{n\to\infty}\frac{1}{n} = 0$$

由莱布尼茨定理,可知原级数是收敛的,且其和 $S < u_1 = 1$,余项 $|r_n| \leqslant u_{n+1} = \dfrac{1}{n+1}$.

9.3　幂　级　数

　　由美国国家癌症学会和国家心肺和血液学会资助的一项研究显示,地中海地区人群血液胆固醇水平(单位:mg/dL)服从密度为

$$f(x) = \frac{1}{50\sqrt{2\pi}}e^{-\frac{1}{2}\left(\frac{x-160}{50}\right)^2}$$

的正态分布。为得到血液胆固醇含量在 $160 \sim 180$ mg/dL 之间人群的占比,则需计算概率

$$P(160 \leqslant x \leqslant 180) = \frac{1}{50\sqrt{2\pi}}\int_{160}^{180}e^{-\frac{1}{2}\left(\frac{x-160}{50}\right)^2}dx$$

但我们很难求得 $e^{-\frac{1}{2}\left(\frac{x-160}{50}\right)^2}$ 的原函数,为此我们需要进行近似计算。由第 1.10 节可知,当 $x \approx a$ 时有 $f(x) \approx f(a) + f'(a)(x-a) = L(x)$,为方便起见这里记 $L(x) = P_1(x)$。事实上,为了得到精度更高的近似,我们可构造 n 阶多项式

$$P_n(x) = a_0 + a_1(x-a) + a_2(x-a)^2 + a_3(x-a)^3 + \cdots + a_n(x-a)^n$$

其中 $P_n(a) = f(a), P'_n(a) = f'(a), P''_n(a) = f''(a), \cdots, P_n^{(n)}(a) = f^{(n)}(a)$，化简可得 $a_0 = f(a), a_1 = f'(a), a_2 = \dfrac{1}{2!}f''(a), \cdots, a_n = \dfrac{1}{n!}f^{(n)}(a)$，即

$$P_n(x) = a_0 + f'(a)(x - a) + \frac{1}{2!}f''(a)(x - a)^2 + \frac{1}{3!}f'''(a)(x - a)^3$$
$$+ \cdots + \frac{1}{n!}f^{(n)}(a)(x - a)^n$$

对于上述案例，我们取 $n = 3$，则有

$$e^{-\frac{1}{2}\left(\frac{x-160}{50}\right)^2} \approx 1 - \frac{1}{2}\left(\frac{x - 160}{50}\right)^2 + \frac{1}{2!}\left[-\frac{1}{2}\left(\frac{x - 160}{50}\right)^2\right]^2$$
$$+ \frac{1}{3!}\left[-\frac{1}{2}\left(\frac{x - 160}{50}\right)^2\right]^3$$
$$= 1 - \frac{(x - 160)^2}{5\,000} + \frac{(x - 160)^4}{5 \times 10^7} - \frac{(x - 160)^6}{7.5 \times 10^{11}}$$

据此可得

$$P(160 \leqslant x \leqslant 180) = \frac{1}{50\sqrt{2\pi}}\int_{160}^{180} e^{-\frac{1}{2}\left(\frac{x-160}{50}\right)^2}\,\mathrm{d}x$$
$$\approx \frac{1}{50\sqrt{2\pi}}\int_{160}^{180}\left[1 - \frac{(x - 160)^2}{5\,000} + \frac{(x - 160)^4}{5 \times 10^7} - \frac{(x - 160)^6}{7.5 \times 10^{11}}\right]\mathrm{d}x$$
$$\approx 0.155\,4$$

即血液胆固醇含量在 $160 \sim 180$ mg/dL 之间人群的占比为 15.54%.

新的问题是，当 $n \to \infty$ 时，

$$a_0 + f'(a)(x - a) + \frac{1}{2!}f''(a)(x - a)^2 + \frac{1}{3!}f'''(a)(x - a)^3 + \cdots$$
$$+ \frac{1}{n!}f^{(n)}(a)(x - a)^n + \cdots$$
$$= \sum_{n=0}^{\infty}\frac{1}{n!}f^{(n)}(a)(x - a)^n$$

此时，$\displaystyle\sum_{n=0}^{\infty}\frac{1}{n!}f^{(n)}(a)(x - a)^n$ 是否等于 $f(x)$？学完这一节，大家再来思考这个问题。下面我们首先给出一个新的概念——函数项级数。

9.3.1　函数项级数的概念

给定一个定义在区间 I 上的函数列 $\{u_n(x)\}$，由此函数列构成的表达式

$$u_1(x) + u_2(x) + \cdots + u_n(x) + \cdots$$

称为定义在区间 I 上的（函数项）级数，记为 $\sum\limits_{n=1}^{\infty} u_n(x)$.

例如，$\sum\limits_{n=0}^{\infty} ax^n = a + ax + ax^2 + \cdots + ax^{n-1} + \cdots (-1 < x < 1)$ 即为函数项级数.

对于区间 I 内的一定点 x_0，若常数项级数 $\sum\limits_{n=1}^{\infty} u_n(x_0)$ 收敛，则称点 x_0 是级数 $\sum\limits_{n=1}^{\infty} u_n(x)$ 的收敛点；若常数项级数 $\sum\limits_{n=1}^{\infty} u_n(x_0)$ 发散，则称点 x_0 是级数 $\sum\limits_{n=1}^{\infty} u_n(x)$ 的发散点.

例如，对于函数项级数 $\sum\limits_{n=0}^{\infty} ax^n = a + ax + ax^2 + \cdots + ax^{n-1} + \cdots$，若取 $x_0 = 0.5$，则 $x_0 \in (-1, 1)$. 由无穷等比级数的结论知 $\sum\limits_{n=0}^{\infty} ax^n = \sum\limits_{n=0}^{\infty} a \cdot 0.5^n = \dfrac{a}{1 - 0.5} = 2a$，即 0.5 是函数项级数 $\sum\limits_{n=0}^{\infty} ax^n$ 的收敛点. 而若取 $x_0 = 2$，则函数项级数 $\sum\limits_{n=0}^{\infty} ax^n = \sum\limits_{n=0}^{\infty} a \cdot 2^n$ 发散，即 2 是函数项级数 $\sum\limits_{n=0}^{\infty} ax^n$ 的发散点.

将函数项级数 $\sum\limits_{n=1}^{\infty} u_n(x)$ 的所有收敛点全体称为它的收敛域，所有发散点的全体称为它的发散域.

例如，函数项级数 $\sum\limits_{n=0}^{\infty} ax^n = a + ax + ax^2 + \cdots + ax^{n-1} + \cdots$ 的所有收敛点在区间 $(-1, 1)$ 内，故区间 $(-1, 1)$ 称为它的收敛域；而它的所有发散点在区间 $(-\infty, -1] \cup [1, +\infty)$ 内，故区间 $(-\infty, -1] \cup [1, +\infty)$ 称为它的发散域.

在收敛域上，函数项级数 $\sum\limits_{n=1}^{\infty} u_n(x)$ 的和是 x 的函数 $S(x)$，$S(x)$ 称为函数项级数 $\sum\limits_{n=1}^{\infty} u_n(x)$ 的和函数，并写成 $S(x) = \sum\limits_{n=1}^{\infty} u_n(x)$. 和函数的定义域就是级数的收敛域.

例如，在 $(-1, 1)$ 内，

$$\sum\limits_{n=0}^{\infty} ax^n = a + ax + ax^2 + \cdots + ax^{n-1} + \cdots = \frac{a}{1-x} = S(x)$$

因此将 $S(x) = \dfrac{a}{1-x}$ 称为函数项级数 $\sum\limits_{n=0}^{\infty} ax^n$ 的和函数，并写成

$$\sum_{n=0}^{\infty} ax^n = \frac{a}{1-x} = S(x)$$

函数项级数 $\sum_{n=1}^{\infty} u_n(x)$ 的前 n 项的部分和记作 $S_n(x)$，即

$$S_n(x) = u_1(x) + u_2(x) + \cdots + u_n(x)$$

在收敛域上，有

$$\lim_{n \to \infty} S_n(x) = S(x) \quad 或 \quad S_n(x) \to S(x) \quad (n \to \infty)$$

9.3.2　幂级数及其收敛性

各项都是幂函数的函数项级数，称为幂级数，它的形式是

$$a_0 + a_1 x + a_2 x^2 + \cdots + a_n x^n + \cdots = \sum_{n=0}^{\infty} a_n x^n$$

其中常数 $a_0, a_1, a_2, \cdots, a_n, \cdots$ 叫作幂级数的系数.

例如

$$1 + x + x^2 + \cdots + x^n + \cdots, \quad 1 + x + \frac{1}{2!} x^2 + \cdots + \frac{1}{n!} x^n + \cdots$$

都是幂级数.

注 9.3.1　幂级数的一般形式是

$$a_0 + a_1(x - x_0) + a_2(x - x_0)^2 + \cdots + a_n(x - x_0)^n + \cdots$$

经变换 $t = x - x_0$ 就得到

$$a_0 + a_1 t + a_2 t^2 + \cdots + a_n t^n + \cdots$$

幂级数 $1 + x + x^2 + \cdots + x^n + \cdots$ 可以看成是公比为 x 的几何级数. 当 $|x| < 1$ 时，它是收敛的；当 $|x| \geqslant 1$ 时，它是发散的. 因此它的收敛域为 $(-1, 1)$，在收敛域内，有

$$\frac{1}{1-x} = 1 + x + x^2 + \cdots + x^n + \cdots$$

对于幂级数，我们关心的问题仍是它的收敛与发散的判定问题. 下面我们来学习关于幂级数的收敛的判定准则.

> 设有幂级数 $\sum_{n=0}^{\infty} a_n x^n$. 如果极限 $\lim_{n \to \infty} \left| \dfrac{a_n}{a_{n+1}} \right| = R$，那么，当 $|x| < R$ 时，幂级数收敛，而且绝对收敛；当 $|x| > R$ 时，幂级数发散，其中 R 可以是零，也可以是 $+\infty$.

正数 R 通常叫作幂级数 $\sum\limits_{n=0}^{\infty} a_n x^n$ 的收敛半径,关于原点对称的开区间$(-R,$ $R)$叫作幂级数 $\sum\limits_{n=0}^{\infty} a_n x^n$ 的收敛区间,在这个区间外级数发散.再由幂级数在 $x=$ $\pm R$ 处的收敛性,就可以决定它的收敛域.幂级数 $\sum\limits_{n=0}^{\infty} a_n x^n$ 的收敛域是$(-R,$ $R)$(或$[-R,R)$,或$(-R,R]$,或$[-R,R]$).

---

(1) 讨论幂级数收敛的问题主要在于如何寻找收敛半径;

(2) 当$|x|=R$时,级数的敛散性不能由准则来判定,需另行讨论.

例 9.3.1 求幂级数

$$\sum_{n=1}^{\infty} (-1)^{n-1} \frac{x^n}{n} = x - \frac{x^2}{2} + \frac{x^3}{3} - \cdots + (-1)^{n-1} \frac{x^n}{n} + \cdots$$

的收敛半径与收敛域.

解 易知收敛半径

$$R = \lim_{n\to\infty} \left|\frac{a_n}{a_{n+1}}\right| = \lim_{n\to\infty} \frac{\frac{1}{n}}{\frac{1}{n+1}} = 1$$

当 $x=1$ 时,幂级数成为 $\sum\limits_{n=1}^{\infty} (-1)^{n-1} \frac{1}{n}$,是收敛的;

当 $x=-1$ 时,幂级数成为 $\sum\limits_{n=1}^{\infty} \left(-\frac{1}{n}\right)$,是发散的.

综上,收敛域为$(-1,1]$.

例 9.3.2 求幂级数 $\sum\limits_{n=1}^{\infty} \frac{(x-1)^n}{2^n n}$ 的收敛域.

解 令 $t = x-1$,上述级数变为 $\sum\limits_{n=1}^{\infty} \frac{t^n}{2^n n}$.

易知收敛半径

$$R = \lim_{n\to\infty} \left|\frac{a_n}{a_{n+1}}\right| = \lim_{n\to\infty} \frac{2^{n+1} \cdot (n+1)}{2^n \cdot n} = 2$$

当 $t=2$ 时,级数成为 $\sum\limits_{n=1}^{\infty} \frac{1}{n}$,此级数发散;当 $t=-2$ 时,级数成为 $\sum\limits_{n=1}^{\infty} \frac{(-1)^n}{n}$,此级数收敛.

综上,级数 $\sum\limits_{n=1}^{\infty} \frac{t^n}{2^n n}$ 的收敛域为$[-2,2)$.因为 $-2 \leqslant x-1 < 2$,即 $-1 \leqslant x <$

3,所以原级数的收敛域为$[-1,3)$.

　　幂级数的一个主要作用是它提供了一个方法,用来表示在数学、物理和化学中出现的一些最重要的函数.特别地,下例中的幂级数和称为贝塞尔函数,以德国天文学家 Friedrich Bessel(1784 ～ 1846) 命名.事实上,该函数是当贝塞尔解决了描述行星运动的开普勒方程后首次出现的.

　　例 9.3.3　求幂级数 $J_0(x) = \sum\limits_{n=1}^{\infty} \dfrac{(-1)^n x^{2n}}{2^{2n}(n!)}$ 的收敛域.

　　解　$R = \lim\limits_{n\to\infty}\left|\dfrac{a_n}{a_{n+1}}\right| = \lim\limits_{n\to\infty}\left|\dfrac{\frac{(-1)^n x^{2n}}{2^{2n}n!}}{\frac{(-1)^{n+1}x^{2n+2}}{2^{2n+2}(n+1)!}}\right| = \lim\limits_{n\to\infty}\left|\dfrac{4(n+1)}{x^2}\right| \to +\infty.$

　　因此,幂级数 $J_0(x)$ 的收敛域为 $(-\infty, +\infty)$.

9.3.3　幂级数的运算

　　设幂级数 $\sum a_n x^n$ 及 $\sum b_n x^n$ 分别在区间 $(-R,R)$ 及 $(-R',R')$ 内收敛,则在 $(-R,R)$ 及 $(-R',R')$ 中较小的区间内,有

$$\sum a_n x^n \pm \sum b_n x^n = \sum (a_n \pm b_n)x^n$$

$$\left(\sum_{n=0}^{\infty} a_n x^n\right) \cdot \left(\sum_{n=0}^{\infty} b_n x^n\right)$$
$$= a_0 b_0 + (a_0 b_1 + a_1 b_0)x + (a_0 b_2 + a_1 b_1 + a_2 b_0)x^2 + \cdots$$
$$+ (a_0 b_n + a_1 b_{n-1} + \cdots + a_n b_0)x^n + \cdots$$

　　性质 9.3.1　幂级数 $\sum\limits_{n=0}^{\infty} a_n x^n$ 的和函数 $S(x)$ 在其收敛域 I 上连续.

　　注 9.3.2　如果幂级数在 $x = R$(或 $x = -R$) 也收敛,则和函数 $S(x)$ 在 $(-R,R]$(或 $[-R,R)$) 上连续.

性质 9.3.2　幂级数 $\sum\limits_{n=0}^{\infty} a_n x^n$ 的和函数 $S(x)$ 在其收敛域 I 上可积，并且有逐项积分公式

$$\int_0^x S(x)\mathrm{d}x = \int_0^x \left(\sum_{n=0}^{\infty} a_n x^n\right)\mathrm{d}x = \sum_{n=0}^{\infty} \int_0^x a_n x^n \mathrm{d}x$$

$$= \sum_{n=0}^{\infty} \frac{a_n}{n+1} x^{n+1} \quad (x \in I)$$

逐项积分后所得到的幂级数和原级数有相同的收敛半径.

性质 9.3.3　幂级数 $\sum\limits_{n=0}^{\infty} a_n x^n$ 的和函数 $S(x)$ 在其收敛区间 $(-R, R)$ 内可导，并且有逐项求导公式

$$S'(x) = \left(\sum_{n=0}^{\infty} a_n x^n\right)' = \sum_{n=0}^{\infty} (a_n x^n)' = \sum_{n=1}^{\infty} n a_n x^{n-1} \quad (|x| < R)$$

逐项求导后所得到的幂级数和原级数有相同的收敛半径.

例 9.3.4　求幂级数 $\sum\limits_{n=0}^{\infty} \frac{1}{n+1} x^n$ 的和函数.

解　求得幂级数的收敛域为 $[-1,1)$.

设幂级数的和函数为 $S(x)$，即 $S(x) = \sum\limits_{n=0}^{\infty} \frac{1}{n+1} x^n (-1 \leqslant x \leqslant 1)$.

显然，$S(0) = 1$. 因为

$$xS(x) = \sum_{n=0}^{\infty} \frac{1}{n+1} x^{n+1} = \int_0^x \left(\sum_{n=0}^{\infty} \frac{1}{n+1} x^{n+1}\right)' \mathrm{d}x$$

$$= \int_0^x \sum_{n=0}^{\infty} x^n \mathrm{d}x = \int_0^x \frac{1}{1-x} \mathrm{d}x = -\ln(1-x) \quad (-1 < x < 1)$$

所以，当 $0 < |x| < 1$ 时，有 $S(x) = -\frac{1}{x} \ln(1-x)$. 从而

$$S(x) = \begin{cases} -\dfrac{1}{x} \ln(1-x), & 0 < |x| < 1 \\ 1, & x = 0 \end{cases}$$

由和函数在收敛域上的连续性，知 $S(-1) = \lim\limits_{x \to (-1)^+} S(x) = \ln 2$.

综合起来，得

$$S(x) = \begin{cases} -\dfrac{1}{x}\ln(1-x), & x \in [-1,0) \bigcup (0,1) \\ 1, & x = 0 \end{cases}$$

提示：应用公式 $\displaystyle\int_0^x F'(x)\mathrm{d}x = F(x) - F(0)$，即 $F(x) = F(0) + \displaystyle\int_0^x F'(x)\mathrm{d}x$，以及

$$\frac{1}{1-x} = 1 + x + x^2 + \cdots + x^n + \cdots$$

9.3.4　函数的幂级数展开

学习幂级数的和函数时，我们了解到

$$\frac{1}{1-x} = 1 + x + x^2 + x^3 + \cdots + x^n + \cdots \tag{9.3.1}$$

换一个角度来看这一等式，(9.3.1) 式可看成 $f(x) = \dfrac{1}{1-x}$ 的幂级数等价展开式.

例 9.3.5　将 $\dfrac{1}{1+x^2}$ 展开成幂级数的和，并求收敛区间.

解　将等式 (9.3.1) 中的 x 用 $-x^2$ 替换，可得

$$\frac{1}{1+x^2} = \frac{1}{1-(-x^2)} = \sum_{n=0}^{\infty}(-x^2)^n$$

$$= \sum_{n=0}^{\infty}(-1)^n x^{2n} = 1 - x^2 + x^4 + \cdots + (-x^2)^n + \cdots$$

这是个几何级数，故当 $|-x^2| < 1$ 时该级数收敛，即 $|x| < 1$. 因此，收敛区间为 $(-1,1)$.

例 9.3.6　求 $\ln(1-x)$ 展开成幂级数表达式并求收敛半径.

解　我们注意到，不考虑 $x = -1$ 的情形，可得 $\ln(1-x)$ 的导数为 $\dfrac{1}{1-x}$. 因此，在等式 (9.3.1) 两边积分可得

$$-\ln(1-x) = \int\frac{1}{1-x}\mathrm{d}x = \int(1+x+x^2+x^3+\cdots+x^n+\cdots)\mathrm{d}x$$

$$= x + \frac{x^2}{2} + \frac{x^3}{3} + \cdots + \frac{x^n}{n} + \cdots + C$$

$$= \sum_{n=0}^{\infty}\frac{x^{n+1}}{n+1} + C = \sum_{n=1}^{\infty}\frac{x^n}{n} + C \quad (|x| < 1)$$

令 $x = 0$，可得 $-\ln(1-0) = C$，即 $C = 0$. 由此可得 $\ln(1-x)$ 幂级数展开式为

$$\ln(1-x) = -x - \frac{x^2}{2} - \frac{x^3}{3} - \cdots - \frac{x^n}{n} - \cdots = -\sum_{n=1}^{\infty} \frac{x^n}{n} \quad (|x| < 1)$$

收敛半径为 1.

习　题　9

1. 写出下列级数的前六项：

(1) $\sum_{n=1}^{\infty} \frac{2+n}{1+n^2}$；　(2) $\sum_{n=1}^{\infty} \frac{2 \cdot 4 \cdot 6 \cdots (2n)}{1 \cdot 3 \cdot 5 \cdots (2n-1)}$；　(3) $\sum_{n=1}^{\infty} \frac{(-1)^{n+1}}{4^n}$；　(4) $\sum_{n=1}^{\infty} \frac{n!}{n^n}$.

2. 写出下列级数的一般项：

(1) $\frac{1}{2} + \frac{1}{4} + \frac{1}{6} + \frac{1}{8} + \cdots$；　　　　　　(2) $\frac{2}{1} - \frac{3}{2} + \frac{4}{3} - \frac{5}{4} + \frac{6}{5} - \cdots$；

(3) $\frac{\sqrt{x}}{1} + \frac{x}{1 \cdot 3} + \frac{x\sqrt{x}}{1 \cdot 3 \cdot 5} + \frac{x^2}{1 \cdot 3 \cdot 5 \cdot 7} + \cdots$；　(4) $\frac{a^2}{2} - \frac{a^3}{4} + \frac{a^4}{6} - \frac{a^5}{8} + \cdots$.

3. 根据级数收敛与发散的定义，判别下列级数的敛散性：

(1) $\sum_{n=1}^{\infty} (\sqrt{n} - \sqrt{n+1})$；

(2) $\frac{1}{1 \cdot 4} + \frac{1}{4 \cdot 7} + \cdots + \frac{1}{(3n-2)(3n+1)} + \cdots$；

(3) $\sin\frac{\pi}{6} + \sin\frac{2\pi}{6} + \cdots + \sin\frac{n\pi}{6} + \cdots$.

4. 设一颗球每次落地后反弹的高度为原来高度的 2/3，现有一颗球自 24 m 高处落下，问此球自开始落下至第四次着地所经过的总路程是多少？

5. （人口迁徙模型）设一个大城市的总人口是固定的，人口的分布因居民在市区与郊区之间的迁徙而变化，每年有 6% 的市区居民搬到郊区去住，而有 2% 的郊区居民搬到市区. 假如开始时有 30% 的居民住在市区，70% 的居民住在郊区，问 10 年后市区与郊区的居民人口比例是多少？30 年，50 年后又如何？

6. （混合溶液的浓度）比色分析中配制的硫酸铜标准系列溶液的浓度（单位：mol/L）依次为 0.3，0.5，0.7，0.9，…. 若将其依次按 $1:2:4:8:\cdots:2^{n-1}$ 的体积比使前六种标准液混合，求混合溶液的浓度.

7. （舍罕王的失算）传说印度的舍罕王，要重赏发明 64 格国际象棋的大臣西萨. 他问西萨想得到什么奖赏. 西萨说："我想要点麦子. 您就在这棋盘的第一格赏我一粒麦子，第二格赏两粒，第三格赏四粒 …… 依次都使后一格的麦粒比前一格多一倍，您就把 64 格内所有麦粒都赏给我吧." 国王听后连连说："你的要求太低了." 西萨的要求真的是太低了吗？（假设每粒小麦重 1 g.）

8. (芝诺悖论的破解)(1) 二分法：设某人从起点走向终点，起点与终点的距离是 1，此人要想到达终点，必先要到达起点与终点的中点，此时所走过的距离是 1/2，还剩下 1/2 的距离没有走. 此人继续走下去，要想到达终点，必先要到达剩下距离的中点，此时所走过的距离是剩下距离的 1/2，即为总距离 1/4，还剩下 1/4 的距离没有走 …… 此人继续走下去，总剩下一段距离没有走，因而他无法从起点到达终点.

(2) 阿基里斯追龟：阿基里斯(希腊传说中的特别善于奔跑的一个人) 要去追前方的乌龟，假设一开始乌龟在阿基里斯前面 100 m，阿基里斯的速度是乌龟的 10 倍，当阿基里斯跑完这 100 m 时，那么乌龟向前爬了 10 m；当阿基里斯再跑完这 10 m 时，那么乌龟又向前爬了 1 m…… 如此下去，无论阿基里斯多快也追不上乌龟.

9. (神奇的冯·诺伊曼) 据说，在一次鸡尾酒会上，有人向约翰·冯·诺伊曼(John von Neumann, 1903 ~ 1957, 20 世纪伟大的数学家，计算机之父) 提出了下面的问题：两个男孩各骑一辆自行车，从相距 20 km 的两个地方，开始沿直线相向骑行. 在他们起步的那一瞬间，一辆自行车车把上的一只苍蝇，开始向另一辆自行车径直飞去. 它一到达另一辆自行车车把，就立即转向往回飞行. 这只苍蝇如此往返，在两辆自行车的车把之间来回飞行，直到两辆自行车相遇为止. 如果每辆自行车都以 10 km 每小时等速前进，苍蝇以 15 km 每小时等速飞行，那么苍蝇总共飞行了多少千米？他思索片刻便给出了正确答案. 提问者显得有点沮丧，并解释说，绝大多数数学家总是忽略能解决这个问题的简单方法，而去采用无穷级数求和的复杂方法. 这时，冯·诺伊曼脸上露出惊奇的神色说："可是，我用的也是无穷级数求和的方法呀." 你知道冯·诺伊曼是如何求出来的吗？

10. 用比较判别法或其极限形式判别下列级数的敛散性：

(1) $1 + \dfrac{1}{3} + \dfrac{1}{5} + \cdots + \dfrac{1}{2n-1} + \cdots$；

(2) $1 + \dfrac{2+2}{1+2^2} + \dfrac{2+3}{1+3^2} + \cdots + \dfrac{2+n}{1+n^2} + \cdots$；

(3) $\dfrac{1}{2 \cdot 5} + \dfrac{1}{3 \cdot 6} + \cdots + \dfrac{1}{(n+1)(n+4)} + \cdots$；

(4) $\sin \dfrac{\pi}{3} + \sin \dfrac{\pi}{3^2} + \sin \dfrac{\pi}{3^3} + \cdots + \sin \dfrac{\pi}{3^n} + \cdots$；

(5) $\displaystyle\sum_{n=1}^{\infty} \dfrac{1}{1+a^n} \ (a > 0)$.

11. 用比值判别法判别下列级数的敛散性：

(1) $\dfrac{4}{1 \cdot 2} + \dfrac{4^2}{2 \cdot 2^2} + \dfrac{4^3}{3 \cdot 2^3} + \cdots + \dfrac{4^n}{n \cdot 2^n} + \cdots$；　　(2) $\displaystyle\sum_{n=1}^{\infty} \dfrac{n^3}{5^n}$；

(3) $\displaystyle\sum_{n=1}^{\infty} \dfrac{3^n \cdot n!}{n^n}$；　　　　　　　　　　　(4) $\displaystyle\sum_{n=1}^{\infty} n \tan \dfrac{\pi}{3^{n+1}}$.

12. 判别下列级数的敛散性:

(1) $\dfrac{4}{5} + 2\left(\dfrac{4}{5}\right)^2 + 3\left(\dfrac{4}{5}\right)^3 + \cdots + n\left(\dfrac{4}{5}\right)^n + \cdots$;

(2) $\dfrac{1^3}{1!} + \dfrac{2^3}{2!} + \dfrac{3^3}{3!} + \cdots + \dfrac{n^3}{n!} + \cdots$;

(3) $\displaystyle\sum_{n=1}^{\infty} \dfrac{n+2}{(n+1)(n+3)}$;

(4) $\sqrt{2} + \sqrt{\dfrac{3}{2}} + \cdots + \sqrt{\dfrac{n+1}{n}} + \cdots$;

(5) $\displaystyle\sum \left(1 - \cos\dfrac{1}{n}\right)$;

(6) $\displaystyle\sum 2^n \sin\dfrac{\pi}{3^n}$.

13. 判别下列级数是否收敛?如果收敛,是绝对收敛还是条件收敛?

(1) $1 - \dfrac{1}{2} + \dfrac{1}{3} - \dfrac{1}{4} + \dfrac{1}{5} - \dfrac{1}{6} + \cdots$; 　　　(2) $1 + \dfrac{1}{2} - \dfrac{1}{4} + \dfrac{1}{8} - \dfrac{1}{16} + \dfrac{1}{32} + \cdots$;

(3) $1 - \dfrac{3}{2} + \dfrac{5}{4} - \dfrac{7}{8} + \cdots$; 　　　(4) $1 - \dfrac{1}{\sqrt{2}} + \dfrac{1}{\sqrt{3}} - \dfrac{1}{\sqrt{4}} + \cdots$;

(5) $\displaystyle\sum_{n=1}^{\infty} (-1)^n \dfrac{2n+100}{3n+1}$; 　　　(6) $\displaystyle\sum_{n=1}^{\infty} (-1)^n \dfrac{1}{\sqrt[n]{n}}$.

14. 求下列幂级数的收敛半径与收敛区域:

(1) $\displaystyle\sum_{n=1}^{\infty} \dfrac{x^n}{n^p}$; 　　　(2) $\displaystyle\sum_{n=1}^{\infty} \dfrac{3^n + (-2)^n}{n}(x+1)^n$;

(3) $\displaystyle\sum_{n=1}^{\infty} \left(1 + \dfrac{1}{2} + \cdots + \dfrac{1}{n}\right)x^n$; 　　　(4) $x + 2x^2 + 3x^3 + \cdots + nx^n + \cdots$;

(5) $\dfrac{x}{2} + \dfrac{x^2}{2\cdot 4} + \dfrac{x^3}{2\cdot 4\cdot 6} + \cdots + \dfrac{x^n}{2\cdot 4\cdots(2n)} + \cdots$;

(6) $1 - x + \dfrac{x^2}{2^2} + \cdots + (-1)^n\dfrac{x^n}{n^2} + \cdots$;

(7) $\dfrac{x}{1\cdot 2} + \dfrac{x^2}{2\cdot 2^2} + \dfrac{x^3}{3\cdot 2^3} + \cdots + \dfrac{x^n}{n\cdot 2^n} + \cdots$;

(8) $\dfrac{2}{2}x + \dfrac{2^2}{5}x^2 + \dfrac{2^3}{10}x^3 + \cdots + \dfrac{2^n}{n^2+1}x^n + \cdots$;

(9) $\displaystyle\sum_{n=1}^{\infty} \dfrac{2n-1}{3^n}x^{2n}$;

(10) $\displaystyle\sum_{n=1}^{\infty} \dfrac{(x-4)^n}{\sqrt{n}}$.

15. 利用逐项求导或逐项积分,求下列级数的和函数:

(1) $\displaystyle\sum_{n=1}^{\infty} nx^{n-1}$;

(2) $\displaystyle\sum_{n=1}^{\infty} \dfrac{x^{3n+1}}{3n+1}$;

(3) $x + \dfrac{x^3}{3} + \dfrac{x^5}{5} + \cdots + \dfrac{x^{2n-1}}{2n-1} + \cdots$;

(4) $1 + \dfrac{1}{2}x + \dfrac{1 \cdot 3}{2 \cdot 4}x^2 + \dfrac{1 \cdot 3 \cdot 5}{2 \cdot 4 \cdot 6}x^3 + \cdots$;

(5) $x + 2x^2 + 3x^3 + \cdots$;

(6) $1 \cdot 2x + 2 \cdot 3x^2 + 3 \cdot 4x^3 + \cdots$;

(7) $x - 4x^2 + 9x^3 - 16x^4 + \cdots$.

第 10 章 MATLAB 简介及其在 高等数学中的应用

MATLAB 是 MathWorks 公司于 1982 年推出的一套高性能的数值计算和可视化数学软件,被誉为"巨人肩上的工具";用 MATLAB 编写程序犹如在演算纸上排列出公式与求解问题,所以又称为演算纸式科学算法语言. 在这个环境中,对所要求解的问题,用户只需简单地列出数学表达式,其结果便以数值或图形方式显示出来.

本章假定使用的操作系统是 Windows,使用的软件版本是 MATLAB 7.0. MATLAB 的启动与 Windows 程序一样,点击"开始 → 程序",找到 MATLAB 文件夹,点击它至少显示如下几项:

* MATLAB(版本号);
* Mfile editor;
* Uninstaller.

选择 MATLAB 7.0 启动程序,屏幕上显示如图 10.0.1 所示的 MATLAB 启动界面,可以看到,屏幕被划分成三个窗口,它们是:

* 当前目录窗口(Current Directory);
* 历史命令窗口(Command History);
* 命令窗口(Command Window).

MATLAB 桌面顶部的标准菜单允许你做管理文件和调试文件等工作,你可能已经注意到右边有一个下拉列表框,它可以选择设置当前工作路径,不过这里最重要的是命令窗口.

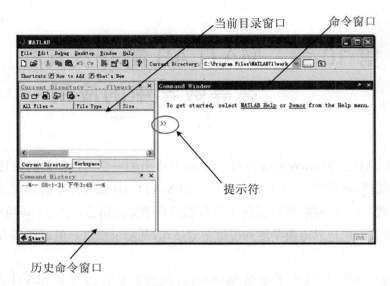

当前目录窗口　命令窗口

提示符

历史命令窗口

图 10.0.1　MATLAB 桌面

10.1　MATLAB 基础知识

10.1.1　MATLAB 的数值计算

在 MATLAB 工作窗口中，在提示符"≫"后输入算术表达式，按"Enter"键即可得到该表达式的值，就像在计算器中运算一样．

"加、减、乘、除、乘方"的算符依次为"+、−、∗、/、^".

例 10.1.1　计算 $2 + 3 \times 5^9$ 的值．

解　在 MATLAB 工作区输入命令：$2 + 3 * 5\hat{\ }9$，按"Enter"键，可得计算结果．截图如图 10.1.1 所示．

MATLAB 会将最近一次的运算结果直接存入一变量 ans，变量 ans 代表 MATLAB 运算后的答案，并将其数值显示到屏幕上．也可以将计算结果赋值给一个自定义的变量，自定义变量应遵循以下命名规则：

（1）MATLAB 对变量名的大小写是敏感的；

（2）变量的第一个字符必须为英文字母，而且不能超过 31 个字符；

（3）变量名可以包含下划线、数字，但不能为空格符、标点.

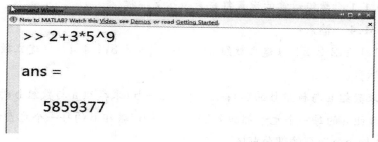

图 10.1.1

例 10.1.2　计算 $11.3 \times 1.9^{0.23} + \sin 1$ 的值，并将其赋值给变量 a.

解　在命令窗口的提示符后输入：$a = 11.3 * 1.9^{\wedge}0.23 + \sin(1)$，可得到 a 的值为 13.939 1. 图 10.1.2 是运行截图.

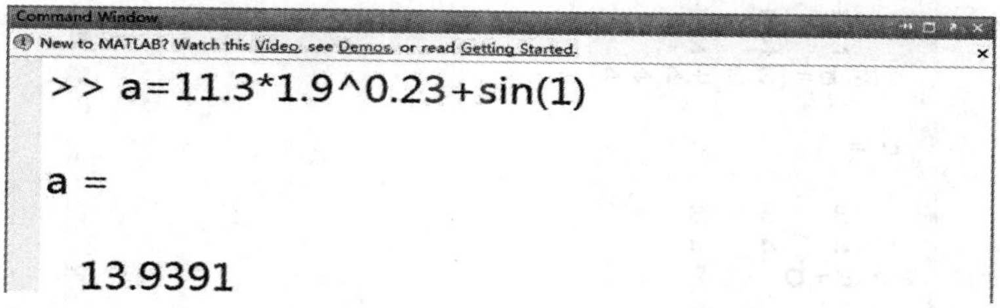

图 10.1.2

如果在上述的例子结尾加上";"，则计算结果不会显示在指令视窗上，要得知计算值只需键入该变量名即可.

MATLAB 可以将计算结果以不同的精确度的数字格式显示，我们可以在命令窗口的"File"菜单下点击"preferences"子菜单，在随之打开的"preferences"对话框中，选取"Command Window"选项，设置 Numerical Format 参数，或者直接在 MATLAB 工作区输入以下指令：format short（这是默认的）、format long 等.

10.1.2　MATLAB 的数组运算

MATLAB 中的数组是进行运算的单元.创建数组就像我们在纸上写一个数组一样，元素与元素间用"，"或空格进行分隔，行与行间用"；"进行分隔.

例 10.1.3　命令 a = ［1 2 3 4 5 6］的功能是建立一个 1 行、6 列的数组.该命令与 a = ［1,2,3,4,5,6］是一样的；命令 b = ［1 2 3;4 5 6］建立一个 2 行、3 列

的数组.

注 10.1.1　数组运算的运算符与数值运算一样.

例 10.1.4　输入：

$a = [1\ 1\ 1; 2\ 2\ 2]$（建立数组 a）；　$b = [3\ 3\ 3; 4\ 4\ 4]$（建立数组 b）

则有下列运算：

$a + b$（求数组 a 与数组 b 的和）；　　　　$a - b$（求数组 a 与数组 b 的差）

$a + 3$（数组 a 的每一个元素都加上 3）；　　$2 * b$（数组 b 的每一个元素都乘以 2）

图 10.1.3 是命令运行的部分截图.

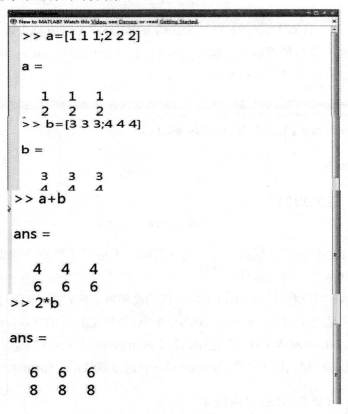

图 10.1.3

两个同类型数组的对应元素相乘、相除的运算符是" . * "和" . / ".

例 10.1.5　输入 a . * b（a 的对应元素与 b 的对应元素相乘），则得

$$ans =$$

$$\begin{matrix} 3 & 3 & 3 \\ 8 & 8 & 8 \end{matrix}$$

输入：a./b（a 的对应元素除以 b 的对应元素），则得

$$ans =$$

0.33333333333333　　0.33333333333333　　0.33333333333333

0.50000000000000　　0.50000000000000　　0.50000000000000

注 10.1.2　运算符"./"及".*"应与运算符"/"及"*"相区别，a*b 表示矩阵 a 与 b 的乘积，a/b 表示矩阵 a 乘以矩阵 b 的逆矩阵.

例 10.1.6　输入：

a = [1 2;2 1]（建立矩阵 a）;　b = [1 3;0 1]（建立矩阵 b）

a*b（求矩阵 a 与矩阵 b 的乘积 ab）

a/b（求矩阵 a 与矩阵 b 的逆矩阵的乘积）

注 10.1.3　运算符"^"表示方阵的幂，而运算符".^"表示数组中每一个元素的幂.

例 10.1.7　a^2 表示矩阵 a 的平方；

a.^2 表示矩阵（数组）a 的每一个元素的平方.

10.1.3　MATLAB 的符号运算

MATLAB 可以进行符号运算，需要预先定义符号变量.MATLAB 中定义符号变量的命令为：sym 或 syms.例如：

a = sym('x')　　　　　　　（将符号变量 x 赋值给变量 a）

a = x

sin(a)/cos(a)　　　　　　（符号表达式 sin(a)/cos(a)）

ans = sin(x)/cos(x)

syms x y　　　　　　　　（定义符号变量 x 和 y）

b = (x + y)^2 - 4*x*y　（将符号表达式赋值给变量 b）

　a + b　　　　　　　　　（求变量 a 与 b 的和）

　ans = x + (x + y)^2 - 4*x*y

10.1.4　MATLAB 的数学常数和函数

MATLAB 常用数学函数如表 10.1.1 所示.

表 10.1.1

名称	含义	名称	含义	名称	含义
sin	正弦	sec	正割	asinh	反双曲正弦
cos	余弦	csc	余割	acosh	反双曲余弦
tan	正切	asec	反正割	atanh	反双曲正切
cot	余切	acsc	反余割	acoth	反双曲余切
asin	反正弦	sinh	双曲正弦	abs	绝对值
acos	反余弦	cosh	双曲余弦	sqrt	平方根
atan	反正切	tanh	双曲正切	exp	以 e 为底的指数
acot	反余切	coth	双曲余切	log	自然对数

MATLAB 中常用的数学常数有

$$\text{pi}:\pi,\quad \text{inf}:\infty,\quad \text{eps}:最小的浮点数$$

10.2　用 MATLAB 绘制一元函数的图像

10.2.1　常用命令

MATLAB 绘图命令比较多，我们选编一些常用命令，并简单说明其作用. 这些命令的调用格式，可参阅例题或使用帮助"help"查询，见表 $10.2.1 \sim 10.2.5$.

表 10.2.1　二维绘图函数

函数	bar	hist	plot	polar
含义	条形图	直方图	简单的线性图	极坐标图

表 10.2.2　基本颜色

符号	y	m	c	r	g	b	w	k
颜色	黄色	紫红	青色	红色	绿色	蓝色	白色	黑色

表 10.2.3　基本线型

符号	.	o	×	+	*	−	:	−.	−−
线型	点	圆圈	×标记	加号	星号	实线	点线	点划线	虚线

表 10.2.4　二维绘图工具

grid	放置格栅
gtext	用鼠标放置文本
hold	保持当前图形
text	在给定位置放置文本
title	放置图标题
xlabel	放置 x 轴标题
ylabel	放置 y 轴标题
zoom	缩放图形

表 10.2.5　axis 命令

axis([x1,x2,y1,y2])	设置坐标轴范围
axis square	当前图形设置为方形
axis equal	坐标轴的长度单位设成相等
axis normal	关闭 axis equal 和 axis square
axis off	关闭轴标记、格栅和单位标志
axis on	显示轴标记、格栅和单位标志

linspace 创建数组命令,调用格式为:

$\quad$ x = linspace(x1,x2,n)　　(创建了 x1 到 x2 之间有 n 个数据的数组)

在 MATLAB 指令窗输入"funtool"可打开"函数计算器"图形用户界面.

10.2.2　绘制函数图像举例

绘制函数图像的主要步骤:

(1) 产生数据点;

(2) 利用绘图函数画出数据点,并用指定的线一次将点连接;

(3) 对图形进行修饰.

例 10.2.1　画出 $y = \sin x$ 的图像.

解　建立点的坐标;然后用 plot 命令将这些点绘出并用直线连接起来.采用中学五点作图法,选取五点 $(0,0)$,$\left(\dfrac{\pi}{2},1\right)$,$(\pi,0)$,$\left(\dfrac{3\pi}{2},-1\right)$,$(2\pi,0)$.

输入命令：

$$x = [0, pi/2, pi, 3*pi/2, 2*pi];$$ （产生自变量数据点）

$$y = \sin(x);$$ （产生因变量数据点）

$$plot(x, y)$$ （画出函数图像）

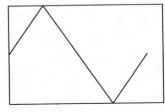

图 10.2.1

结果如图 10.2.1 所示.

这里分号表示该命令执行结果不显示. 从图上看，这是一条折线，与我们熟知的正弦曲线误差较大，这是由于点选取得太少. 可以想象，随着点数增加，图像越来越接近 $y = \sin x$ 的图像. 例如，在 0 到 2π 之间取 30 个数据点，绘出的图像与 $y = \sin x$ 的图像已经非常接近了，代码如下：

$$x = \text{linspace}(0, 2*pi, 30);$$ （产生自变量数据点，30 个）

$$y = \sin(x);$$ （产生因变量数据点，对应也是 30 个）

$$plot(x, y)$$

也可以如下建立该图像：

$$x = 0 : 0.1 : 2*pi;$$

$$y = \sin(x);$$

$$plot(x, y)$$

还可以用第三步给图形加进行修饰，例如标记、格栅线等：

$x = 0 : 0.1 : 2*pi;$	
$y = \sin(x);$	
$plot(x, y, 'r\text{—}')$	（选择了红色虚线连接点）
$title('正弦曲线')$	（给图加标题"正弦曲线"）
$xlabel('自变量 x')$	（给 x 轴加标题"自变量 x"）
$ylabel('函数 y = sinx')$	（给 y 轴加标题"函数 y = sinx"）
$text(5.5, 0, 'y = sinx')$	（在点 (5.5, 0) 处放置文本"y = sinx"）
$grid\ on$	（图形加格栅线）

结果如图 10.2.2 所示.

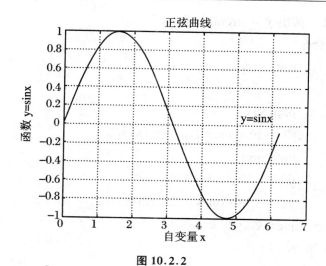

图 10.2.2

例 10.2.2　画出 $y = 2^x$ 和 $y = (1/2)^x$ 的图像.

解　输入命令：

$$x = -4:0.1:4;$$
$$y1 = 2.\hat{}x;$$
$$y2 = (1/2).\hat{}x;$$
$$\mathrm{plot}(x,y1,x,y2);$$
$$\mathrm{axis}([-4,4,0,8])$$

MATLAB 允许在一个图形中画多条曲线. plot(x1,y1,x2,y2,x3,y3) 指令绘制 y1 = f(x1),y2 = f(x2) 等多条曲线,MATLAB 自动给这些曲线以不同颜色,结果如图 10.2.3 所示.

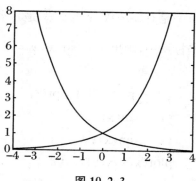

图 10.2.3

例 10.2.3　画出 $y = \arctan x$ 的图像.

解　输入命令

$$x = -100 : 0.1 : 100;$$

$$y = \text{atan}(x);$$

$$\text{plot}(x, y)$$

$$y1 = pi * \text{ones}(1, \text{length}(x))/2;$$

$$\text{hold on}$$

$$\text{plot}(x, y1, 'r. -')$$

$$y2 = -pi * \text{ones}(1, \text{length}(x))/2;$$

$$\text{plot}(x1, y2, 'k. -')$$

结果如图 10.2.4 所示.

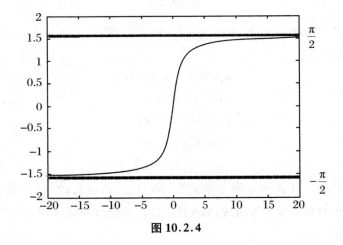

图 10.2.4

从图上看, $y = \arctan x$ 是有界函数, $y = \pm \dfrac{\pi}{2}$ 是其水平渐近线.

例 10.2.4　在同一坐标系中, 画出 $y = \sin x$, $y = x$, $y = \tan x$ 的图像.

解　输入命令:

$$x = -pi/2 : 0.1 : pi/2;$$

$$y1 = \sin(x);$$

$$y2 = \tan(x);$$

$$\text{plot}(x, x, x, y1, x, y2)$$

$$\text{axis equal}$$

$$\text{axis}([-\text{pi}/2,\text{pi}/2,-3,3])$$

grid on

结果如图 10.2.5 所示.

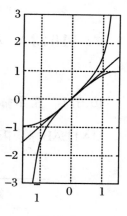

图 **10.2.5**

从图上看,当 $x>0$ 时,$\sin x < x < \tan x$,当 $x<0$ 时,$\sin x > x > \tan x$,$y=x$ 是 $y=\sin x$ 和 $y=\tan x$ 在原点的切线,因此,当 $|x|\ll 1$ 时,$\sin x \approx x, \tan x \approx x$.

例 10.2.5　画出心形线 $r=3(1+\cos a)$ 的图像.

解　输入命令:

$$x = -2*\text{pi}:0.1:2*\text{pi};$$
$$r = 3*(1+\cos(x));$$
$$\text{polar}(x,r)$$

结果如图 10.2.6 所示.

例 10.2.6　画出星形线 $x=3\cos^3 t, y=3\sin^3 t$ 的图像.

解　这是参数方程,可化为极坐标方程:

$$r = \frac{3}{(\cos^{2/3} a + \sin^{2/3} a)^{3/2}}$$

输入命令:

$$x = 0:0.01:2*\text{pi};$$
$$r = 3./(((\cos(x)).^2).^(1/3) + ((\sin(x)).^2).^(1/3)).^(3/2);$$
$$\text{polar}(x,r)$$

结果如图 10.2.7 所示.

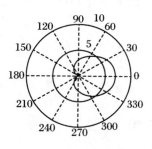

图 **10.2.6**

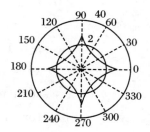

图 **10.2.7**

10.3　利用 MATLAB 求一元函数的极限

10.3.1　常用命令

MATLAB 求极限命令可列于表 10.3.1.

表 10.3.1

数学运算	MATLAB 命令
$\lim\limits_{x \to 0} f(x)$	$\mathrm{limit}(f)$
$\lim\limits_{x \to a} f(x)$	$\mathrm{limit}(f, x, a)$ 或 $\mathrm{limit}(f, a)$
$\lim\limits_{x \to a^-} f(x)$	$\mathrm{limit}(f, x, a, 'left')$
$\lim\limits_{x \to a^+} f(x)$	$\mathrm{limit}(f, x, a, 'right')$

10.3.2　理解极限概念

数列 $\{x_n\}$ 收敛或有极限是指，当 n 无限增大时，x_n 与某一常数无限接近或 x_n 趋向某一定值，就图像而言，也就是其点列以某一平行与 y 轴的直线为渐近线.

例 10.3.1　观察数列 $\left\{\dfrac{n}{n+1}\right\}$ 当 $n \to \infty$ 时的变化趋势.

解　输入命令：

```
n = 1 : 100;
xn = n./(n + 1)
stem(n,xn)
for  i = 1 : 100;
plot(n(i),xn(i),'r')
hold  on
end
```

首先得到该数列的前 100 项. 从这前 100 项看出，随着 n 的增大，$\dfrac{n}{n+1}$ 与 1 非常接近,画出 x_n 的图像(图 10.3.1).

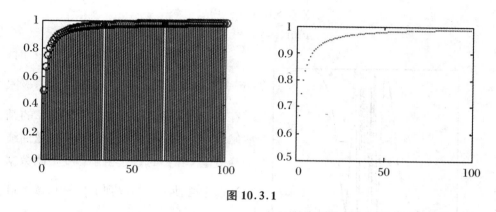

图 10.3.1

命令中 for … end 语句是循环语句,循环体内的语句被执行 100 次,$n(i)$ 表示 n 的第 i 个分量.由图可看出,随着 n 的增大,点列与直线 $y = 1$ 无限接近,因此可得结论:

$$\lim_{n \to \infty} \frac{n}{n+1} = 1$$

对函数的极限概念,也可用上述方法理解.

例 10.3.2　分析函数 $f(x) = x\sin\dfrac{1}{x}$ 当 $x \to 0$ 时的变化趋势.

解　画出函数 $f(x)$ 在 $[-1,1]$ 上的图像.输入命令:

$$x = -1 : 0.01 : 1;$$

$$y = x.*\sin(1./x);$$

$$\text{plot}(x,y)$$

$$\text{hold on};$$

$$\text{plot}(x,x,x,-x)$$

从图 10.3.2 上看,$x\sin\dfrac{1}{x}$ 随着 $|x|$ 的减小,振幅越来越小直至趋近于 0,频率越来越高做无限次振荡.

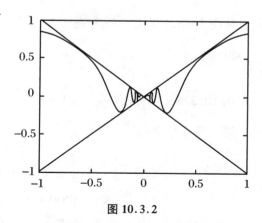

图 10.3.2

例 10.3.3　分析函数 $f(x) = \sin\dfrac{1}{x}$ 当 $x \to 0$ 时的变化趋势.

解　输入命令:

$$x = -1:0.01:1;$$
$$y = \sin(1./x);$$
$$\text{plot}(x,y)$$

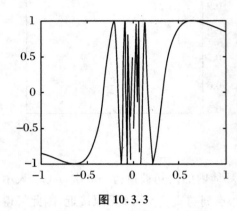

图 10.3.3

从图 10.3.3 上看，当 $x \to 0$ 时，$\sin\dfrac{1}{x}$ 在 -1 和 1 之间做无限次振荡，极限不存在. 仔细观察该图像，发现图像的某些峰值不是 1 和 -1，而我们知道正弦曲线的峰值是 1 和 -1，这是由于自变量的数据点选取未必使 $\sin\dfrac{1}{x}$ 取到 1 和 -1，读者可增加数据点，以比较它们的结果.

例 10.3.4　考察函数 $f(x) = \dfrac{\sin x}{x}$ 当 $x \to 0$ 时的变化趋势.

解　输入命令：

$$x = \text{linspace}(-2*\text{pi},2*\text{pi},100);$$
$$y = \sin(x)./x;$$
$$\text{plot}(x,y)$$

从图 10.3.4 上看，$\dfrac{\sin x}{x}$ 在 $x = 0$ 附近连续变化，其值与 1 无限接近，可见 $\lim\limits_{x \to 0}\dfrac{\sin x}{x} = 1$.

例 10.3.5　考察 $f(x) = \left(1 + \dfrac{1}{x}\right)^x$ 当 $x \to \infty$ 时的变化趋势.

解　输入命令：

$$x = 1:20:1000;$$
$$y = (1 + 1./x).\hat{\ }x;$$
$$\text{plot}(x,y)$$

从图 10.3.5 上看，当 $x \to \infty$ 时，函数值与某常数无限接近，我们知道，这个常数就是 e.

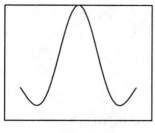

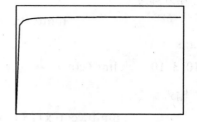

图 10.3.4　　　　　　　　　　　　　　图 10.3.5

10.3.3　求函数极限

例 10.3.6　求 $\lim\limits_{x \to -1} \left(\dfrac{1}{x+1} - \dfrac{3}{x^3+1} \right)$.

解　输入命令:

  syms x;

  f = 1/(x + 1) − 3/(x^3 + 1);

  limit(f,x, − 1)

得结果:ans = − 1. 画出函数图像,如图
10.3.6 所示.

    ezplot(f);

    hold on;

    plot(− 1, − 1,′r.′)

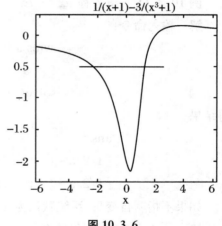

图 10.3.6

例 10.3.7　求 $\lim\limits_{x \to 0} \dfrac{\tan x - \sin x}{x^3}$.

解　输入命令:

$$limit((\tan(x) - \sin(x))/x^3)$$

得结果:ans = 1/2.

例 10.3.8　求 $\lim\limits_{x \to \infty} \left(\dfrac{x+1}{x-1} \right)^x$.

解　输入命令:

$$limit(((x + 1)/(x - 1))^x,inf)$$

得结果:ans = exp(2).

例 10.3.9　求 $\lim\limits_{x \to 0^+} x^x$.

解　输入命令:

$$\text{limit}(x^x, x, 0, 'right')$$

得结果:ans = 1.

例 10.3.10　求 $\lim\limits_{x \to 0^+}(\cot x)^{\frac{1}{\ln x}}$.

解　输入命令:

$$\text{limit}((\cot(x))^\wedge(1/\log(x)), x, 0, 'right')$$

得结果:ans = exp(-1).

10.3.4　求方程的解

MATLAB 代数方程求解命令 solve 的调用格式为

$$\text{solve}(函数 f(x))　　(给出 f(x) = 0 的根)$$

例 10.3.11　解方程 $ax^2 + bx + c = 0$.

解　输入命令:

$$\text{syms a b c x};$$
$$f = a * x^\wedge2 + b * x + c;$$
$$\text{solve}(f)$$

得结果:

$$\text{ans} =$$
$$[1/2/a * (-b + (b^\wedge2 - 4 * a * c)^\wedge(1/2))]$$
$$[1/2/a * (-b - (b^\wedge2 - 4 * a * c)^\wedge(1/2))]$$

如果不指明自变量,系统默认为 x;也可指定自变量,比如指定 b 为自变量.

输入:solve(f,b),则得结果:ans = -(a * x^2 + c)/x.

例 10.3.12　解方程 $x^5 - 5x - 1 = 0$.

解　输入命令:

$$f = x^\wedge5 - 5 * x - 1;$$
$$\text{solve}(f)$$

其中有三个实数解,两个虚数解,运行截图如图 10.3.7 所示.

```
>> syms  x;
>> f=x^5-5*x-1;
>> solve(f)

ans =
```

1.54165168410452475942578240144433
-0.200064102629975391290733700075959
-1.44050039734156008931863206629653
0.0494564079335053605917916811407911 - 1.4994413672391491358223492788056*i
1.4994413672391491358223492788056*i + 0.0494564079335053605917916811407911

图 10.3.7

图像如图 10.3.8 所示,命令如下：

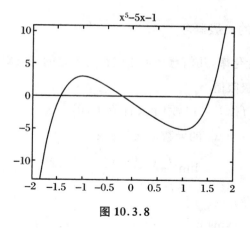

图 10.3.8

ezplot(f,[- 2,2]);

hold on;

plot([- 2,2],[0,0])

10.4　导数的计算

10.4.1　常用命令

建立符号变量命令 sym 和 syms 的调用格式：

$$x = sym('x')　　（建立符号变量 x）$$
$$syms\ x\ \ y\ \ z　　（建立多个符号变量 x,y,z）$$

MATLAB 求导命令 diff 的调用格式：

diff（函数 f(x)）　　（求 f(x) 的一阶导数 $f'(x)$）

diff（函数 f(x),n）　　（求 f(x) 的 n 阶导数 $f^{(n)}(x)$,n 是具体整数）

10.4.2　导数的一般概念

导数是函数的变化率,几何意义是曲线在一点处的切线斜率.

1. 导数是一个极限值

例 10.4.1　设 $f(x) = e^x$,用定义计算 $f'(0)$.

解　$f(x)$ 在某一点 x_0 的导数定义为极限

$$\lim_{\Delta x \to 0} \frac{f(x_0 + \Delta x) - f(x_0)}{\Delta x}$$

记 $h = \Delta x$,输入命令：

$$syms\ h;$$
$$limit((\exp(0 + h) - \exp(0))/h, h, 0)$$

得结果:ans = 1,所以 $f'(0) = 1$.

2. 导数的几何意义是曲线的切线斜率

例 10.4.2　画出 $f(x) = e^x$ 在 $x = 0$ 处 $P(0,1)$ 的切线及若干条割线,观察割线的变化趋势.

解　在曲线 $y = e^x$ 上另取一点 $M(h, e^h)$,则 PM 的方程是

$$\frac{y - 1}{x - 0} = \frac{e^h - 1}{h - 0},$$

即

$$y = \frac{e^h - 1}{h}x + 1$$

取 $h = 3, 2, 1, 0.1, 0.01$,分别作出几条割线:

$$h = [3, 2, 1, 0.1, 0.01];$$

$$a = (\exp(h) - 1)./h;$$

$$x = -1 : 0.1 : 3;$$

$$\text{plot}(x, \exp(x), 'r');$$

$$\text{hold on}$$

$$\text{for } i = 1 : 5;$$

$$\text{plot}(h(i), \exp(h(i)), 'r.')$$

$$\text{plot}(x, a(i) * x + 1)$$

$$\text{end}$$

$$\text{axis square}$$

$$\text{plot}(x, x + 1, 'r')$$

从图 10.4.1 上看,随着 M 与 P 越来越接近,割线 PM 越来越接近曲线的割线.

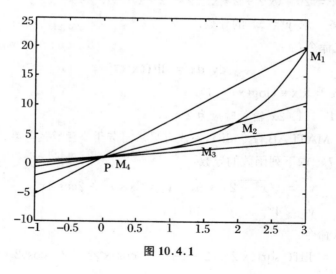

图 10.4.1

10.4.3　求一元函数的导数

1. $y = f(x)$ 的一阶导数

例 10.4.3　求 $y = \dfrac{\sin x}{x}$ 的导数.

解　在 MATLAB 命令窗口输入命令：

$$syms \quad x;$$
$$dy\_dx = diff(sin(x)/x)$$

得结果：$dy\_dx = cos(x)/x - sin(x)/x^2$.

MATLAB 的函数名允许使用字母、空格、下划线及数字，不允许使用其他字符，在这里我们用 dy_dx 表示 y'_x.

例 10.4.4　求 $y = \ln \sin x$ 的导数.

解　输入命令：

$$dy\_dx = diff(log(sin(x)))$$

得结果：$dy\_dx = cos(x)/sin(x)$.

在 MATLAB 中，函数 $\ln x$ 用 $\log(x)$ 表示，而 $\log 10(x)$ 表示 $\lg x$.

例 10.4.5　求 $y = (x^2 + 2x)^{20}$ 的导数.

解　输入命令：

$$dy\_dx = diff((x^2 + 2*x)^{20})$$

得结果：$dy\_dx = 20*(x^2 + 2*x)^{19}*(2*x + 2)$.

例 10.4.6　求 $y = x^x$ 的导数.

解　输入命令：

$$dy\_dx = diff(x^x)$$

得结果：$dy\_dx = x^x*(log(x) + 1)$.

注 10.4.1　(1) $2x$ 输入时应为 $2*x$；

(2) 利用 MATLAB 命令 diff，一次可以求出若干个函数的导数.

例 10.4.7　求下列函数的导数：

$$y_1 = \sqrt{x^2 - 2x + 5}, \quad y_2 = \cos x^2 + 2\cos 2x$$
$$y_3 = 4^{\sin x}, \quad y_4 = \ln \ln x$$

解　输入命令：

$$a = diff([sqrt(x^2 - 2*x + 5), \cos(x^2) + 2*\cos(2*x),$$
$$4^{(sin(x))}, \log(\log(x))])$$

得结果：

$$a = [1/2/(x^2 - 2*x + 5)^{(1/2)}*(2*x - 2)$$
$$- 2*sin(x^2)*x - 4*sin(2*x),4^{sin(x)}*cos(x)*log(4),$$
$$1/x/log(x)]$$

由本例可以看出，MATLAB 函数是对矩阵或向量进行操作的，a(i) 表示向量 a 的第 i 个分量，是第 i 个函数的导函数.

2. 参数方程所确定的函数的导数

设参数方程 $\begin{cases} x = x(t) \\ y = y(t) \end{cases}$ 确定函数 $y = f(x)$，则 y 的导数 $\dfrac{\mathrm{d}y}{\mathrm{d}x} = \dfrac{y'(t)}{x'(t)}$.

例 10.4.8 设

$$\begin{cases} x = a(t - \sin t) \\ y = a(1 - \cos t) \end{cases}$$

求 $\dfrac{\mathrm{d}y}{\mathrm{d}x}$.

解 输入命令：

$$dx\_dt = diff(a * (t - sin(t)))$$
$$dy\_dt = diff(a * (1 - cos(t)))$$
$$dy\_dx = dy\_dt/dx\_dt$$

得结果：$dy\_dx = sin(t)/(1 - cos(t))$.

10.4.4　求高阶导数

例 10.4.9 设 $f(x) = x^2 e^{2x}$，求 $f^{(20)}(x)$.

解 输入命令：

$$diff(x\hat{\ }2 * exp(2 * x), x, 20)$$

得结果：

$$ans = 99614720 * exp(2 * x) + 20971520 * x * exp(2 * x)$$
$$+ 1048576 * x\hat{\ }2 * exp(2 * x)$$

10.5　MATLAB 自定义函数与导数应用

函数关系是指变量之间的对应法则，这种对应法则需要我们告诉计算机. 这样，当输入自变量时，计算机才会给出函数值. MATLAB 软件包含了大量的函数，比如常用的正弦、余弦函数等. MATLAB 也允许用户自己定义函数，即允许用户将自己的新函数加到已存在的 MATLAB 函数库中，显然这为 MATLAB 提供了扩展的功能,毋庸置疑,这也正是 MATLAB 的精髓所在. 因为 MATLAB 的强大功能就源于这种为解决用户特殊问题的需要而创建新函数的能力. MATLAB 自定义函数是一个指令集合,第一行必须以单词function作为引导词,存为具有扩展名" .m "的文件,故称之为函数 M 文件.

10.5.1　函数 M 文件的定义格式

函数 M 文件的定义格式为

$$\text{function 输出参数 = 函数名(输入参数)}$$
函数体
……
函数体

一旦函数被定义,就必须将其存为 M 文件,以便今后可随时调用. 比如我们希望建立函数 $f(x) = x^2 + 2x + 1$,在 MATLAB 工作区中输入命令:

$$\text{syms　x;}$$
$$y = x^2 + 2 * x + 1;$$

这里没有建立函数关系,只建立了一个变量名为 y 的符号表达式,当我们调用 y 时,将返回这一表达式. 当给出 x 的值时,MATLAB 不能给出相应的函数值来. 例如,输入:

$$x = 3; y$$

然后按"Enter" 键,返回的结果为 y = x^2 + 2 * x + 1,而不是函数值 16.

读者从这里已经领悟到在 MATLAB 工作区中输入命令 y = x^2 + 2 * x + 1 不能建立函数关系,如何建立函数关系呢?我们可以点选菜单"Fill → New → M-file"打开 MATLAB 文本编辑器,输入以下代码:

$$\text{function　y = f1(x)}$$
$$y = x^2 + 2 * x + 1;$$

保存的文件名为:f1. m. 然后再调用该函数,输入:y1 = f1(3),可得结果:y1 = 16.

10.5.2　自定义函数举例

例 10.5.1　建立正态分布的密度函数:$f(x,\sigma,\mu) = \dfrac{1}{\sqrt{2\pi}\sigma}e^{-(x-\mu)^2/(2\sigma^2)}$.

解　打开文本编辑器,输入:

$$\text{function}\quad y = \text{zhengtai}(x,a,b)$$
$$y = 1/\text{sqrt}(2*\text{pi})/a*\exp(-(x-b).\hat{}2/2/a\hat{}2);$$

保存文件名为 zhengtai.m,调用时可输入命令 y = zhengtai(1,1,0),得结果:y = 0.2420,此即 $f(1,1,0)$ 的值.

　　如果想画出标准正态分布的密度函数的图像,输入:ezplot(zhengtai(x,1,0)),按"Enter" 键即可.

　　例 10.5.2　解一元二次方程 $ax^2 + bx + c = 0$.

　　解　我们希望当输入 a,b,c 的值时,计算机能给出方程的两个根.在文本编辑器中建立名为 rootquad.m 的文件,代码如下:

$$\text{function}\quad [\text{x1},\text{x2}] = \text{rootquad}(a,b,c)$$
$$d = b*b - 4*a*c;$$
$$\text{x1} = (-b + \text{sqrt}(d))/(2*a)$$
$$\text{x2} = (-b - \text{sqrt}(d))/(2*a)$$

比如求方程 $2x^2 + 3x - 7 = 0$ 的根,可用语句[r1,r2] = rootquad(2,3,-7),按"Enter" 键,可得结果:

$$r1 = 1.2656 \qquad r2 = -2.7656$$

10.5.3　函数的最值

调用求函数最小值命令 fmin 时,可得出函数的最小值点,为求最小值,必须建立函数 M 文件.

　　例 10.5.3　求函数 $f(x) = (x-3)^2 - 1$ 在区间 $(0,5)$ 上的最小值.

　　解　首先建立一个名为 f.m 的函数 M 文件:

$$\text{function}\quad y = f(x)$$
$$y = (x-3).\hat{}2 - 1;$$

然后调用 fmin,格式如下:

$$x = \text{fmin}(('f',0,5))$$

可得 $x = 3$, $f(x)$ 在最小值点处的值(函数的最小值)是 $f(3) = -1$.

　　注 10.5.1　求最大值时,可用 $x = \text{fmin}('-f(x)',a,b)$.

10.6　一元函数积分的计算

10.6.1　常用命令

MATLAB 积分命令 int 的调用格式：

$$\text{int}(函数\ f(x))\quad (计算不定积分 \int f(x)\mathrm{d}x)$$

$$\text{int}(函数\ f(x,y),变量名\ x)\quad (计算不定积分 \int f(x,y)\mathrm{d}x)$$

$$\text{int}(函数\ f(x),a,b)\quad (计算定积分 \int_a^b f(x)\mathrm{d}x)$$

$$\text{int}(函数\ f(x,y),变量名\ x,a,b)\quad (计算定积分 \int_a^b f(x,y)\mathrm{d}x)$$

10.6.2　计算不定积分

例 10.6.1　计算 $\int x^2 \ln x\,\mathrm{d}x$．

解　输入命令：int(x^2 * log(x))，然后按"Enter"键，可得结果：

$$\text{ans} = 1/3 * x\text{\textasciicircum}3 * \log(x) - 1/9 * x\text{\textasciicircum}3$$

注意设置符号变量．

例 10.6.2　计算下列不定积分：

$$(1)\ \int \sqrt{a^2 - x^2}\,\mathrm{d}x;\qquad (2)\ \int \frac{x+1}{\sqrt[3]{3x+1}}\mathrm{d}x;\qquad (3)\ \int x^2 \arcsin x\,\mathrm{d}x.$$

解　首先建立函数向量：

```
syms x
syms a real
y = [sqrt(a^2 - x^2),(x + 1)/(3 * x - 1)^(1/3),x^2 * asin(x)];
```

然后对 y 积分，可得对 y 的每个分量积分的结果：

$$\text{int}(y,x)$$

按"Enter"键，得

ans =

$[1/2 * x * (a^2 - x^2)^{(1/2)} + 1/2 * a^2 * asin((1/a^2)^{(1/2)} * x),$

$- 1/3 * (3 * x - 1)^{(2/3)} + 1/15 * (3 * x - 1)^{(5/3)},$

$1/3 * x^3 * asin(x) + 1/9 * x^2 * (1 - x^2)^{(1/2)} + 2/9 * (1 - x^2)^{(1/2)}]$

10.6.3　求和运算

sum(x) 给出了向量 **x** 的各个元素的累加和,如果 **x** 是矩阵,则 sum(x) 是一个元素为 **x** 的每列列和的行向量.

例 10.6.3　输入:

$$x = [1,2,3,4,5,6,7,8,9,10];$$
$$sum(x)$$

结果为

$$ans = 55$$

例 10.6.4　输入:x = $[1,2,3;4,5,6;7,8,9]$,按"Enter"键得

$$x =$$

$$
\begin{array}{ccc}
1 & 2 & 3 \\
4 & 5 & 6 \\
7 & 8 & 9
\end{array}
$$

$$sum(x)$$

$$ans = 12 \quad 15 \quad 18$$

符号表达式求和命令 symsum 的调用格式:

$$symsum(s,n) \quad (求 \sum^{n} s)$$

$$symsum(s,k,m,n) \quad (求 \sum_{k=m}^{n} s)$$

当 **x** 的元素很有规律,比如表达数列 $s(k)$ 时,可用 symsum 求得 **x** 的各项和,即

$$symsum(s(k),1,n) = s(1) + s(2) + \cdots + s(n)$$

$$symsum(s(k),k,m,n) = s(m) + s(m + 1) + \cdots + s(n)$$

例 10.6.5　输入:

$$syms\ k\ n$$

$$symsum(k,1,10)$$

结果为

$$\text{ans} = 55$$

输入：

$$\text{symsum}(k\verb|^|2,k,1,n)$$

结果为

$$\text{ans} = 1/3 * (n + 1)\verb|^|3 - 1/2 * (n + 1)\verb|^|2 + 1/6 * n + 1/6$$

MATLAB 求定积分命令 int 的调用格式：

$$\text{int}(函数\ f(x), a, b) \quad (计算定积分 \int_a^b f(x)\mathrm{d}x)$$

$$\text{int}(函数\ f(x,y), 变量名\ x, a, b) \quad (计算定积分 \int_a^b f(x,y)\mathrm{d}x)$$

10.6.4　定积分的概念

为了验证"定积分是一个和的极限"这个结论，做以下操作：

(1) 取 $f(x) = \mathrm{e}^x$，积分区间为 $[0,1]$，将 $[0,1]$ 等分为 20 个子区间. 命令为

$$x = \text{linspace}(0, 1, 21);$$

(2) 选取每个子区间的端点，并计算端点处的函数值. 命令为

$$y = \exp(x);$$

(3) 取区间的左端点乘以区间长度，并全部加起来. 命令为

$$y1 = y(1:20); \quad s1 = \text{sum}(y1)/20$$

得到结果：$s1 = 1.6757$.

所以，$s1$ 可作为 $\int_0^1 \mathrm{e}^x\mathrm{d}x$ 的近似值. 当然也可选取右端点的函数值乘以区间长度并全部加起来. 命令为

$$y2 = y(2:21); \quad s2 = \text{sum}(y2)/20$$

得到结果：$s2 = 1.7616$. 当然 $s2$ 也可以作为 $\int_0^1 \mathrm{e}^x\mathrm{d}x$ 的近似值，下面我们画出图像进行验证，命令如下：

```
plot(x,y);
hold on
for  i = 1:20
fill([x(i),x(i + 1),x(i + 1),x(i),x(i)],[0,0,y(i),y(i),0],'b')
end
```

如果选取右端点，则画出图像的命令如下：

```
for i = 1 : 20;
fill([x(i), x(i + 1), x(i + 1), x(i), x(i)], [0, 0, y(i + 1), y(i + 1), 0], 'b')
hold on
end
plot(x, y, 'r')
```

在上边的语句中, for … end 是循环语句, 执行语句体内的命令 20 次, fill 命令可以填充多边形, 在本例中, 用的是蓝色 (blue) 填充. 从图上看, $s1 < \int_0^1 e^x dx < s2$, 当分点逐渐增多时, $s2 - s1$ 的值越来越小, 读者可试取 50 个子区间看一看结果怎样. 运行的结果如图 10.6.1 所示.

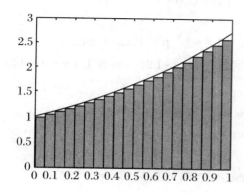 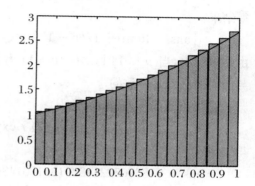

图 10.6.1

下面按等分区间计算 $\lim\limits_{n \to \infty} \sum\limits_{i=1}^{n} f(\xi) \Delta x_i = \lim\limits_{n \to \infty} \sum\limits_{i=1}^{n} e^{i/n} \dfrac{1}{n}$, 如下:

```
syms k n
s = symsum(exp(k/n)/n, k, 1, n);
limit(s, n, inf)
```

得结果: ans = exp(1) − 1.

10.6.5　计算定积分和广义积分

例 10.6.6　计算 $\int_0^1 e^x dx$.

解　输入命令:

```
int(exp(x), 0, 1)
```

得结果：ans = exp(1) − 1. 这与我们上面的运算结果是一致的.

例 10.6.7　计算 $\int_0^2 |x-1|\,dx$.

解　输入命令：

$$int(abs(x-1),0,2)$$

得结果：ans = 1.

例 10.6.8　判别广义积分 $\int_1^{+\infty} \dfrac{1}{x^p}\,dx$，$\int_{-\infty}^{+\infty} \dfrac{1}{\sqrt{2\pi}} e^{-x^2/2}\,dx$ 与 $\int_0^2 \dfrac{1}{(1-x)^2}\,dx$ 的敛散性，收敛时计算积分值.

解　对第一个积分，输入命令：

$$syms\ p\ real;\quad int(1/x\hat{}p,x,1,inf)$$

得结果：

$$ans = limit(-1/(p-1)*x\hat{}(-p+1)+1/(p-1),x=inf)$$

由结果看出，当 $p<1$ 时，$x\hat{}(-p+1)$ 为无穷的；当 $p>1$ 时，ans = 1/(p−1)，这与前面的例题是一致的.

对第二个积分，输入命令：

$$int(1/(2*pi)\hat{}(1/2)*exp(-x\hat{}2/2),-inf,inf)$$

得结果：

$$ans = 7186705221432913/18014398509481984*2\hat{}(1/2)*pi\hat{}(1/2)$$

由输出结果可以看出这两个积分收敛.

对最后一个积分，输入命令：

$$int(1/(1-x)\hat{}2,0,2)$$

得结果：

$$ans = inf$$

这明这个积分是不收敛的.

例 10.6.9　求积分 $\int_0^t \dfrac{\sin x}{x}\,dx$.

解　输入命令：

$$int(sin(x)/x,x,0,t)$$

可得结果：

$$sinint(t)$$

通过查帮助（help sinint），可知 $sinint(t) = \int_0^t \dfrac{\sin x}{x}\,dx$，结果相当于没求！实际

上,MATLAB 求出的只是形式上的结果,因为这类积分无法用初等函数或数值来表示,尽管如此,我们可以得到该函数的函数值. 输入 vpa(sinint(0.5)),可得 sinint(0.5) 的值.

10.7　MATLAB 在常微分方程中的应用

10.7.1　常用命令

MATLAB 求解微分方程的命令为 dsolve,调用格式为:

dsolve('微分方程'):给出微分方程的解析解,表示为 t 的函数;

dsolve('微分方程','初始条件'):给出微分方程初值问题的解,表示为 t 的函数;

dsolve('微分方程','变量 x'):给出微分方程的解析解,表示为 x 的函数;

dsolve('微分方程','初始条件','变量x'):给出微分方程初值问题的解,表示为 x 的函数.

10.7.2　求解一阶微分方程

在输入微分方程时,y' 应输入 Dy,y'' 应输入 D2y 等,D 应大写.

例 10.7.1　求微分方程 $\dfrac{\mathrm{d}y}{\mathrm{d}x} + 2xy = x\mathrm{e}^{-x^2}$ 的通解.

解　输入命令:

$$\text{dsolve('Dy} + 2 * x * y = x * \exp(-x^2)')$$

结果为

$$\text{ans} = 1/2 * (1 + 2 * \exp(-2 * x * t) * C1 * \exp(x^2))/\exp(x^2)$$

系统默认的自变量是 t,显然系统把 x 当作常数,把 y 当作 t 的函数求解. 输入命令

$$\text{dsolve('Dy} + 2 * x * y = x * \exp(-x^2)', 'x')$$

得正确结果:

$$\text{ans} = 1/2 * (x^2 + 2 * C1)/\exp(x^2)$$

例 10.7.2　求微分方程 $xy' + y - \mathrm{e}^x = 0$ 在初始条件 $y|_{x=1} = 2\mathrm{e}$ 下的特解.

解　输入命令:

$$\text{dsolve('x} * \text{Dy} + y - \exp(x) = 0', 'y(1) = 2 * \exp(1)', 'x')$$

得结果:

$$\text{ans} = 1/x * (\exp(x) + \exp(1))$$

例 10.7.3   求微分方程 $(x^2 - 1)\dfrac{\mathrm{d}y}{\mathrm{d}x} + 2xy - \cos x = 0$ 在初始条件 $y|_{x=0} = 1$ 下的

特解.

解   输入命令：

$$\text{dsolve}('(x^2 - 1) * Dy + 2 * x * y - \cos(x) = 0', 'y(0) = 1', 'x')$$

得结果：

$$\text{ans} = 1/(x^2 - 1) * (\sin(x) - 1)$$

10.7.3   求解二阶微分方程

例 10.7.4   求微分方程 $y'' + 3y' + e^x = 0$ 的通解.

解   输入命令：

$$\text{dsolve}('D2y + 3 * Dy + \exp(x) = 0', 'x')$$

得结果：

$$\text{ans} = -1/4 * \exp(x) + C1 + C2 * \exp(-3 * x)$$

例 10.7.5   求解微分方程 $y'' - e^{2y}y' = 0$.

解   输入命令：

$$\text{dsolve}('D2y - \exp(2 * y) * Dy = 0', 'x')$$

得结果：

$$\text{ans} = 1/2 * \log(-2 * C1/(-1 + \exp(2 * x * C1 + 2 * C2 * C1)))$$
$$+ x * C1 + C2 * C1$$

10.8   空间图形的绘制

MATLAB 绘制空间曲线的命令为 plot3，与调用格式绘制平面曲线的命令

plot 类似.

例 10.8.1   画出螺旋线 $x = 2\cos 3t, y = 2\sin 3t, z = 1.5t$ 的图像.

解   输入命令：

$$t = \text{linspace}(0, 4 * \text{pi}, 300);$$

$$x = 2 * \cos(3 * t);$$

$$y = 2 * \sin(3 * t);$$
$$z = 1.5 * t;$$
$$\mathrm{plot3}(x, y, z)$$

结果如图 10.8.1 所示.

例 **10.8.2**　画 出 圆 锥 螺 线 $x = t\cos 3t, y = t\sin 3t, z = 1.5t$ 的图像.

解　输入命令:

$$t = \mathrm{linspace}(0, 4 * \mathrm{pi}, 300);$$
$$x = t. * \cos(3 * t);$$
$$y = t. * \sin(3 * t);$$
$$z = 1.5 * t;$$
$$\mathrm{plot3}(x, y, z)$$

结果如图 10.8.2 示.

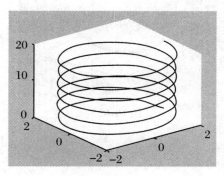

图 **10.8.1**

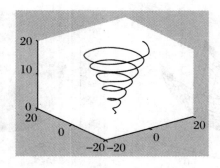

图 **10.8.2**

注 **10.8.1**　MATLAB 绘制空间曲面的命令为 mesh 和 surf, mesh 绘制网格形状的曲面, surf 绘制由小平面组成的曲面.

例 **10.8.3**　画出抛物面 $z = x^2 + y^2$ 的图像.

解　在 MATLAB 命令窗口输入:

$$x = \mathrm{linspace}(-2, 2, 20);$$
$$y = \mathrm{linspace}(-3, 3, 30);$$
$$[x, y] = \mathrm{meshgrid}(x, y);$$
$$z = x.\hat{\ }2 + y.\hat{\ }2;$$
$$\mathrm{mesh}(x, y, z)$$

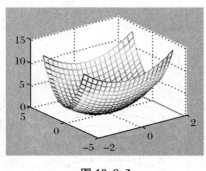

图 10.8.3

结果如图 10.8.3 所示.

若使用 surf(x,y,z)，则可得如图的结果. 还可以对曲面进行平滑插值处理.

把抛物面方程改写为参数方程：$x = r\cos t$，$y = r\sin t$，$z = r^2$，输入命令：

$$r = \mathrm{linspace}(0,2,20);$$
$$t = \mathrm{linspace}(0,2*\mathrm{pi},30);$$
$$[r,t] = \mathrm{meshgrid}(r,t);$$
$$x = r.*\cos(t);$$
$$y = r.*\sin(t);$$
$$z = r.\^{}2;$$
$$\mathrm{mesh}(x,y,z)$$

结果如图 10.8.4 所示.

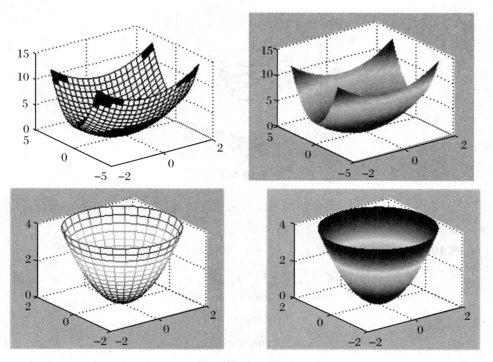

图 10.8.4

或者用 surf(x,y,z) 对曲面进行平滑插值处理.

10.9　偏导数的计算

10.9.1　常用命令

MATLAB 求偏导命令 diff 的调用格式如下：

diff(f(x,y),x)：求 $f(x,y)$ 对 x 的偏导数 $\dfrac{\partial f}{\partial x}$；

diff(f(x,y),x,n)：求 $f(x,y)$ 对 x 的 n 阶偏导数 $\dfrac{\partial^n f}{\partial x^n}$．

MATLAB 求雅可比矩阵的命令是 jacobian，调用格式为

$$\text{jacobian}([f(x,y,z);g(x,y,z);h(x,y,z)],[x,y,z])$$

结果是求矩阵

$$\begin{bmatrix} \dfrac{\partial f}{\partial x} & \dfrac{\partial f}{\partial y} & \dfrac{\partial f}{\partial z} \\[2mm] \dfrac{\partial g}{\partial x} & \dfrac{\partial g}{\partial y} & \dfrac{\partial g}{\partial z} \\[2mm] \dfrac{\partial h}{\partial x} & \dfrac{\partial h}{\partial y} & \dfrac{\partial h}{\partial z} \end{bmatrix}$$

10.9.2　求多元函数的偏导数

例 10.9.1　设 $u = \sqrt{x^2 + y^2 + z^2}$，求 u 的一阶偏导数.

解　输入命令：

$$\text{syms x y z;}\quad \text{diff((x\^2 + y\^2 + z\^2)\^(1/2), x)}$$

得结果：

$$\text{ans = x/(x\^2 + y\^2 + z\^2)\^(1/2)}$$

在命令中，把末尾的 x 换成 y，将给出 y 的偏导数，结果为

$$\text{ans = y/(x\^2 + y\^2 + z\^2)\^(1/2)}$$

也可以输入命令：jacobian((x^2 + y^2 + z^2)^(1/2),[x y])，得结果：

$$\text{ans = [x/(x\^2 + y\^2 + z\^2)\^(1/2), y/(x\^2 + y\^2 + z\^2)\^(1/2)]}$$

这样就给出了矩阵 $\left(\dfrac{\partial u}{\partial x}, \dfrac{\partial u}{\partial y}\right)$．

例 10.9.2　求下列函数的偏导数：$z_1 = \arctan(y/x), z_2 = x^y$.

解　输入命令：diff(atan(y/x)),得结果：ans $= -$ y/x^2/(1 + y^2/x^2);

输入命令：diff(atan(y/x),y),得结果：ans $=$ 1/x/(1 + y^2/x^2);

输入命令：diff(x^y,x),得结果：ans $=$ x^y * y/x;

输入命令：diff(x^y,y),得结果：ans $=$ x^y * log(x).

注 10.9.1　使用 jacobian 命令求偏导数更为方便.

例如,输入命令：jacobian([atan(y/x),x^y],[x,y]),得结果：

　　ans $=$

　　　　$[-$ y/(x^2 * (y^2/x^2 + 1)), 1/(x * (y^2/x^2 + 1))]

　　　　$[$x^(y $-$ 1) * y,x^y * log(x)$]$

10.9.3　求高阶偏导数

例 10.9.3　设 $z = x^6 - 3y^4 + 2x^2y^2$,求$\dfrac{\partial^2 z}{\partial x^2},\dfrac{\partial^2 z}{\partial y^2},\dfrac{\partial^2 z}{\partial x \partial y}$.

解　输入命令：diff(x^6 $-$ 3 * y^4 + 2 * x^2 * y^2,x,2),可得到$\dfrac{\partial^2 z}{\partial x^2}$的结果：ans $=$ 30 * x^4 + 4 * y^2.

将命令中最后一个 x 换为 y,得$\dfrac{\partial^2 z}{\partial y^2}$,结果为 ans $= -$ 36 * y^2 + 4 * x^2.

输入命令：diff(diff(x^6 $-$ 3 * y^4 + 2 * x^2 * y^2,x),y),可得$\dfrac{\partial^2 z}{\partial x \partial y}$,结果为 ans $=$ 8 * x * y.

读者可自己计算$\dfrac{\partial^2 z}{\partial y \partial x}$,并比较它们的结果.

注意命令 diff(x^6 $-$ 3 * y^4 + 2 * x^2 * y^2,x,y),是对 y 求偏导数,而不是求$\dfrac{\partial^2 z}{\partial x \partial y}$.

10.9.4　求隐函数所确定函数的导数或偏导数

例 10.9.4　设 $\ln x + e^{y/x} = e$,求$\dfrac{dy}{dx}$.

解　记 $F(x,y) = \ln x + e^{-y/x} - e$,下面先求 F'_x,再求 F'_y.

输入命令：df_dx $=$ diff(log(x) + exp($-$ y/x) $-$ exp(1), x),得到 F'_x 为 df_dx

$= 1/x + y/x^2 * \exp(-y/x)$；再输入命令：$df\_dy = \text{diff}(\log(x) + \exp(-y/x) - \exp(1), y)$ 得到 F'_y 为 $df\_dy = -1/x * \exp(-y/x)$.

最后，输入命令：$dy\_dx = -df\_dx/df\_dy$，即可得到所求结果：
$$dy\_dx = -(-1/x - y/x^2 * \exp(-y/x)) * x/\exp(-y/x)$$

例 10.9.5　设 $\sin xy + \cos yz + \tan xz = 0$，求 $\dfrac{\partial z}{\partial x}, \dfrac{\partial z}{\partial y}$.

解　记 $F(x) = \sin xy + \cos yz + \tan xz$.

输入命令：
$$a = \text{jacobian}(\sin(x*y) + \cos(y*z) + \tan(z*x), [x, y, z])$$

可得矩阵 (F'_x, F'_y, F'_z)：

a =
$$[\cos(x*y)*y + (1 + \tan(z*x)^2)*z, \ \cos(x*y)*x - \sin(y*z)*z,$$
$$-\sin(y*z)*y + (1 + \tan(z*x)^2)*x];$$

输入命令：$dz\_dx = -a(1)/a(3)$，得

dz_dx =
$$(-\cos(x*y)*y - (1 + \tan(z*x)^2)*z)/(-\sin(y*z)*y$$
$$+ (1 + \tan(z*x)^2)*x)$$

输入命令：$dz\_dy = -a(2)/a(3)$，得

dz_dy =
$$(-\cos(x*y)*x + \sin(y*z)*z)/(-\sin(y*z)*y + (1 + \tan(z*x)^2)*x)$$

10.10　重　积　分

10.10.1　二重积分计算

例 10.10.1　求二次积分 $\int_0^1 dx \int_{2x}^{x^2+1} xy\,dy$.

解　建立符号变量 x 和 y 后，输入命令：$\text{int}(\text{int}(x*y, y, 2*x, x^2 + 1), x, 0, 1)$，得结果：ans = 1/12.

例 10.10.2　计算二重积分 $\iint\limits_D (x^2 + y^2 - x)dxdy$，其中 D 是由直线 $y = 2$，$y =$

x 及 $y = 2x$ 所围成的闭区域.

解　该二重积分可以化为二次积分 $\int_0^2 \mathrm{d}y \int_{y/2}^{y} (x^2 + y^2 - x)\mathrm{d}x$,输入命令:

$$\text{int}(\text{int}(x^2 + y^2 - x, x, y/2, y), y, 0, 2)$$

得结果:ans = 13/6.

例 10.10.3　计算积分

$$I = \int_{\pi}^{2\pi} \mathrm{d}y \int_{y-\pi}^{\pi} \frac{\sin x}{x} \mathrm{d}x$$

解　输入命令:

$$\text{int}(\text{int}(\sin(x)/x, x, y - \text{pi}, \text{pi}), \ y, \ \text{pi}, \ 2 * \text{pi})$$

得结果:ans = 2.

若不借助于计算机计算积分,则需要交换积分次序.

例 10.10.4　求

$$\iint\limits_{x^2 + y^2 \leqslant 1} \sin\left(\pi(x^2 + y^2)\right)\mathrm{d}x\mathrm{d}y$$

解　积分区域用不等式可以表示成 $-1 \leqslant x \leqslant 1, -\sqrt{1 - x^2} \leqslant y \leqslant \sqrt{1 - x^2}$,

二重积分可化为二次积分 $\int_{-1}^{1} \mathrm{d}x \int_{-\sqrt{1-x^2}}^{\sqrt{1-x^2}} \sin\left[\pi(x^2 + y^2)\right]\mathrm{d}y$,输入命令:

$$\text{int}(\text{int}(\sin(\text{pi} * (x^2 + y^2)), y, -\text{sqrt}(1 - x^2), \text{sqrt}(1 - x^2)), \ x, \ -1, \ 1)$$

可得结果:

ans = int$((2^{(1/2)} * \text{fresnelS}(2^{(1/2)} * (1 - x^2)^{(1/2)}) * \cos(\text{pi} * x^2))/2$

　　　　$- (2^{(1/2)} * \text{fresnelS}(-2^{(1/2)} * (1 - x^2)^{(1/2)}) * \cos(\text{pi} * x^2))/2$

　　　　$+ (2^{(1/2)} * \text{fresnelC}(2^{(1/2)} * (1 - x^2)^{(1/2)}) * \sin(\text{pi} * x^2))/2$

　　　　$- (2^{(1/2)} * \text{fresnelC}(-2^{(1/2)} * (1 - x^2)^{(1/2)}) * \sin(\text{pi} * x^2))/2,$

　　　　$x = -1..1)$

由输出结果可以看出,结果非常复杂,并且其中仍带有 int,表明用 MATLAB

求不出这一积分的值.采用极坐标可将原积分化为二次积分 $\int_0^{2\pi} \mathrm{d}a \int_0^1 r\sin\left(\pi r^2\right)\mathrm{d}r$,

输入命令:

$$\text{int}(\text{int}(r * \sin(\text{pi} * r^2), r, 0, 1), \ a, \ 0, \ 2 * \text{pi})$$

得结果:ans = 2.

10.11　级　　数

10.11.1　常用命令

求已知函数的泰勒（Taylor）展开式可用 taylor 命令，调用格式如下：

taylor(f(x))　　　（求 $f(x)$ 的 5 阶泰勒多项式）

taylor(f(x),n)　（求 $f(x)$ 的 $n-1$ 阶泰勒多项式）

taylor(f(x),a)　（求 $f(x)$ 在 a 点的泰勒多项式）

10.11.2　泰勒展开式

例 10.11.1　求函数 $y=\cos x$ 在 $x=0$ 点处的 5 阶泰勒展开式及在 $x=\dfrac{\pi}{3}$ 处的 6 阶泰勒展开式.

解　输入命令：syms x；taylor(cos(x))，得结果：

$$\text{ans} = 1 - 1/2 * x^2 + 1/24 * x^4$$

输入命令：taylor(cos(x),pi/3,7)，得结果：

ans =

$$1/2 - 1/2 * 3^{\wedge}(1/2) * (x - 1/3 * \text{pi}) - 1/4 * (x - 1/3 * \text{pi})^{\wedge}2$$
$$+ 1/12 * 3^{\wedge}(1/2) * (x - 1/3 * \text{pi})^{\wedge}3 + 1/48 * (x - 1/3 * \text{pi})^{\wedge}4$$
$$- 1/240 * 3^{\wedge}(1/2) * (x - 1/3 * \text{pi})^{\wedge}5 - 1/1440 * (x - 1/3 * \text{pi})^{\wedge}6$$

10.11.3　级数求和

例 10.11.2　求 $\displaystyle\sum_{n=1}^{\infty} \dfrac{1}{2^n}$.

解　输入命令：

$$\text{syms n；　symsum}(1/2^{\wedge}n, 1, \text{inf})$$

得结果：ans = 1.

例 10.11.3　求幂级数 $\displaystyle\sum_{n=1}^{\infty} \dfrac{x^n}{n \cdot 2^n}$ 的和函数.

解　输入命令：symsum(x^n/(n * 2^n), n, 1, inf)，得结果：

$$ans = -\log(1 - 1/2 * x)$$

例 10.11.4　求幂级数 $\sum\limits_{n=1}^{\infty} nx^n$ 的和函数.

解　输入命令：symsum(n * x^n, n, 1, inf)，得结果：ans = x/(x - 1)^2.

10.11.4　判别级数的敛散性

例 10.11.5　判断数项级数 $\sum\limits_{n=1}^{\infty} \dfrac{1}{n(n+1)}$ 的敛散性.

解　输入求和命令：symsum(1/(n * (n + 1)), n, 1, inf)，得结果：ans = 1，说明该级数收敛.

例 10.11.6　判别级数 $\sum\limits_{n=1}^{\infty} \sin \dfrac{\pi}{n(n+1)}$ 的敛散性.

解　输入命令：symsum(sin(pi/(n * (n + 1))), 1, inf)，得结果：

$$ans = sum(\sin(pi/n/(n + 1)), pi = 1..inf)$$

结果仍含有 sum，说明用 MATLAB 不能求出其和，可采用比较判别法，取比较级数为 p 级数 $\sum\limits_{n=1}^{\infty} \dfrac{1}{n^2}$，求二者通项比值的极限.

输入命令：limit(sin(pi/(n * (n + 1)))/(1/n^2), n, inf)，得结果：ans = pi. 由于所取 p 级数收敛，所以所要判别的级数也收敛.

例 10.11.7　判别级数 $\sum\limits_{n=1}^{\infty} n\left(\dfrac{3}{4}\right)^n$ 的敛散性.

解　用比值判别法，输入命令：limit((n + 1) * (3/4)^(n + 1)/(n * (3/4)^n)), n, inf)，得结果：ans = 3/4. 极限值小于 1，由比值判别法知原级数收敛. 实际上，输入求和命令：symsum(n * (3/4)^n, n, 1, inf)，可得结果：ans = 12.

习　　题　　10

1. 画出 $y = \arcsin x$ 的图像.

2. 画出 $y = \sec x$ 在 $[0, \pi]$ 上的图像.

3. 在同一坐标系中，画出 $y = \sqrt{x}$，$y = x^2$，$y = \sqrt[3]{x}$，$y = x^3$，$y = x$ 的图像.

4. 画出 $f(x) = (1 - x)^{2/3} + (1 + x)^{2/3}$ 的图像，并根据图像特点指出函数 $f(x)$ 的奇偶性.

5. 画出 $y = 1 + \ln(x + 2)$ 及其反函数的图像.

6. 画出 $y = \sqrt[3]{x^2 + 1}$ 及其反函数的图像.

7. 计算下列函数的极限.

(1) $\lim\limits_{x \to \frac{\pi}{4}} \dfrac{1 + \sin 2x}{1 - \cos 4x}$;　　　　　(2) $\lim\limits_{x \to \frac{\pi}{2}} (1 + \cos x)^{3 \sec x}$;

(3) $\lim\limits_{x \to \frac{\pi}{2}} \dfrac{\ln \sin x}{(\pi - 2x)^2}$;　　　　　(4) $\lim\limits_{x \to 0} x^2 \mathrm{e}^{1/x^2}$.

8. 解方程 $x \cdot 2^x - 1 = 0$.

9. 解方程 $x = 3 \sin x + 1$.

10. 解方程 $x^3 + px + q = 0 \, (p, q \text{ 为实数})$.

11. 求下列函数的导数:

(1) $y = (\sqrt{x} + 1)\left(\dfrac{1}{\sqrt{x}} - 1\right)$;　　　(2) $y = x \sin x \ln x$;

(3) $y = 2 \sin^2 \dfrac{1}{x^2}$;　　　　　(4) $y = \ln(x + \sqrt{x^2 + a^2})$.

12. 求下列参数方程所确定的函数的导数:

(1) $\begin{cases} x = t^4 \\ y = 4t \end{cases}$;　　　　　(2) $\begin{cases} x = \ln(1 + t^2) \\ y = t - \arctan t \end{cases}$.

13. 设 $y = \mathrm{e}^x \cos x$, 求 $y^{(4)}$.

14. 验证 $y = \mathrm{e}^x \sin x$ 满足关系式: $y'' - 2y' + 2y = 0$.

15. 建立函数 $f(x, a) = a \sin x + \dfrac{1}{3} \sin 3x$, 当 a 为何值时, 该函数在 $x = \dfrac{\pi}{3}$ 处取得极值? 它是极大值还是极小值? 并求此极值.

16. 确定下列函数的单调区间:

(1) $y = 2x^3 - 6x^2 - 18x - 7$;　　　(2) $y = 2x + \dfrac{8}{x} \, (x > 0)$;

(3) $y = \ln(x + \sqrt{1 + x^2})$;　　　(4) $y = (x - 1)(x + 1)^3$.

17. 求下列函数的最大值、最小值:

(1) $y = 2x^3 - 3x^2, \, -1 \leqslant x \leqslant 4$;　　(2) $y = x^4 - 8x^2 + 2, \, -1 \leqslant x \leqslant 3$.

18. 计算下列不定积分:

(1) $\displaystyle\int \dfrac{x^2}{x + 1} \mathrm{d}x$;　　　　　(2) $\displaystyle\int \dfrac{\sin 2x \, \mathrm{d}x}{\sqrt{1 + \sin^2 x}}$;

(3) $\displaystyle\int \dfrac{\mathrm{d}x}{\sqrt{x^2 + 5}}$;　　　　　(4) $\displaystyle\int \dfrac{x + 1}{x^2 + x + 1} \mathrm{d}x$;

(5) $\displaystyle\int x^2 \mathrm{e}^{-2x} \mathrm{d}x$;　　　　　(6) $\displaystyle\int \dfrac{\arcsin x}{x^2} \mathrm{d}x$.

19. 计算下列定积分:

(1) $\displaystyle\int_1^{\mathrm{e}} x\ln x\,\mathrm{d}x$；　　　　　　(2) $\displaystyle\int_{\pi/4}^{\pi/3} \frac{x}{\sin^2 x}\,\mathrm{d}x$；

(3) $\displaystyle\int_1^{\mathrm{e}} \sin\ln x\,\mathrm{d}x$；　　　　　　(4) $\displaystyle\int_{-1}^{1} \frac{x^3 \sin^2 x}{x^4 + 2x^2 + 1}\,\mathrm{d}x$．

20. 求 $\displaystyle\int_1^t \frac{1+\ln x}{(x\ln x)^2}\,\mathrm{d}x$，并用 diff 命令对结果求导．

21. 求摆线 $x = a(t - \sin t), y = a(1 - \cos t)$ 的一拱 $(0 \leqslant t \leqslant 2\pi)$ 与 x 轴所围成的图形的面积．

22. 求下列微分方程的通解：

(1) $2x^2 yy' = y^2 + 1$；　　　　　　(2) $\dfrac{\mathrm{d}y}{\mathrm{d}x} = \dfrac{y + x}{y - x}$；

(3) $y' = \cos\dfrac{y}{x} + \dfrac{x}{x}$；　　　　　　(4) $(x\cos y + \sin 2y)y' = 1$；

(5) $y'' + 3y' - y = \mathrm{e}^x \cos 2x$；　　　　(6) $y'' + 4y = x + 1 + \sin x$；

(7) $\begin{cases} x^2 + 2xy - y^2 + (y^2 + 2xy - x^2)\dfrac{\mathrm{d}y}{\mathrm{d}x} = 0, \\ y\big| = 1 \end{cases}$；

(8) $\begin{cases} \dfrac{\mathrm{d}^2 x}{\mathrm{d}t^2} + 2n\dfrac{\mathrm{d}x}{\mathrm{d}t} + a^2 x = 0 \\ x\big| = x_0, \dfrac{\mathrm{d}x}{\mathrm{d}t}\bigg| = V_0 \end{cases}$．

23. 求下列隐函数的导数：

(1) $\arctan\dfrac{y}{x} = \ln\sqrt{x^2 + y^2}$；　　　　(2) $x^y = y^x$．

24. 求下列函数的偏导数：

(1) $z = x^2 \sin xy$；　　　　　　(2) $u = \left(\dfrac{x}{y}\right)^z$．

25. 设 $u = x\ln(x + y)$，求 $\dfrac{\partial^2 u}{\partial x^2}, \dfrac{\partial^2 u}{\partial y^2}, \dfrac{\partial^2 u}{\partial x \partial y}$．

26. 求下列多元隐函数的偏导数 $\dfrac{\partial z}{\partial x}, \dfrac{\partial z}{\partial y}$：

(1) $\cos^2 x + \cos^2 y + \cos^2 z = 1$；　　(2) $\mathrm{e}^z = xyz$．

27. 证明：函数 $u = \ln\sqrt{(x - a)^2 + (y - b)^2}$ $(a, b$ 为常数$)$ 满足拉普拉斯方程

$$\frac{\partial^2 u}{\partial x^2} + \frac{\partial^2 u}{\partial y^2} = 0$$

28. 计算二重积分：

(1) $\displaystyle\iint_{x^2 + y^2 \leqslant 1} (x + y)\,\mathrm{d}x\,\mathrm{d}y$；　　　　(2) $\displaystyle\iint_{x^2 + y^2 \leqslant x} (x^2 + y^2)\,\mathrm{d}x\,\mathrm{d}y$．

29. 给出函数 $f(x) = e^x \sin x + 2^x \cos x$ 在点 $x = 0$ 的七阶泰勒展开式以及在 $x = 1$ 处的五阶泰勒展开式.

30. 判别下列级数的敛散性,若收敛,试求其和:

(1) $1 + \dfrac{1}{3} + \dfrac{1}{5} + \dfrac{1}{7} + \cdots$;　　　　　(2) $\displaystyle\sum_{n=1}^{\infty} \tan \dfrac{\pi}{2n\sqrt{n+1}}$;

(3) $\displaystyle\sum_{n=1}^{\infty} (-1)^n \dfrac{1}{n\sqrt{n+1}}$;　　　　(4) $\displaystyle\sum_{n=2}^{\infty} (-1)^n \dfrac{1}{n\ln n}$.

31. 求幂级数 $\displaystyle\sum_{n=2}^{\infty} (-1)^n \dfrac{x^n}{\sqrt{n^2-n}}$ 的和函数.

32. 求函数项级数 $\displaystyle\sum_{n=1}^{\infty} (-1)^n \left(\sin \dfrac{\pi}{2^n}\right) x^n$ 的和函数.

参 考 文 献

［1］ 同济大学应用数学系.高等数学：上册,下册［M］.5 版.北京：高等教育出版社,2005.

［2］ 四川大学数学系教研室.高等数学：第一,二,三册［M］.3 版.北京：高等教育出版社,2005.

［3］ 马知恩,王绵森.工科数学分析基础：上册,下册［M］.北京：高等教育出版社,2004.

［4］ 张志让.大学数学基础教程：一,二［M］.北京：高等教育出版社,2005.

［5］ 文丽,吴良大.高等数学：物理类：第一,二,三册［M］.北京：北京大学出版社,2004.

［6］ 朱来义.微积分［M］.北京：高等教育出版社,2004.

［7］ 海军工程大学数学教研室.高等数学：框图·辅导·测试［M］.武汉：湖北科学技术出版社,1999.

［8］ Varberg D,Purcell E J, Rigdon S E.微积分：Calculus(英文版)［M］.北京：机械工业出版社,2002.

［9］ 张顺燕.数学的思想、方法和应用［M］.3 版.北京：北京大学出版社,2009.

［10］ 乐经良.数学实验［M］.北京：高等教育出版社,1999.

［11］ 绍漪漪,叶奕盛.高等数学选择题集［M］.上海：上海科学技术出版社,1989.

［12］ 李心灿.微积分的创立者及其先驱［M］.3 版.北京：高等教育出版社,2007.

［13］ 李心灿.当代数学大师：沃尔夫数学奖得主及其建树与见解［M］.3 版.北京：北京航空航天大学出版社,2005.

［14］ 姜启源.数学模型［M］.2 版.北京：高等教育出版社,1993.

［15］ 金福临,阮炯,黄振勋.应用常微分方程［M］.上海：复旦大学出版社,1991.

［16］ Lucas W F.微分方程模型［M］.朱煜民,等译.长沙：国防科学技术大学出版社,1988.

［17］ 张威.MATALB 基础与编程入门［M］.2 版.西安：西安电子科技大学出版社,2008.

［18］ 薛定宇,陈阳泉.高等应用数学问题的 MATLAB 问题求解［M］.北京：清华大学出版社,2007.